教育部高等学校材料类专业教学指导委员会规划教材

计算材料学

周　健　陆海鸣　杨玉荣
黄厚兵　张　超　何　程　等 编著

COMPUTATIONAL MATERIAL SCIENCE

U0367190

化学工业出版社
·北 京·

内 容 简 介

《计算材料学》介绍了计算材料学的基本概念以及若干常用的计算方法，包括第一性原理密度泛函理论计算、分子动力学方法、蒙特卡罗方法、相场模拟方法以及光学超晶格、光子晶体、声子晶体的设计和计算。本书内容丰富，涉及了现代材料计算中常见的材料体系和模拟方法。在讲解计算方法时，注重理论和实践相结合，先从基本理论出发，然后结合程序给出若干计算实例，并给出可供下载的代码。此外，本书引入了较多科研前沿内容和实例，方便读者了解计算材料学的最新发展。

本书适合作为高等院校材料类和物理类专业高年级本科生或研究生的教材。

图书在版编目（CIP）数据

计算材料学/周健等编著. —北京：化学工业出版社，
2023.8（2024.11重印）
ISBN 978-7-122-43617-7

Ⅰ.①计…　Ⅱ.①周…　Ⅲ.①材料科学-计算-高等学校-教材　Ⅳ.①TB3

中国国家版本馆 CIP 数据核字（2023）第 101736 号

责任编辑：陶艳玲　　　　　　　　　　　文字编辑：蔡晓雅
责任校对：王鹏飞　　　　　　　　　　　装帧设计：史利平

出版发行：化学工业出版社（北京市东城区青年湖南街 13 号　邮政编码 100011）
印　　装：北京七彩京通数码快印有限公司
787mm×1092mm　1/16　印张 15¼　字数 356 千字　2024 年 11 月北京第 1 版第 2 次印刷

购书咨询：010-64518888　　　　　　　　售后服务：010-64518899
网　　址：http://www.cip.com.cn

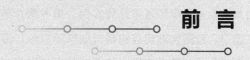

前　言

　　随着计算机技术的飞速发展，使用计算机来模拟各种科学问题变得越来越常见。现今，计算模拟已成为一门独立的学科，并与理论和实验三足鼎立，成为科学研究的第三类方法。在材料科学中，计算模拟也发挥了越来越重要的作用。计算材料学以计算机为工具，使用理论模型和数值计算手段研究材料的各种物理化学性质。材料计算模拟可帮助材料学家预测材料性能、理解实验数据、验证理论模型以及加速新材料研发。

　　材料科学的研究对象十分复杂，包括电子、原子、光子和声子等基本粒子或准粒子的性质及其相互作用。材料本身也千差万别，其空间尺度从原子、分子大小到宏观长度，时间尺度从飞秒到宏观时间尺度，相差十几个数量级。因此没有一种方法可以统一地处理所有问题，实际中人们往往根据不同的研究对象和研究尺度采用不同的计算模拟方法。例如处理晶体材料电子性质时，往往采用基于量子力学的密度泛函理论或者紧束缚方法；研究实际材料的微观组织形貌时，如结构相变、晶粒生长和畴结构等，可采用相场模拟或者分子动力学方法；研究光或声在宏观材料中的传播问题时，往往可把材料看作连续介质，采用时域有限差分、有限元、平面波展开和紧束缚近似等方法。需要注意的是，许多计算方法可相互结合。例如，密度泛函理论的核心方程为类似薛定谔方程的 Kohn-Sham 方程，在求解该方程时可采用不同的数值方法，最常用的是平面波展开方法，但实际上也可采用有限元方法；再例如，使用分子动力学模拟研究原子运动时，可采用经验势描述原子间的相互作用，但也可采用密度泛函理论来计算，即第一性原理分子动力学方法。

　　由此可见，计算材料学涉及的材料类型丰富，空间和时间尺度跨越巨大，所涉及的计算方法多种多样。学生在学习材料计算模拟时，不但要了解材料结构和性能等基本知识，还需要掌握许多物理、数学和计算机相关知识，这些都为材料专业的学生学习计算材料学造成了困难。为了适应新时期国家社会发展对材料科学高素质人才的迫切需求，让学生及时了解当前计算材料科学研究的最新进展，掌握材料计算的新方法，我们有针对性地编写了本教材。

　　本教材分为七章。第 1 章为绪论，简要介绍了计算材料学的概念和重要性，并对其今后的发展做了展望。第 2 章介绍在电子和原子层次材料模拟中广泛使用的密度泛函理论计算，从晶体结构和对称性等基本概念出发，介绍了电子能带和密度泛函理论基本知识，最后介绍了三个常用的密度泛函理论计算程序和若干计算实例。第3章介绍分子动力学模拟方法，包括分子动力学模拟中关键的概念，如势函数、数值差分算法和系综等，最后介绍了两个分子动力学模拟程序和若干计算实例。第4章介绍蒙特卡罗方法，详细介绍了蒙特卡罗算法的基本理论，包括大数定理和随机抽样等概念，最后以 Ising 模型和铁电相变为例，介绍了蒙特卡罗方法的一些基本应用。第5章介绍相场模拟方法，从相场模拟的数学和物理基础出发，结合铁电材料的相场模型，给出了相场方程的数值求解算法和结果。第6章介绍光学超晶格材料的设计方法，主要涉及光学超晶格材料的基本概念、设计思路及其在非线性光学领域的重要作用。第7章介绍光子晶体和声子晶体中能带的多种计算方法，列举了多个前沿科研实例。

　　本教材主要有以下三个特色。首先，内容较为丰富，涉及了现代材料计算中常见的材料体系和模拟方法，学生可通过本教材对计算材料学有一个宏观的了解；其次，注重理论和实践相结合，每章都会从基本理论出发，给出较为完整的理论体系，然后结合具体程序，给出若干计算实例，学生可通过本教材初步学会其中的一些数值计算方法；最后，引入了较多科研前沿内容和实例，让学生可大体了解计算材料学的最新发展。本教材适合材料或物理专业高年级本科生和研究生学习使用。由于本教材内容较多，涉及的研究方向差异较大，建议学生可根据自己的专业和兴趣，仔细学习其中某几章内容，对其他章节做大体了解即可。

　　本教材第1章由周健和杨玉荣编写，第2章由周健编写，第3章由陆海鸣编写，第4章由杨玉荣编写，第5章由黄厚兵和郭常青编写，第6章由张超编写，第7章由何程编写。在编写过程中，参考了许多国内外的相关教材以及其他资料和文献，同时也得到了南京大学现代工程与应用科学学院的大力支持。南京大学刘冠章、刘涵露、林丽柯、李旭和马兴越等同学在部分图片绘制和公式输入等方面也提供了帮助，在此一并表示诚挚的谢意！

　　由于编者水平有限，且计算机技术和计算材料学发展日新月异，书中难免有不当或遗漏之处，请读者不吝指正。

　　书中代码可扫描以下二维码下载。

编著者

2023 年 2 月

目 录

第 **3** 章 // 分子动力学

第4章　蒙特卡罗方法

## 第 1 章

绪论

1.1 计算材料学简介

材料是"人类用于制造物品、器件、构件、机器或者其他产品的那些物质"，是人类赖以生存和发展的物质基础[1]。一种新材料的出现和应用，往往伴随着现代科学技术的巨大飞跃。特别是从二十世纪初开始，新材料不断出现，如半导体材料、超导材料和新能源材料等，直接促成了第三次科技革命，极大地推动了人类社会政治、经济和文化等领域的变革，使人类从电气时代进入了信息时代。如今，新材料的研发对提高国家的经济竞争力、保证国家安全和人民健康都具有重要意义，世界各国都把新材料产业发展放在十分突出的位置，出台了重大规划。例如美国提出的"国家纳米计划"和"材料基因组计划"，欧盟提出的"欧盟能源技术战略计划"等。

2016 年，我国工业和信息化部公布了《新材料产业发展指南》，提出突破重点应用领域急需的材料，如半导体材料、新能源材料、航空航天装备材料、生物医药和节能环保材料等，布局一批前沿新材料，如石墨烯、纳米材料和超导材料等，提出搭建材料基因技术研究平台。我国的新材料技术虽然取得了很大的进步，但一些关键性的先进材料仍然依赖进口，与美欧等发达国家有较大差距。

人类认识和研究自然的传统方法有实验和理论两种。随着现代计算机技术的飞速发展，计算模拟的作用越来越大，已经成为和实验、理论并列的第三类方法，如图 1-1 所示。在材料科学研究中，计算模拟也扮演着越来越重要的角色。计算材料学（computational materials science）正是材料科学和计算机科学结合的交叉学科，它使用理论模型和数值计算手段来研究材料，主要目标包括计算材料性质及发现背后的物理机制、解释实验结果、发现新材料、发现或发展新的理论等。计算材料学涉及材料、物理、计算机、数学和化学等多门学科，是一门正在快速发展的新兴学科。

为什么需要使用计算模拟来研究材料呢？从理论方面来说，随着科学技术的发展，许多新材料的结构或者物理性质变得越来越复杂，传统的理论推导已经难以获得最终的结果，或者不能给出定量的结果。从实验方面来说，目前许多实验器材越来越昂贵，或者实验条件越来越苛刻，难以实现。传统材料的研发大多基于科学直觉和不断试错，耗时耗力，这种方式

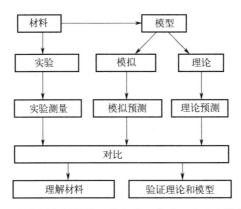

图 1-1　人类研究材料的三种方式：实验、理论和计算模拟

已不能满足当今社会对新材料的迫切需求。此外，理论和实验之间的联系变得越来越难，两者的脱节限制了新材料的研发，而计算模拟恰好可以成为联系理论和实验的桥梁。一方面，计算模拟需要理论作为基础，借助计算机，计算模拟可以对许多复杂的实际材料给出定量结果，与实验作对比，解释实验现象。计算模拟甚至可以预测新的材料或者发现新的物理现象，指导实验工作。这一点在材料科学研究领域特别重要，因为利用较为快速和廉价的计算模拟有望加速新材料的研发。美国提出的"材料基因组计划"正是期望通过材料高通量计算、高通量实验和材料数据库，帮助实验加速新材料的研发，降低研发成本。另一方面，通过数值模拟和实验结果的对比，一定程度上可以验证理论的正确性。当两者不符时，可以考虑对现有理论作修正，从而促进理论的发展。

我们不妨举两个例子来说明计算模拟的作用。1911 年，荷兰物理学家昂纳斯首次发现金属汞在 4.2K 时具有超导电性。1957 年，美国物理学家巴丁、库珀和施里弗三人提出电子声子耦合是常规超导电性的物理机制，简称 BCS 理论。根据该理论，常规超导材料的临界温度不会高于 39K，即麦克米兰极限。BCS 理论的重要性不言而喻，但它本身不能针对具体材料给出超导转变温度。随着计算机软硬件的发展，基于量子力学的密度泛函理论计算已经可以较为准确地计算实际材料的电子声子耦合强度，再利用 Eliashberg 谱函数和麦克米兰公式便可获得实际材料的超导转变温度。2014 年，我国科学家通过第一性原理计算预测高压下硫化氢具有很高的超导转变温度[2,3]，该温度甚至超过了许多高温超导材料的转变温度，但其超导机制仍然是常规的 BCS 理论。该结果很快被德国马普所的实验验证[4]，并有望实现室温超导。这里还要特别指出，高压下硫化氢的结构预测也是材料计算模拟的一个成功应用，它是数学上全局优化算法和第一性原理计算的结合，该方法也被广泛用于高压下材料的结构预测和结构相变研究。从以上工作不难发现，虽然第一个超导材料的实验发现具有偶然性，BCS理论也早就阐明了常规超导的物理机制，但如果缺少准确的数值计算模拟，完全靠实验试错来发现高压富氢化合物的超导性的概率是很小的。

另外一个例子是有关拓扑材料的研究。人们发现的第一个拓扑物态是整数量子霍尔效应，它由德国物理学家冯·克利青于 1980 年在二维电子气中发现[5]。而能带电子中的量子霍尔效应（不依赖于外加磁场，也被称为量子反常霍尔效应）则是由美国物理学家霍尔丹于 1988 年在石墨烯晶格中提出的，即霍尔丹模型[6]，但它只是一个理论模型，并不对应实际材料。直到 2010 年，中科院物理所的科学家才通过第一性原理计算预测在磁性掺杂拓扑绝缘体中存在量子反常霍尔效应[7]，并很快被实验证实[8]。事实上，不但是量子反常霍尔效应材料，几乎所有的实际拓扑材料，包括拓扑绝缘体、Weyl 半金属等，都是首先通过第一性原理计算预测，而后被实验验证的[9]。因此计算模拟在拓扑材料的研究中也起到了十分关键的作用。

1.2 常见计算模拟方法

二十世纪初，随着量子力学的建立，著名物理学家狄拉克认为，对大部分物理学和整个化学进行数学处理所需的基本定律已经完全清楚了，而困难仅在于对这些定律的应用所涉及的方程过于复杂而无法求解[10]。在狄拉克所处的年代，适合求解数学方程的计算机尚处于萌芽状态。但随着半导体科技的迅速发展，计算机的处理能力已今非昔比，使用计算机来处理实际物理和化学问题已经成为一件十分平常的事情了。当然，在可预见的未来，完全从量子力学的角度去研究所有材料的所有性质仍然是不切实际的。所以针对不同尺度的材料，人们发展了不同的计算模拟方法。

材料的大小粗略可分为微观、介观和宏观三个尺度，它们对应的大小分别为纳米、微米和米的量级。而材料中物理过程发生的时间尺度相差也很大，例如金属中电子的弛豫时间在飞秒量级，晶格振动和声子散射往往发生在皮秒量级，而有的化学过程（如化学腐蚀等）可以发生在年的时间尺度上。因此不管是空间上还是时间上，不同材料和不同物理过程发生的尺度可以相差超过十个数量级，无法用统一的计算方法处理。例如，处理晶体材料电子性质时，往往需要采用量子力学密度泛函理论或者紧束缚方法；研究实际材料的微观组织形貌，如结构相变、晶粒生长和畴结构时，可采用相场模拟或者分子动力学方法；研究光或声在宏观材料中的传播问题时，往往把材料看作连续介质，采用时域有限差分、有限元、平面波展开和紧束缚近似等方法。需要注意的是，这些计算方法可相互结合。例如，密度泛函理论的核心方程为类似薛定谔方程的 Kohn-Sham 方程，在求解该方程时可采用不同的方法，最常用的是平面波展开方法，但实际上也可采用有限元方法。再例如，使用分子动力学方法研究原子运动时，可采用经验势描述原子间的相互作用，也可采用密度泛函理论来计算，即第一性原理分子动力学方法。下面我们简单介绍这些方法的特点，具体将会在本教材的后续章节中讲解。

基于量子力学的第一性原理密度泛函理论计算的基本出发点是薛定谔方程。对于具有平移周期性的宏观晶体材料，可以通过计算一个较小的元胞来获得整个晶体的性质，因此可以用基于量子力学的理论来处理。但直接求解晶体的薛定谔方程是一个非常耗时的方法，目前切实可行并且广泛使用的是第一性原理密度泛函理论方法。第一性原理密度泛函理论计算最大的好处是基本不依赖人为参数，并且计算精度较高，很多情况下计算结果可以和实验做定量比较，同时它的计算速度较快，可方便地处理许多复杂的晶体材料。密度泛函理论计算可计算与材料电子相关的性质，如材料的磁性、光吸收谱等。密度泛函理论计算也可获得原子核相关的物理性质，如原子之间的力常数等，从而可以计算声子、晶格比热和晶格热导率等性质。密度泛函理论计算还可以计算电子和声子的耦合作用，获得电子的弛豫时间、超导转变温度等。目前第一性原理密度泛函理论计算比较适合处理晶体材料，对于非周期的介观和宏观尺度的非晶体材料还无能为力。

分子动力学方法研究原子的运动及其相关物理现象，如结构相变等。分子动力学方法通过求解经典的牛顿方程来模拟原子随时间的运动，原子间的相互作用往往采用经验或者半经验的解析公式描述。相对量子力学计算，这些解析公式的计算速度非常快，因此常规的分子动力学计算可方便地处理几万个原子，通过超级计算机甚至可以处理上千亿的原子。在时间尺度上，常规的分子动力学模拟往往可计算到纳秒的量级。经验势或半经验势分子动力学模拟的缺点在于势函数的通用性较差，且计算精度较低。当然，分子动力学方法也可以和第一性原理计算结合，从而克服这两个缺点，但是第一性原理分子动力学计算速度慢，只能处理非常小的系统和非常短的模拟时间。最近几年，基于第一性原理计算的机器学习势函数逐渐成熟，有望可以获得较高的计算精度和较快的计算速度。

蒙特卡罗模拟并不是专门研究材料的方法，而是一种基于概率统计的数值处理方法，被广泛用于物理、材料、化学、经济学和数学等领域。蒙特卡罗模拟是在二战期间原子弹研制项目中为了模拟裂变物质的中子随机扩散现象，由美国数学家冯·诺伊曼和乌拉姆等发明的一种统计方法。蒙特卡罗是欧洲非常著名的赌城，因为赌博的本质是概率，而蒙特卡罗模拟正是一种以概率为基础的方法，所以用赌城的名字命名。材料的宏观物性往往是微观粒子对应微观物理量统计平均的结果，而微观粒子的运动具有随机性，因此使用蒙特卡罗模拟是一种研究材料宏观物性的有效方法。例如，Ising 模型是研究磁性材料时常用的一个理论模型，蒙特卡罗模拟利用该模型，可以获得磁性材料中磁化率、磁转变温度等物理量。同样，蒙特卡罗模拟也可用于研究铁电材料的相变问题。但是由于磁性和铁电模型中都涉及一些人为参数，使得蒙特卡罗模拟的结果必然也依赖这些参数。

相场模拟方法基于金茨堡-朗道（Ginzburg-Landau）理论，通过引入序参量和描述系统的自由能函数，建立数学模型，进而模拟不同条件下材料微观组织结构的演化，获得材料的各种物理性质。相场模拟在介观层面分析、明锐界面规避等方面的独特优势使其在模拟材料内部组织演变中占得一席之地。近年来，相场模拟方法日趋成熟，被广泛用于材料的凝固、固态相变、晶粒生长与粗化、薄膜中微观结构演化、裂纹扩展、位错动力学与电荷迁移等过程中微观结构演化的模拟计算。在铁电研究领域，人们可以通过该方法模拟铁电畴的形成及其在外场下的翻转过程，甚至可以模拟电滞回线。在磁性材料研究中，相场模拟可对不同形状的铁磁畴结构、磁畴运动和反转等进行计算。相场模拟方法和蒙特卡罗模拟类似，也需要依赖合适的物理模型，并且这些模型中涉及许多人为参数。

1.3 多尺度模拟

随着计算材料学的发展，为了获得更好的模拟效果，可以把多种方法结合，实现多尺度（multi-scale）模拟。一种比较简单的方式是使用不同的方法和软件分别进行计算，但在其中共享一些物理量，这被称为分级（hierarchical）多尺度模拟。例如，首先通过第一性原理计算获得某个磁性材料的自旋交换参数，然后基于这些参数，使用蒙特卡罗模拟获得该材料的磁转变温度。再例如，利用第一性原理计算获得材料的晶格常数和弹性模量等参数，把这些结果用于经验势函数的参数拟合，最后用于分子动力学模拟。第二种方法为同步（concurrent）多尺度模拟，即通过一次计算或者在同一个软件中实现多尺度计算，其中一个典型的例子是量子力学和分子力学结合（QM/MM）的多尺度模拟，例如对一个大分子或者蛋白质的关键部位使用精确的量子力学计算，而对大多数非关键部位使用不太精确的经典分子动力学模拟，两种计算一次完成。

1.4 机器学习和计算材料学

最近几年，机器学习方法在材料领域中得到了广泛的应用。机器学习是人工智能和计算机科学的一个分支，它基于大量样本数据（称为训练数据）构建模型，可以在没有明确编程的情况下做出预测或决策。机器学习算法已经在许多领域得到了大量的应用，例如电子邮件过滤、语音识别和计算机视觉等。随着现代计算机的迅速发展，人们已经可以通过高通量计算（high-throughput computing）自动获得大量材料的各种物理数据，建立理论材料数据库，这为机器学习在材料学中的应用奠定了基础。虽然机器学习也可利用实验数据来分析和预测材料性能，但大量实验数据的获取往往比较困难，因此高通量计算和机器学习两者结合更容易获得有意义的结果。下面我们针对晶体材料方向，简要介绍高通量计算和机器学习的应用。

针对晶体材料的第一性原理高通量计算已经非常成熟，其大致流程如图 1-2 所示，即从晶体结构数据库（如 ICSD）中读入晶体结构文件，根据材料结构自动产生密度泛函程序所需的输入文件，设置计算脚本，提交服务器进行计算，检查计算结果，对输出文件进行数据处理，把所需数据存入数据库，最后开发前端界面用于数据查询和显示。目前已有不少辅助软件可协助用户完成这种自动化计算，如 Pymatgen[11] 和 AiiDA[12] 等。通过高通量第一性原理计算，获得大量材料的各种物理性质，便可形成完整的理论材料数据库。目前一些知名的材料数据库包括：Materials Project[13]，Automatic FLOW for Materials Discovery[14]，Open Quantum Materials Database[15]，NREL Materials Database[16]，Computational Electronic Structure Database[17] 和 Computational Materials Repository[18] 等。

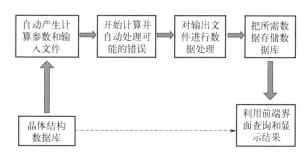

图 1-2 高通量计算流程

利用这些材料数据库，研究人员可快速获得所关心材料的基本性质，避免重复计算和资源浪费。此外，人们还可根据所需性能（如能隙和弹性模量等）来反向查询符合条件的材料化学式和结构，在一定程度上实现按需设计材料的目的。但是，由于密度泛函理论本身的局限性和计算量的原因，当前的理论材料数据库还远不能满足实际需求。实验和应用上关心的许多重要物理量和物理性质，如热导率、电导率、载流子迁移率等，很难直接计算获得，有的需要很大的近似或很大的计算量才能获得。此外，实际材料表现出的许多性能，往往取决于材料的微观形貌或缺陷，而非本征性质，这也是第一性原理难以处理的。最后需要指出，以上材料数据库中的数据来自程序的自动化计算，其中有一些数据和结果是错误的，读者需谨慎使用其中的数据。

高通量计算产生的大量数据，为使用机器学习方法研究材料性质提供了可能。在理想情况下，完美晶体材料的性质完全由其晶体结构决定，固体能带理论建立了材料结构与性质之间的联系，其关键就是求解多电子薛定谔方程。为了减少计算量，实际计算中往往求解计算量更小的 Kohn-Sham 方程。从机器学习方法的角度来看，材料的结构信息，如元素类型和原子坐标等可看作机器学习方法所需的特征信息，而材料的性质则是机器学习方法所需拟合的目标属性。机器学习方法无须求解量子力学方程，直接通过大量已知的结构和性质数据，通过训练建立特征和目标属性之间的数学联系，从而可以快速预测材料性质。

图 1-3　机器学习的基本流程

一般来说，机器学习方法可根据其算法思想和提供的数据分为监督学习、半监督学习、无监督学习和强化学习四类。目前，材料研究中应用较多的方法是监督学习。机器学习一般会经历以下四个基本过程，如图 1-3 所示。首先是数据收集与预处理，研究人员从材料数据库或文献中收集需要的数据，并对数据进行清洗和预处理。清洗数据是指处理数据中的缺漏、重复和错误的内容，准确的数据对机器学习模型预测十分重要。其次是特征工程，这一步的目的是设计出能够较好表征研究对象的描述符（descriptor）集合。在材料学研究中，表征材料结构的描述符往往包括原子相关的信息，如原子序号、半径、质量和电负性等，还包括原子坐标相关的信息。但由于晶体中元胞的选取具有不确定性，所以不能直接用简单的分数坐标或者直角坐标作为特征描述符，而是采用对称函数（symmetry functional）或者库仑矩阵（Coulomb matrix）等方式处理。接着是模型的选择和训练，面对不同的问题，可以测试不同的机器学习模型，调整模型参数。一般而言，所有的数据将分为训练集、验证集和测试集。训练集用于模型的训练，验证集用于模型的调优，测试集用于最终对模型泛化效果的评估。最后则是模型的应用，将训练好的机器学习模型部署到特定位置，便可利用该模型预测新材料的性质。

目前有关机器学习在材料科学研究中的应用很多。例如，2018 年，美国麻省理工学院 Grossman 教授等人通过晶体图卷积神经网络（crystal graph convolutional neural networks）对 46744 种材料进行训练，成功预测了晶体结合能、能隙、费米能、弹性模量等七种物理性质，并获得了较高的精度[19]。再例如，为了寻找超硬材料，美国休斯敦大学 Brgoch 教授等人通过支持向量机（support vector machine）对 Material Project 中数千个弹性模量数据进行学习，并对 Pearson 晶体数据库中约 12 万种材料的弹性数据进行预测，发现了 258 种具有高的体积模量和剪切模量的化合物，最后利用实验制备了 $ReWC_x$ 和 $Mo_{0.9}W_{1.1}BC$ 两种化合物并对预测结果做了验证[20]。

当然，机器学习在材料中的应用还有局限性，目前主要问题在于关于材料结构和性能的数据集比较少，此时机器学习方法可能会出现过拟合问题，降低模型的泛化能力。同时，不管是第一性原理计算还是实验，不同的计算参数或者不同的实验条件往往会给出不同的结果，这为筛选可靠的训练数据造成了很大的困难，一定程度上限制了机器学习在材料科学中的应用。此外，机器学习方法的预测过程是一个纯数学的运算，它的预测结果只具有统计学意义。因此机器学习方法给材料科学研究提供了新思路，但还不能完全替代传统的第一性原理计算或者实验研究。当然，随着材料数据的完善和机器学习方法的进步，机器学习有望在材料科学的研究中发挥更大的作用。

1.5 展望

综上所述，随着计算机硬件和软件的迅速发展，各种材料计算方法和软件层出不穷，计算功能越来越强大，使用越来越方便。特别是随着高通量计算的成熟，机器学习方法也在材料科学的多个研究领域得到了应用，因此有理由相信计算材料学在材料科学研究中将发挥更大的作用，具有广阔的发展前景。当然，目前计算材料学还有很大的局限性，许多实验关注的物理性质还不能准确或者快速获得，仅仅依赖计算机硬件的发展不能解决根本问题，有待于各种新的物理理论的突破。材料计算模拟虽然与理论和实验三足鼎立，但我们应该注重三者的结合，以更好地促进整个材料科学的发展。

参考文献

[1] 冯端，师昌绪，刘治国．材料科学导论[M]．北京：化学工业出版社，2002：1．

[2] Li Y W，Hao J，Liu H Y，et al. The metallization and superconductivity of dense hydrogen sulfide [J]. The Journal of Chemical Physics，2014，140(17)：174712.

[3] Duan D F，Liu Y X，Tian F B，et al. Pressure-induced metallization of dense $(H_2S)_2H_2$ with high-T_c superconductivity[J]. Scientific Reports，2014，4：6968.

[4] Drozdov A P，Eremets M I，Troyan I A，et al. Conventional superconductivity at 203 kelvin at high pressures in the sulfur hydride system[J]，Nature，2015，525：73-76.

[5] Klitzing K V，Dorda G，Pepper M. New Method for High-Accuracy Determination of the Fine-Structure Constant Based on Quantized Hall Resistance[J]. Physical Review Letters，1980，45(6)：494-497.

[6] Haldane F D M. Model for a Quantum Hall Effect without Landau Levels：Condensed-Matter Realization of the "Parity Anomaly"[J]. Physical Review Letters，1988，61(18)：2015-2018.

[7] Yu R，Zhang W，Zhang H J，et al. Quantized Anomalous Hall Effect in Magnetic Topological Insulators[J]. Science，2010，329(5987)：61-64.

[8] Chang C Z，Zhang J S，Feng X，et al. Experimental Observation of the Quantum Anomalous Hall Effect in a Magnetic Topological Insulator[J]. Science，2013，340(6129)：167-170.

[9] Weng H M，Dai X，Fang Z. Topological semimetals predicted from first-principles calculations[J].

Journal of Physics(Condensed Matter)，2016，28(30)：303001.

[10] Dirac P A M. Quantum mechanics of many-electron systems[J]. Proceedings of the Royal Society A，1929，123(792)：714-733.

[11] Pymatgen 软件库[EB/OL]. https://pymatgen. org/.

[12] AiiDA 软件库[EB/OL]. https://www. aiida. net/.

[13] Materials Project 材料数据库[EB/OL]. https://materialsproject. org/.

[14] AFLOW 材料数据库[EB/OL]. http://aflowlib. org/.

[15] OQM 材料数据库[EB/OL]. https://oqmd. org/.

[16] NRELMatDB 材料数据库[EB/OL]. https://materials. nrel. gov/.

[17] CompES-X 材料数据库[EB/OL]. https://compes-x. nims. go. jp/en/.

[18] CMR 材料数据库[EB/OL]. https://cmr. fysik. dtu. dk/.

[19] Xie T，Grossman J C. Crystal Graph Convolutional Neural Networks for an Accurate and Interpretable Prediction of Material Properties[J]. Physical Review Letters，2018，120(14)：145301.

[20] Tehrani A M，Oliynyk A O，Parry M，et al. Machine Learning Directed Search for Ultraincompressible，Superhard Materials[J]. Journal of the American Chemical Society，2018，140(31)：9844-9853.

## 第 2 章

第一性原理材料计算

本章介绍在微观层次上如何使用第一性原理密度泛函理论计算晶体材料的电子能带等基本物理性质。本章内容包括：第一性原理计算概述、点阵、晶体结构、晶体对称性、倒易点阵、布里渊区、电子能带结构、密度泛函理论以及第一性原理程序的使用简介和若干计算实例。受限于篇幅，本章不能对其中理论内容作更深入介绍，建议读者可参考其他固体物理和密度泛函理论等书籍。关于密度泛函程序的使用也只作简单介绍，读者只有通过仔细研读程序手册，并不断练习才能熟练掌握程序的使用。

2.1 第一性原理计算概述

所谓第一性原理（first-principles）是指不能从其他命题或假设推导出的基本命题或假设。这个概念最早源于古希腊哲学家亚里士多德的一个哲学观点，即"每个系统中都存在一个最基本的命题，它不能被违背或删除"。在数学中第一性原理就是公理（axiom），公理是不能被证明的基本命题，也是整个数学的基础。在物理学中，如果一个结论的获得不依赖经验模型或经验参数，便可认为它是第一性原理。

本章所述的"第一性原理计算"（first-principles calculations）是指基于量子力学基本原理和物理常数，不依赖经验参数的数值计算。另外一个与第一性原理计算相似的概念是"从头计算"（*ab initio* calculations），它也表示从最基本原理出发的计算。薛定谔方程是量子力学的基本公式，但由于计算量巨大，直接使用薛定谔方程计算实际材料的物理性质非常困难，为此，科学家们对薛定谔方程采取了一定的近似（如绝热近似和单电子近似），发展了多种方法。目前在计算材料领域最流行的方法是美国物理学家科恩（Walter Kohn，1998 年诺贝尔化学奖得主）等人在 20 世纪 60 年代提出的密度泛函理论（density functional theory，DFT）。密度泛函理论把多粒子薛定谔方程变为单粒子方程，同时把薛定谔方程中的各个部分都写成电子密度的泛函，最后通过求解科恩-沈吕九方程（Kohn-Sham equation，KS 方程）便可获得材料的电子能带等性质。自 20 世纪 80 年代以来，计算机硬件和软件技术的飞速发展为密度泛函理论的实际应用提供了必要的条件。目前，密度泛函理论在凝聚态物理、材料学、化学、药物设计和地球科学等多个领域得到了广泛的应用。

密度泛函理论非常适合材料科学的研究，主要有三个原因。首先，密度泛函理论计算基本不依赖经验参数，是第一性原理计算，具有良好的通用性。使用一套理论和程序几乎可以处理各种不同结构、组分和性质的材料，容易实现材料物性的高通量计算。其次，密度泛函理论对大多数材料性质的计算可获得令人满意的精度，许多计算结果可以和实验作定量比较。因此密度泛函理论计算可以定量预测材料的物理性能，为新材料的设计和研发提供帮助。当然，对于某一些物理量，密度泛函理论也会出现明显的误差。例如，密度泛函理论计算大多数晶体的晶格常数时，其误差可控制在1%以内，但对于具有范德瓦耳斯力（van der Waals）互作用的层状材料（如石墨），常规密度泛函理论不能得到正确的层间距离，为此，人们发展了多种修正方案，经过修正后的密度泛函理论便可准确地预测层间距离。再例如，常规密度泛函理论会严重低估半导体和绝缘体材料的带隙，甚至会把半导体材料算成金属，但使用杂化泛函或GW等方法可以基本解决低估带隙的问题。因此，虽然密度泛函的基本理论提出已有六十年了，但是基于密度泛函理论的新理论、新方法和新功能不断涌现。最后，密度泛函理论计算的速度较快，适合实际材料。在现代普通服务器上，密度泛函理论计算可方便地处理100个左右原子的材料体系。利用一些特殊的算法和程序，借助超级计算机和大规模并行计算，密度泛函理论也可以处理超过1000个原子。在材料计算的各种数值模拟方法中，有一些方法（如经验势）计算速度很快，但是通用性和计算精度较差，而另外一些方法（如量子蒙特卡罗）计算精度极高，但速度很慢，只适合处理非常小的体系。密度泛函理论在计算的通用性、精度和速度之间取得了平衡，正好适合实际材料物理性质的研究，这是密度泛函理论计算流行的一个根本原因。

在本章中，我们将从最基本的晶体结构出发，简要介绍密度泛函理论的基本概念和使用。

2.2 晶体结构和对称性

2.2.1 点阵、基矢和元胞

生活中常见一些具有平移周期结构的图案，如图2-1（a）为一张具有周期性熊爪图案的墙纸。为了更好地展现它的平移周期性，我们可以把每个熊掌抽象成一个几何点（称为结点），原来的图案就抽象为一个由几何点构成的阵列，称为点阵，如图2-1（b）所示，显然它是一个正方形点阵。为了在数学上定量描述点阵结构，可在点阵上定义基矢，以图2-1（b）中的二维点阵为例，取任意点为原点，到两个相邻点作两条不平行的矢量a_1和a_2，在此坐标系下，点阵中所有点的位置可以写成：

$$\boldsymbol{R}_l = l_1\boldsymbol{a}_1 + l_2\boldsymbol{a}_2 \tag{2-1}$$

式中，l_1和l_2为整数；a_1和a_2为点阵的基矢。很显然，点阵通过任意一个矢量$\boldsymbol{R}_l$平移后整体保持不变，所以$\boldsymbol{R}_l$也被称为平移矢量。平移矢量从数学上描述了图案的平移周期性（或平移对称性）。

点阵中所有结点都等价，它们具有完全相同的周边环境，可以通过平移矢量$\boldsymbol{R}_l$联系起来。我们再来举一个例子，图2-2（a）所示的具有六边形蜂窝状结构的图案，当把图中A点平移到B点时，在相同的平移下，B点会被平移到下方六边形的中心，从而整个图案不能恢

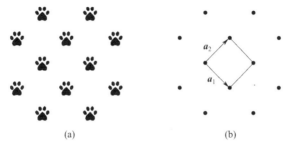

图 2-1　生活中常见的具有周期结构的图案
（a）具有周期熊爪图案的墙纸；（b）经过数学抽象后的点阵

复原状，因此图 2-2（a）并不是一个点阵。但是，图 2-2（a）的图案表现出明显的周期性，为了找到它真正的平移矢量，可以把相邻的 A 和 B 两个点看成一个整体，称为"基元"，如图 2-2（b）中灰色阴影所示，再把每个基元抽象成一个几何点，则整个图案变成如图 2-2（c）所示的结构，不难发现这是一个点阵，其中的点形成三角形排列。我们也可以在上面定义基矢 a_1 和 a_2，并得到平移矢量 R_l。事实上，图 2-2（a）就是石墨烯的晶体结构，其中每一个黑点为一个碳原子，而图 2-2（c）为石墨烯晶体对应的点阵，每一个黑点对应一个结点。

以上讨论的是二维点阵，很容易想象在三维空间也存在类似的点阵。为了描述三维点阵结构，需要定义三个不共面的基矢 a_1、a_2 和 a_3，此时平移矢量为：

$$R_l = l_1 a_1 + l_2 a_2 + l_3 a_3 \tag{2-2}$$

式中，l_1、l_2 和 l_3 为整数。

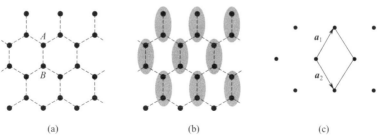

图 2-2　六边形结构及其基元和点阵
（a）具有六边形蜂窝状结构的图案；（b）把两个相邻看成一个整体，即基元；
（c）基元抽象成结点后得到的三角形点阵

有了基矢，便很容易定义点阵的元胞。在图 2-3 所示的二维三角形点阵中，由基矢 a_1 和 a_2 围成的平行四边形就是点阵的元胞。一个点阵中基矢的选取并不唯一，图 2-3 给出了几种基矢的选取方式，它们都是正确的。基矢取法的不同造成元胞的取法也不唯一，我们通常把体积（面积）最小的元胞定义为初基元胞（primitive cell）。图 2-3（a）～（c）中三种元胞的形状不同，但它们都是最小的元胞，只包含一个结点，所以三个都是初基元胞。有时在实际使用中还会采用一些体积（面积）较大的元胞，称为单胞或者惯用元胞（conventional cell），如图 2-3（d）所示的长方形元胞就是一个单胞，它很显然包含两个结点，面积也是初基元胞的两倍。

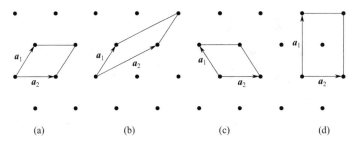

图 2-3　二维三角形点阵中不同的基矢和元胞

(a)～(c) 具有最小面积的三种不同的初基元胞；(d) 具有两倍初基元胞面积的单胞

三维点阵的元胞为由 a_1、a_2 和 a_3 三个基矢围成的平行六面体，三维空间元胞的体积 Ω 可写成：

$$\Omega = a_1 \cdot (a_2 \times a_3) \tag{2-3}$$

不管是二维还是三维点阵，把初基元胞按照平移矢量平移，便可无重复、无遗漏地占满整个二维或者三维空间。

基矢和元胞的选取虽不唯一，但在实际使用中会有一些约定俗成的设定。特别是在高通量计算中，如何让计算机自动确定任意晶体的基矢和元胞显得尤为重要。有关基矢和元胞的选取可以参考其他文献[1,2]。

2.2.2　点阵的分类

上面介绍了两种不同的二维点阵，即图 2-1 所示的正方形点阵和图 2-2 所示的三角形点阵，那么点阵的种类是有限的吗？如果是，一共有几种点阵呢？事实上二维点阵一共只有 5 种，如图 2-4 所示，它们分别是斜点阵、长方形点阵、中心长方形点阵、六角点阵和正方形点阵。图 2-4 还给出了这些点阵的基矢和单胞，同时给出了基矢的长度和角度的关系。例如在正方形点阵中，要求元胞的两个基矢长度相等，且相互垂直；而在斜点阵中，对元胞基矢和夹角没有任何限制，这里 $|a| \neq |b|$ 中的不等号可以理解为不要求相等，或者无限制。

此外，不难发现图 2-4 (b) 和图 2-4 (c) 所示的两个点阵的单胞形状完全一样，因此可以把它们归为一类，统称为长方形晶系 (crystal system)，其余三个点阵的单胞都不相同，它们各自分属一个晶系，因此 5 种二维点阵按照晶系来分，可以归为 4 种晶系。关于晶系的分类本质上应该从点阵的对称性来考虑，而有关对称性及其相关概念会在后面讲述。但从直观上也不难发现，图 2-4 (b) 和图 2-4 (c) 所示的长方形和中心长方形点阵在面内都可以旋转 180°保持不变，所以它们同属一个晶系。而图 2-4 (c) 所示的正方形点阵可以旋转 90°保持不变，图 2-4 (d) 所示的六角点阵可以旋转 60°保持不变，斜点阵不存在这种旋转对称性（或者只能旋转 360°保持不变），因此它们分属不同的晶系。

三维空间中点阵的分类要复杂一些。1848 年，法国物理学家布拉维（Auguste Bravais）证明在三维空间中一共存在 14 种不同的点阵，也称为 14 种布拉维点阵，如表 2-1 所示。这 14 种点阵按照对称性不同可归为 7 大类，称为 7 大晶系，分别是：三斜（triclinic）、单斜（monoclinic）、正交（orthorhombic）、三角（trigonal）、四方（tetragonal）、六角（hexagonal）和立方（cubic）晶系。有的书上把三角晶系也称为菱方晶系（rhombohedral crystal system），

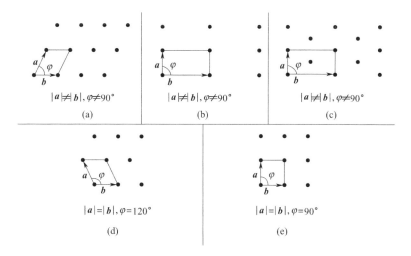

图 2-4　五种不同的二维点阵及其基矢和元胞

（a）斜点阵（oblique lattice）；（b）长方形点阵（rectangular lattice）；
（c）中心长方形点阵（centered rectangular lattice）；（d）六角点阵（hexagonal lattice），
一般也称三角点阵（triangular lattice）；（e）正方形点阵（square lattice）

但实际上不存在菱方晶系这一概念，而只有菱方格系（rhombohedral lattice system）的概念。

从表 2-1 可知，有的晶系只含一种点阵，如三斜、三角和六角晶系，都只包含一种简单点阵，用 P 表示；而有的晶系对应多个点阵，如单斜晶系包含简单单斜和底心单斜（C）两种点阵；正交晶系包含简单正交、体心正交（I）、底心正交和面心正交（F）四种点阵；四方晶系包含简单四方和体心四方两种点阵；立方晶系包含简单立方、体心立方和面心立方三种点阵。

表 2-1　三维空间 14 种布拉维点阵、7 种晶系及其基矢和单胞

晶系 （crystal system）	单胞参数	简单（P）	体心（I）	底心（C）	面心（F）
三斜 （triclinic） C_i/S_2	$a \neq b \neq c$ $\alpha \neq \beta \neq \gamma \neq 90°$				
单斜 （monoclinic） C_{2h}	$a \neq b \neq c$ $\alpha = \gamma = 90°$ $\beta \neq 90°$				
正交 （orthorhombic） D_{2h}	$a \neq b \neq c$ $\alpha = \beta = \gamma = 90°$				

晶系 (crystal system)	单胞参数	简单（P）	体心（I）	底心（C）	面心（F）
三角 (trigonal) D_{3d}	$a=b=c$ $\alpha=\beta=\gamma\neq90°$				
四方 (tetragonal) D_{4h}	$a=b\neq c$ $\alpha=\beta=\gamma=90°$				
六角 (hexagonal) D_{6h}	$a=b\neq c$ $\alpha=\beta=90°$ $\gamma=120°$				
立方 (cubic) O_h	$a=b=c$ $\alpha=\beta=\gamma=90°$				

本质上，7大晶系的分类原则就是对称性，即每个晶系对应一个点群（point group），在表2-1的晶系名称下方就标明了对应的点群，而有关点群的概念和命名会在后面介绍。直观上，7大晶系的不同体现在单胞形状的不同，或者说体现在基矢长度和夹角的差别，它们的单胞参数也罗列在表2-1中。例如对于立方晶系，其单胞的三个基矢长度相等，且相互垂直，形成一个立方体；但四方晶系则要求三个基矢相互垂直，且有两个基矢长度相等，但对第三个基矢的长度没有要求，这里$a=b\neq c$中的不等号可以理解为不要求相等，或者没有特殊限定。需要注意的是，根据基矢的长度和夹角来判断晶系是不恰当的，在实验中测量晶体元胞的长度和夹角总会有一定误差，更好的办法是根据晶体的对称性来判断晶体的晶系类型。

2.2.3 常见晶体结构

前面介绍了点阵、基矢和元胞，这些概念都基于平移周期性。而本章所研究的晶体材料，其区别于其他材料最重要的性质就是平移周期性。

需要注意的是，实际的晶体材料往往存在各种缺陷和杂质，不再具有严格的平移周期性；同时温度造成原子的热运动也会破坏晶体的平移周期性。这些问题会极大增加研究的难度，因此理论上有必要也必须先研究最简单的完美晶体结构，在此基础上，如果缺陷、杂质和原子热运动对晶体材料的影响是微小的，便可把它们看成对完美晶体物理性质的一个修正。例如，先通过理论计算研究完美半导体材料的电子能带、带隙和载流子有效质量等基本性质，后续再研究掺杂半导体材料的性质。再例如，通过理论计算获得晶体零温（$T=0\text{K}$）时的晶格常数，再考虑热膨胀效应（非谐效应）便可研究晶格常数随着温度的微小变化。

为了让读者对实际的晶体结构有基本的印象，下面简要介绍一些常见的晶体结构。

（1）简单立方晶体结构

所谓简单立方的晶体结构，是指原子排列在立方体的顶点位置，如图 2-5（a）所示。这种结构非常简单，但实际上几乎没有材料的原子采用这种排列方式。目前据报道只有 α 相钋（元素符号 Po）中原子呈现简单立方排布。2007 年，Legut 等人通过第一性原理计算表明强的相对论效应是 α 相钋呈现简单立方排布的原因[3]。很显然，每一个钋原子都位于立方体顶点，任意一个钋原子都可以通过平移来获得整个晶体结构，即一个钋原子就是一个基元，把所有基元抽象成点阵，就获得了一个简单立方点阵。因此 α 相钋属于立方晶系、简单立方点阵。

（2）体心立方晶体结构

一些常见的单质金属（如铁、铬、锰、钒、钨、锂、钠和钾等）中原子在空间按照体心立方结构排布，如图 2-5（b）所示。体心立方结构是在简单立方的基础上，在立方体体心增加了一个原子。但这里顶点和体心的位置是相对的，完全可以以现有体心为顶点画一个新的立方体，则原来的顶点就成为新立方体的体心。因此，顶点和体心的原子是等价的，也就是每一个原子就是一个基元，把所有基元抽象成点阵，就获得了一个体心立方点阵。因此铁和铬等材料属于立方晶系、体心立方点阵。

（3）面心立方晶体结构

一些常见的单质金属（如金、银、铜、镍、钙和铝等）中原子在空间按照面心立方结构排布，如图 2-5（c）所示。面心立方结构是在简单立方的基础上，在立方体六个面的中心各增加一个原子。这里顶点和面心也是等价的，每一个原子就是一个基元，把所有基元抽象成点阵，就获得了一个面心立方点阵。因此金和银等材料属于立方晶系、面心立方点阵。

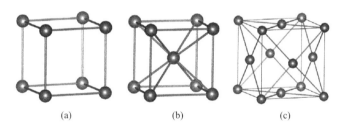

(a)　　　　　　　(b)　　　　　　　(c)

图 2-5　几种常见的晶体结构
（a）简单立方；（b）体心立方；（c）面心立方

（4）金刚石结构

金刚石结构顾名思义是指金刚石晶体所具有的结构，除了金刚石晶体本身，重要的半导体材料硅、锗也属于金刚石结构。它首先由 4 个碳原子构成面心立方结构，在此基础上，在立方体的体对角线上、距离四个不相邻的顶点 1/4 处再添加 4 个碳原子，如图 2-6（a）所示。仔细观察，实际上立方体内部的 4 个碳原子也构成一个面心立方结构。所以金刚石结构可看成两套面心立方结构嵌套而成，且这两套面心立方结构可以沿着体对角线平移 1/4 相互重合。虽然两套面心立方结构在平移后相互重合，但它们并不等价。因为当考虑对整个晶体进行 1/4 对角线的平移时，虽然一套面心立方可以和另外一套重合，但第二套面心立方结构在相同的位移下不能与第一套重合，所以它们不等价。如果把一个顶点原子和其最近的对角线上的原子看成一个整体，形成一个基元，再把基元抽象成结点，整个金刚石结构便可抽象为一个面心立方点阵。因此金刚石和硅等材料属于立方晶系、面心立方点阵。

（5）NaCl 结构

NaCl 结构是指氯化钠晶体具有的结构，也称为岩盐结构（rock-salt structure）。它的结构如图 2-6（b）所示，Na 和 Cl 原子在三个方向上交替排列。如果单独观察 Na 原子和 Cl 原子，很容易发现 Na 构成了一套面心立方结构，而 Cl 原子构成另外一套面心立方结构，两套面心立方结构沿着棱移动 1/2 就可重合（不考虑元素的差别），因此 NaCl 结构可以看作由两套面心立方结构相互嵌套而成。当然由于元素类型不同，这两套面心立方结构自然是不等价的。如果把一个 Na 和它相邻的一个 Cl 原子看成一个整体，构成基元，则整个晶体便可抽象为一个面心立方点阵。除了氯化钠，其他类似的碱金属卤化物也具有这种结构，如氟化锂、氯化钾等材料。因此 NaCl 和 LiF 等材料属于立方晶系、面心立方点阵。

（6）CsCl 结构

CsCl 结构类似体心立方，只不过在立方体体心和顶点由两种不同原子（如 Cs 和 Cl）分别占据，如图 2-6（c）所示。很显然，CsCl 结构中的两种原子是不等价的。另一方面，如果把 Cs 和 Cl 分开看，则每一种原子都构成一个简单立方结构，所以 CsCl 结构可以看作由两套简单立方结构嵌套而成。如果把一个 Cs 和它相邻的一个 Cl 原子看成一个整体，构成基元，则整个晶体便可抽象为一个简单立方点阵。除了 CsCl，还有一些材料也有类似的晶体结构，如 BeCu、AlNi、CuZn 和 CuPd 等。因此 CsCl 等材料属于立方晶系、简单立方点阵。

（7）闪锌矿结构

闪锌矿结构也称为立方硫化锌（cubic ZnS）结构，它类似金刚石结构，但两个不等价位置会占据不同的元素，如顶点和面心占据 Zn 原子，而对角线上占据 S 原子，如图 2-6（d）所示。立方硫化锌结构中，Zn 和 S 原子自然不等价，但如果把一个 Zn 原子和它相邻的一个 S 原子看成一个整体，构成基元，则整个晶体便可抽象为一个面心立方点阵。除了 ZnS、CuF 和 CuCl 等材料也具有闪锌矿结构。因此立方硫化锌等材料属于立方晶系、面心立方点阵。

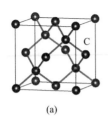 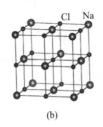 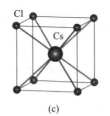 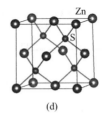

(a)   (b)   (c)   (d)

图 2-6　几种常见的晶体结构

(a) 金刚石结构；(b) NaCl 结构；(c) CsCl 结构；(d) 闪锌矿 ZnS 结构

（8）六角密堆结构

铍、镁、钛、锌和钴等金属中，原子在面内（ab 面）呈现三角形排列，在面外方向（c

方向）由两个原子层交替排列而成，上一层的原子位于下层三个原子中心的上方，如图 2-7 (a) 所示。仔细观察，两层原子类型虽然相同，但它们周围所处环境不同，所以为不等价原子。如果把这两个原子看成一个整体，构成基元，则整个晶体便可抽象为六角点阵。因此铍和镁等材料属于六角晶系、六角点阵。

（9）四方相结构

在所有的单质晶体中，四方晶系并不常见，主要有：铟、β 相锡和 β 相钽。例如金属铟，其结构如图 2-7 (b) 所示，铟占据一个长方体的顶点和体心，其中长方体 c 方向的长度大约是 a 或者 b 方向长度的 1.5 倍，而 a 和 b 长度相等。由于长方体的顶点和体心的铟原子等价，一个铟原子就是一个基元。因此铟等金属属于四方晶系、体心四方点阵。

（10）钙钛矿结构（perovskite）

钙钛矿结构是以 $CaTiO_3$ 晶体为原型的晶体结构，化学通式 ABX_3，其中 A 为碱土元素，B 为过渡金属，X 一般为氧或者卤素元素。钙钛矿结构中阳离子位置可被其他类似元素部分取代而保持结构稳定，所以钙钛矿结构是一个包含众多材料的大家族。在理想的立方相钙钛矿中，A 原子位于顶点，B 原子位于体心，而 X 原子位于 6 个面心，如图 2-8 (a) 所示。每个 B 原子周围有 6 个 X 原子，构成 BX_6 八面体。一个立方体元胞中显然有 5 个原子，都是不等价原子，可以把这 5 个原子整体构成一个基元，则整个立方钙钛矿结构就抽象成一个简单立方点阵。因此理想钙钛矿结构其实属于立方晶系、简单立方点阵。

由于离子半径的差异，大多时候钙钛矿结构并不能保持立方结构，而往往会发生八面体的畸变。例如在 $SrIrO_3$ 晶体中，IrO_6 八面体发生转动和倾斜，晶体从立方结构变成正交结构，如图 2-8 (b) 所示。

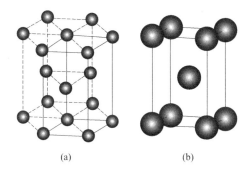
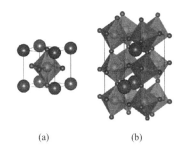

图 2-7　几种常见的晶体结构
(a) 六角密堆结构；(b) 体心四方结构

图 2-8　钙钛矿结构
(a) 立方相的钙钛矿结构；
(b) 畸变后正交相的钙钛矿结构

近年来，以 $CH_3NH_3PbI_3$ 为代表的有机钙钛矿材料在光电能源转换方面受到了广泛的关注，从结构上来看，钙钛矿的 A 位原子被有机小分子取代，但整体上仍然保持钙钛矿的结构。

2.2.4　晶体对称性

除了平移对称性，晶体通常还会有其他对称性，包括旋转、镜面等。这些对称性由晶体结构决定，晶体也可以按照其对称性来分类。对称性在现代物理中扮演着十分重要的角色，在凝聚态物理和材料科学中也是如此。直观上看，球体的对称性高于立方体，而立方体的对称性又高于长方体。为了在数学上精确描述对称性，可以引入对称操作的概念，并且用群论方法来研究材料的对称性。如果一个对称操作后晶体结构和操作前的结构重合，则该操作就是晶体的一个对称操作。例如一个简单立方晶体，经过顶点，沿着某一条棱转动90°，晶体可以恢复到原来的状态，则90°旋转操作就是该晶体的一个对称操作。但如果对简单立方晶体旋转60°，则无法恢复原状，所以60°旋转操作就不是该晶体的对称操作。

晶体的对称操作包含以下5类。

① 不动操作，即不作任何操作，用符号 E 表示。不动操作看起来没有任何意义，但它是点群中不可缺少的单位元素。

② 旋转操作，即绕着某一根轴转动 $2\pi/n$，用符号 C_n 表示（n 是整数）。对于一个旋转操作，最关键的对称要素（symmetry element）是 n 次旋转轴（n-fold axis），该轴的位置和旋转角度完全决定了旋转操作。

③ 反映或镜面操作，相当于照镜子的操作，用符号 σ 表示。反映或镜面操作的对称要素是镜面（mirror plane）。

④ 反演操作，即以某一点为原点，把空间中的任一点 r 变成 $-r$ 的操作，用符号 i 表示。反演操作的对称要素是反演中心（inversion center）。

⑤ 旋转反映操作，即先绕着某一根轴转动 $2\pi/n$，再做垂直于转动轴的平面的反映操作。它是一种非真转动（improper rotation），用符号 S_n 表示。旋转反映操作的对称要素是 n 次旋转反映轴。

以上对称操作的命名规则由德国数学家熊夫利（Schoenflies）提出，称为熊夫利符号。另外一种比较常见的命名规则是 Hermann-Mauguin（HM）符号，也称为国际符号。熊夫利符号通常用于分子体系中点群的命名，而国际符号更多用于晶体学中。两者在对称操作的定义上大体一致，但也略有差别。在熊夫利符号中，非真转动定义为旋转加镜面的复合操作，而在国际符号中，它被定义为旋转加反演的复合操作。此外，两者的命名规则不同，表2-2中给出了它们的对应关系。

表 2-2　熊夫利符号和国际符号中对称操作的命名规则

熊夫利符号		Hermann-Mauguin 国际符号	
不动操作	E	不动操作	1
反映/镜面	σ	反映/镜面	m
旋转	C_n	旋转	n
中心反演	i	中心反演	$\bar{1}$
旋转反映轴	S_n	旋转反演轴	$\bar{n}$

下面我们通过一些具体的例子来演示不同的对称操作。

（1）旋转操作

图 2-9（a）中水分子以角平分线为轴，可以旋转180°后恢复原状，所以水分子有一个 C_2 操作，或者说水分子有一个2次旋转轴。类似地，图2-9中 NH_3、$PtCl_4$、$Fe(C_5H_5)_2$ 和苯分子分别具有120°、90°、72°和60°的旋转对称性，分别用 C_3、C_4、C_5 和 C_6 表示。对称操作可以进行连续操作，例如苯分子的 C_6 操作可以连续操作2次（即旋转120°），在数学上用乘法

表示：$C_3 = C_6^2$；还可以连续操作 3、4 和 5 次，分别用 C_2、C_3^2 和 C_6^5 表示；而连续操作 6 次相当于旋转 $360°$，即不动操作：$E = C_6^6$。

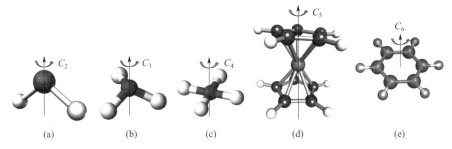

图 2-9　一些简单分子的旋转对称性

（a）水分子具有 C_2 对称操作；（b）NH_3 分子具有 C_3 对称操作；（c）$PtCl_4$ 分子具有 C_4 对称操作；
（d）$Fe(C_5H_5)_2$ 分子具有 C_5 对称操作；（e）苯分子具有 C_6 对称操作

有的材料会有多个旋转轴。例如，苯分子中除了垂直于苯环的 6 次轴外，还有位于苯环平面内的 2 次轴，它们分别是：经过相对碳原子的连线以及经过相对碳碳键中点的连线。一般情况下，把对称性高的旋转轴称为主轴，苯分子的主轴就是 6 次轴。通常要使主轴沿着 z 轴或者竖直方向。

（2）反映操作

图 2-10 给出了水分子所具有的两个镜面：xz 面和 yz 面。在 xz 面的反映操作下，整个水分子的所有原子保持不动；在 yz 面的反映操作下，氧原子保持不变，而两个氢原子交换位置，但因为氢原子是不可区分的，因此整个水分子恢复原状。

反映操作也可连续操作，很显然连续偶数次的反映操作相当于不动操作：$E = \sigma^{2n}$，而连续奇数次的反映操作等效于一次反映操作：$\sigma = \sigma^{2n+1}$，这里 n 为正整数。

（3）中心反演操作

中心反演操作就是一个物体以某一个点为中心做反演后保持不变，从坐标变化来看，即物体中的一个点坐标从 (x, y, z) 变为 $(-x, -y, -z)$。例如，图 2-11 给出 $PtCl_4$ 分子在中心反演操作前后的变化，其反演中心位于 Pt 原子上，做中心反演操作就是把原子 1 和 3 交换，2 和 4 交换。因为 Cl 原子是不可区分的，因此交换前后整个分子保持不变。

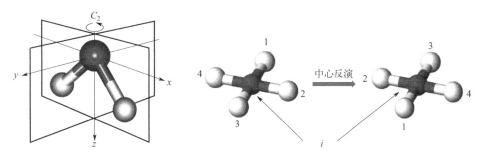

图 2-10　水分子具有的两个镜面　　　　图 2-11　$PtCl_4$ 分子的中心反演操作

中心反演操作也可连续操作，很显然连续偶数次的中心反演操作相当于不动操作 $E = i^{2n}$，而连续奇数次的中心反演操作等效于一次中心反演操作 $i = i^{2n+1}$，这里 n 为正整数。

（4）旋转反映操作

旋转反映操作是两个操作的连续操作：$S_n = \sigma C_n$。其过程如图 2-12 所示，具有四面体结构的甲烷分子首先经过一个旋转操作 C_4，很显然此时甲烷分子和旋转前不重合，即 C_4 并不是甲烷分子的对称操作。但后续可以再对转动后的甲烷分子做一个反映操作，最后得到的分子就可以和最初的重合，所以 S_4 是甲烷分子的一个对称操作。

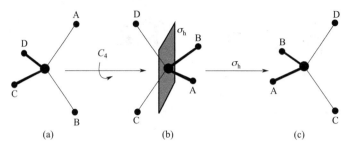

图 2-12　四面体结构的甲烷分子（CH_4）具有 4 次旋转反映操作（S_4）

（a）操作前的甲烷分子；（b）先经过 $90°$ 旋转操作；（c）再经过反映操作后恢复原状

前面提到国际符号和熊夫利符号中非真转动的定义不同。以甲烷分子为例，在国际符号中它具有 4 次旋转反演操作，即 $\bar{4}$。如图 2-13，甲烷分子仍然是先经历一个 $90°$ 的转动操作，后续则是以 C 原子为中心的中心反演操作，此时甲烷分子仍然可以恢复原状，即 $\bar{4}$ 是甲烷分子的对称操作。但同时也必须注意到，如果对 4 个 H 原子做上标记，则同一个甲烷分子经历 S_4 和 $\bar{4}$ 操作后的结果是不同的，它们最终的状态分别如图 2-12（c）和图 2-13（c）所示，不难发现两者其实相差了一个 $180°$ 的转动操作。

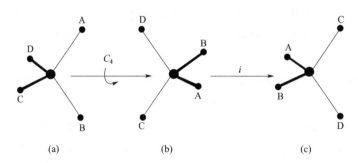

图 2-13　四面体结构的甲烷分子（CH_4）具有 4 次旋转反演操作（$\bar{4}$）

（a）操作前的甲烷分子；（b）先经过 $90°$ 旋转操作；（c）再经过中心反演操作后恢复原状

最后，由于平移周期性的存在，晶体中的旋转操作只有 C_1、C_2、C_3、C_4 和 C_6 这 5 种，其中 C_1 即不动操作 E。同时，可以证明 S_1、S_2、S_3 和 S_6 不是新的独立的对称操作[4]，因此在晶体中独立的对称操作只有 8 个，分别是：E、C_2、C_3、C_4、C_6、S_4、i 和 σ。在国际符号中，它们对应是：1、2、3、4、6、$\bar{4}$、$\bar{1}$ 和 m。在分子或者准晶材料中，因为没有平移周期性的限制，所以可以出现其他操作，如 C_5 等。

2.2.5　点群和空间群

为了研究一个材料的对称性，需要找出它具有的所有对称操作。例如根据图 2-9 和图 2-10，

水分子有一个 C_2 操作，两个 σ 操作，但不要忘了任何一个材料都有不动操作 E，所以水分子的全部对称操作有 4 个：

$$\{E, C_2, \sigma(xz), \sigma(yz)\} \tag{2-4}$$

这里 $\sigma(xz)$ 和 $\sigma(yz)$ 表示在 xz 和 yz 平面内的反映操作。这些对称操作构成一个数学意义上的集合，且该集合有一些特殊的性质，被称为一个群。

在数学上，一组元素（有限或者无限）组成一个集合 $G = \{E, g_1, g_2, g_3, \cdots\}$，并赋予这些元素一定的乘法运算规则。如果这些元素满足如下的四条规则，则集合 G 构成一个群。

① 闭合性，集合中的任意两个元素相乘，得到的元素也属于该集合，即如果 g_i 和 g_j 属于集合 G，则 $g_k = g_i g_j$ 也属于集合 G。

② 结合律，集合中元素的乘积满足乘法的结合律，即 $g_i(g_j g_k) = (g_i g_j)g_k$。

③ 存在单位元素 E，单位元素与任何元素乘积都满足：$Eg_i = g_i$。

④ 任何元素都存在逆元素，满足：$g_i g_i^{-1} = E$。

以上四个条件缺一不可。此外，一般来说群元不需要满足乘法的交换律，但如果某个群的元素满足乘法交换律，则该群称为阿贝尔群。

一个晶体中所有的对称操作也满足上述四个条件，所以也构成一个群。这里群元的乘法就是连续操作，单位元素就是不动操作。逆元素也存在，例如转动操作的逆元素是转动角度相同，但方向相反的转动（如 C_6 的逆元素为 C_6^5）；中心反演和反映操作的逆元素都是其本身。前面提到的五种对称操作都有一个共同点，即在操作过程中至少有一个点在空间保持不变，所以它们被称为点操作，这些点操作构成的群被称为点群。

上述水分子的集合［式（2-4）］中包含 4 个对称操作，单位元素为 E，其余三个元素的逆元素都为其本身，它们四个元素之间相乘可以写成一个表格，称为乘法表，如表 2-3 所示。从乘法表容易看出，这四个元素满足封闭性。所以它们构成一个群。按照熊夫利符号，该群被称为 C_{2v} 群。

表 2-3　水分子所属 C_{2v} 群的乘法表

操作	E	C_2	$\sigma(xz)$	$\sigma(yz)$
E	E	C_2	$\sigma(xz)$	$\sigma(yz)$
C_2	C_2	E	$\sigma(yz)$	$\sigma(xz)$
$\sigma(xz)$	$\sigma(xz)$	$\sigma(yz)$	E	C_2
$\sigma(yz)$	$\sigma(yz)$	$\sigma(xz)$	C_2	E

由于平移周期性的限制，晶体具有的点群数目是有限的。早在十九世纪末，熊夫利等人就证明如果不考虑平移操作，三维点阵的点群只有 7 种，对应前面所述的 7 大晶系；如果考虑到基元的结构，即考虑到具体的晶体结构，点群也只有 32 种。点群往往和晶体的宏观物理性质有关，也称为宏观对称性。如果在点群的基础上再考虑平移对称性，便会引入新的对称操作，即螺旋轴和滑移反映面，此时构成的群称为空间群（space group）。三维点阵的空间群一共有 14 种，对应 14 种点阵；如果考虑到具体的晶体结构，则空间群一共有 230 个，它们是三维晶体的全部微观对称性。以上关系见表 2-4。

表 2-4　三维点阵和三维晶体的点群和空间群

类型	三维点阵	三维晶体
点群	7 大晶系（点群）	32 个点群
空间群	14 个点阵（空间群）	230 个空间群

有关点群和空间群的常见命名方法有熊夫利符号和 Hermann-Mauguin 符号（即国际符号）两种。熊夫利符号通常用一个大写字母（C、D、S、T、O）和一些下标组成，下标通常是一个数字或字母，也可以同时包含一个数字和字母，少数情况下没有下标。熊夫利符号中的字母和数字含义大体如下。

① 下标 h 表示点群里有水平的镜面。

② 下标 v 代表有竖直的镜面，下标 d 代表有竖直的对角镜面。

③ O（octahedral）代表具有立方体对称性的点群。

④ T（tetrahedral）代表具有四面体对称性的点群。

⑤ C_n（cyclic）代表具有 n 次旋转轴的点群。

⑥ S_{2n}（德语 Spiegel，即英文 mirror）代表具有 $2n$ 次旋转反映轴的点群。这里下标一定为偶数，因为奇数的 S_n 群等价于 C_{nh} 群。

⑦ D_n 代表具有一个 n 次旋转轴，但同时还有 n 个垂直于该轴的 2 次旋转轴的点群。

例如，从水分子的 C_{2v} 点群名称可知，它一定包含一个 2 次轴，还包含竖直的镜面，所以熊夫利符号反映了水分子的基本对称操作。所有 32 个点群的熊夫利符号都可在表 2-5 中找到，它们按照 7 大晶系进行了分类。从表中可以看到，一个晶系往往对应多个点群，这是因为晶系是按照点阵的宏观对称性（点群）来分类，并不考虑基元内部原子的排布细节，所以点阵往往比实际的晶体具有更高的对称性。从点阵到晶体结构，考虑到基元内原子的排列，有一些对称操作可能会被破坏，从而得到一些对称性较低的点群。例如，金刚石结构和立方 ZnS 结构从晶系上来说都属于立方晶系，具有相同的 O_h 点群（包含 48 个对称操作，是 32 个点群中对称性最高的一个），但考虑到基元结构，金刚石基元内包含两个 C 原子，仍然为 O_h 点群，而立方 ZnS 基元内则有一个 Zn 和一个 S 原子，破坏了中心反演对称性，所以 ZnS 晶体的点群为 T_d 群（只包含 24 个对称操作）。

国际符号对点群的命名原则也是选取每个点群中若干代表性的操作作为群的名称，同时还会借助分数来表示两个操作的关系，例如 $\frac{n}{m}$ 或者 n/m 就表示有一个 n 次转动轴和一个与之垂直的镜面 m。水分子的点群 C_{2v} 在国际符号中的名称为 $mm2$，从中不难猜测它包含 2 个镜面和一个 2 次轴。表 2-5 也给出了 32 个点群的国际符号，从中可以直观看出熊夫利符号和国际符号两者的对应关系。

对于点群，用熊夫利符号和国际符号表示都非常方便，在文献中都经常使用。但空间群的命名更多使用国际符号，有关 230 个空间群的命名规则建议读者参考专业的晶体学书籍。

表 2-5　三维晶体 32 个点群的熊夫利符号和国际符号的对应关系

晶系	熊夫利符号	国际符号	晶系	熊夫利符号	国际符号
三斜	C_1	1	三角	C_3	3
	$C_i = S_2$	$\bar{1}$		C_{3i}	$\bar{3}$
单斜	C_2	2		D_3	32
	$C_s = C_{1h}$	m		C_{3v}	$3m$
	C_{2h}	$2/m$		D_{3d}	$\bar{3}m$
正交	D_2	222	六角	C_6	6
	C_{2v}	$mm2$		C_{3h}	$\bar{6}$
	D_{2h}	mmm		C_{6h}	$6/m$
四方	C_4	4		D_6	622
	S_4	$\bar{4}$		C_{6v}	$6mm$
	C_{4h}	$4/m$		D_{3h}	$\bar{6}m2$
	D_4	422		D_{6h}	$6/mmm$
	C_{4v}	$4mm$	立方	T	23
	D_{2d}	$\bar{4}2m$		T_h	$m\bar{3}$
	D_{4h}	$4/mmm$		O	432
				T_d	$\bar{4}3m$
				O_h	$m\bar{3}m$

2.2.6　原子坐标

有了晶体的基矢和元胞，下一个问题自然是如何确定元胞中原子的位置。在第一性原理计算中，晶体元胞和原子坐标是必需的参数。下面介绍在晶体中常用的两种原子坐标，一种是直角坐标，即笛卡儿坐标。在直角坐标系中，一个原子的位置 r 可以表示为：

$$r = x\boldsymbol{i} + y\boldsymbol{j} + z\boldsymbol{k}$$

式中，$\boldsymbol{i}$、$\boldsymbol{j}$、$\boldsymbol{k}$ 是三个相互垂直的基矢的单位矢量；系数 (x, y, z) 为原子的直角坐标，其量纲为长度量纲，一般用 Å 或者 nm 表示。

另外一种更方便的坐标是分数坐标，它以元胞的三个基矢作为单位矢量，一个原子的位置 r 可以表示为：

$$r = a\boldsymbol{a}_1 + b\boldsymbol{a}_2 + c\boldsymbol{a}_3 \quad (0 \leqslant a, b, c < 1)$$

式中，$\boldsymbol{a}_1$、$\boldsymbol{a}_2$ 和 $\boldsymbol{a}_3$ 为元胞的基矢；系数 (a, b, c) 为原子的分数坐标。很显然分数坐标是无量纲的。例如，图 2-6 中的 CsCl 晶体，以立方体（元胞）三条棱作为基矢，则顶点的 Cl 和体心的 Cs 原子的分数坐标分别为：

$$(0, 0, 0), \left(\frac{1}{2}, \frac{1}{2}, \frac{1}{2}\right)$$

再例如图 2-5 中的面心立方结构，以立方体（单胞）三条棱作为基矢，则顶点和三个面心原子坐标分别为：

$$(0,0,0),\left(0,\frac{1}{2},\frac{1}{2}\right),\left(\frac{1}{2},0,\frac{1}{2}\right),\left(\frac{1}{2},\frac{1}{2},0\right)$$

分数坐标的好处是以元胞基矢为单位，非常直观，且对于结构相同的晶体，即使元胞大小不同，但相同位置的原子的分数坐标是相同的。

本质上分数坐标和直角坐标只是基矢选择不同，它们之间可以通过坐标变换来转换，具体过程见参考书[2]。

除了以上两种方式，在晶体学中往往还会使用另外一种表示原子位置的方式，即 Wyckoff 位置。Wyckoff 位置考虑了原子坐标的对称性，形式比较简洁，在文献中经常使用。在元胞中，一个点经过空间群的对称操作后会得到一系列的等价位置，这些位置的个数称为多重性（multiplicity）。不同点的多重性一般是不同的，可以按照从小到大排列，分别用字母 $a,b,c\cdots$ 表示，称为 Wyckoff 字母。每一个空间群都有一套确定的 Wyckoff 位置，可从相关网站上查询到[5]。

例如，立方相钙钛矿晶体 $SrTiO_3$ 空间群为 $Pm\bar{3}m$，其 Wyckoff 位置如表 2-6 所示。顶点位置 $(0,0,0)$ 经过对称操作只能得到顶点，所以顶点位置的 Wyckoff 位置为 $1a$。体心 $(1/2,1/2,1/2)$ 位置也是如此，它的 Wyckoff 位置为 $1b$。而一个面心 $(1/2,1/2,0)$ 通过对称操作可得到另外两个面心：$(1/2,0,1/2)$ 和 $(0,1/2,1/2)$，所以它的 Wyckoff 位置为 $3c$。棱的中点 $(1/2,0,0)$ 也是如此，其 Wyckoff 位置为 $3d$。棱上的其他点（非中点和端点），如 $(x,0,0)$ 通过对称操作可得到 6 个位置：$(\pm x,0,0)$，$(0,\pm x,0)$ 和 $(0,0,\pm x)$，所以这个点的 Wyckoff 位置为 $6e$。其余的位置依次类推，其中最一般的一个位置 (x,y,z) 通过操作可得到 48 个等价位置，所以它的 Wyckoff 位置为 $48n$。

有了 Wyckoff 位置表格，可以更方便地表示原子的位置。例如对于 $SrTiO_3$，Sr 位于 $1a$ 位置，Ti 位于 $1b$ 位置，O 位于 $3c$ 位置。

从上述讨论可知，有的 Wyckoff 位置是非常确定的。例如对于空间群 $Pm\bar{3}m$ 的 $1a$，$1b$，$3c$ 和 $3d$ 位置，但也有的位置除了给出 Wyckoff 多重性和字母，还需要给出具体的数值，例如一个原子位于 $6e$ 位置，必须同时给出 x 的具体数值。

表 2-6　空间群 $Pm\bar{3}m$ 的 Wyckoff 位置

多重性	Wyckoff 字母	坐标
1	a	$(0,0,0)$
1	b	$(1/2,1/2,1/2)$
3	c	$(0,1/2,1/2)(1/2,0,1/2)(1/2,1/2,0)$
3	d	$(1/2,0,0)(0,1/2,0)(0,0,1/2)$
6	e	$(\pm x,0,0)(0,\pm x,0)(0,0,\pm x)$
6	f	$(\pm x,1/2,1/2)(1/2,\pm x,1/2)(1/2,1/2,\pm x)$
$\vdots$	$\vdots$	$\vdots$
48	n	$(x,y,z)\cdots$

2.2.7 倒易点阵和布里渊区

晶体在结构上具有平移周期性，因此与晶体相关的物理量也应该是坐标空间（也称为实空间）的周期函数。例如点阵密度函数、势能函数和电荷密度函数等，都可以写成：

$$f(\boldsymbol{r}+\boldsymbol{R}_l)=f(\boldsymbol{r}) \tag{2-5}$$

式中，$\boldsymbol{R}_l=l_1\boldsymbol{a}_1+l_2\boldsymbol{a}_2+l_3\boldsymbol{a}_3$，其中 $\boldsymbol{a}_1$、$\boldsymbol{a}_2$ 和 $\boldsymbol{a}_3$ 为基矢，l_1、l_2 和 l_3 为整数。

任意周期函数都可用傅里叶级数展开，把坐标空间的函数 $f(\boldsymbol{r})$ 变换到一个新的空间，称为倒易空间（reciprocal space），也称为动量空间。许多物理问题在动量空间计算往往比在实空间要更方便。

周期函数 $f(\boldsymbol{r})$ 的傅里叶级数写成：

$$f(\boldsymbol{r})=\sum_h f(\boldsymbol{K}_h)\mathrm{e}^{i\boldsymbol{K}_h\cdot\boldsymbol{r}} \tag{2-6}$$

式中，h 为任意整数。考虑空间的平移操作，把 $\boldsymbol{r}$ 改成 $\boldsymbol{r}+\boldsymbol{R}_l$，得到：

$$f(\boldsymbol{r}+\boldsymbol{R}_l)=\sum_h f(\boldsymbol{K}_h)\mathrm{e}^{i\boldsymbol{K}_h\cdot(\boldsymbol{r}+\boldsymbol{R}_l)}=\sum_h f(\boldsymbol{K}_h)\mathrm{e}^{i\boldsymbol{K}_h\cdot\boldsymbol{r}}\mathrm{e}^{i\boldsymbol{K}_h\cdot\boldsymbol{R}_l} \tag{2-7}$$

对比式（2-5）、式（2-6）和式（2-7），必须有 $\mathrm{e}^{i\boldsymbol{K}_h\cdot\boldsymbol{R}_l}=1$，即：

$$\boldsymbol{K}_h\cdot\boldsymbol{R}_l=2\pi n \tag{2-8}$$

式中，n 为任意整数。因为 $\boldsymbol{R}_l$ 是实空间的平移矢量，具有长度量纲，因此傅里叶级数变换后的 $\boldsymbol{K}_h$ 具有长度倒数的量纲，其实就是波矢的量纲，所以 $f(\boldsymbol{K}_h)$ 也可以看成动量空间的函数。

为了找到 $\boldsymbol{K}_h$ 的一个合理表达式，根据式（2-8），定义三个基矢 $\boldsymbol{b}_1$、$\boldsymbol{b}_2$ 和 $\boldsymbol{b}_3$，满足：

$$\boldsymbol{a}_i\cdot\boldsymbol{b}_j=2\pi\delta_{ij} \quad (i,j=1,2,3) \tag{2-9}$$

式中，δ_{ij} 为克罗内克函数（Kronecker delta function）：

$$\delta_{ij}=\begin{cases}1 & (i=j)\\ 0 & (i\neq j)\end{cases}$$

此时令：

$$\boldsymbol{K}_h=h_1\boldsymbol{b}_1+h_2\boldsymbol{b}_2+h_3\boldsymbol{b}_3 \tag{2-10}$$

式中，h_1、h_2 和 h_3 为整数，很显然它满足式（2-8），因为：

$$\boldsymbol{K}_h\cdot\boldsymbol{R}_l=(h_1\boldsymbol{b}_1+h_2\boldsymbol{b}_2+h_3\boldsymbol{b}_3)\cdot(l_1\boldsymbol{a}_1+l_2\boldsymbol{a}_2+l_3\boldsymbol{a}_3)=2\pi(h_1l_1+h_2l_2+h_3l_3)=2\pi n$$

由式（2-10）可见，$\boldsymbol{K}_h$ 也是一系列离散的矢量，它形式上和 $\boldsymbol{R}_l$ 完全一致，其实 $\boldsymbol{K}_h$ 就是动量空间的平移矢量，即在动量空间中也存在一个点阵，称之为倒易点阵（reciprocal lattice），它的基矢就是 $\boldsymbol{b}_1$、$\boldsymbol{b}_2$ 和 $\boldsymbol{b}_3$。因为这些倒易点阵的基矢要满足式（2-9），一个显而易见的表达式为：

$$\begin{cases} \boldsymbol{b}_1 = \dfrac{2\pi}{\Omega}(\boldsymbol{a}_2 \times \boldsymbol{a}_3) \\[2mm] \boldsymbol{b}_2 = \dfrac{2\pi}{\Omega}(\boldsymbol{a}_3 \times \boldsymbol{a}_1) \\[2mm] \boldsymbol{b}_3 = \dfrac{2\pi}{\Omega}(\boldsymbol{a}_1 \times \boldsymbol{a}_2) \end{cases} \tag{2-11}$$

式中，Ω 为实空间元胞的体积［见式（2-3）］。请注意，以上公式只适用于三维情况，对于二维晶体可直接使用正交关系［式（2-9）］来计算倒易空间的基矢。

在实空间，基矢 $\boldsymbol{a}_1$、$\boldsymbol{a}_2$ 和 $\boldsymbol{a}_3$ 围成平行六面体，即晶体的元胞，整个晶体的点阵可通过平移矢量 $\boldsymbol{R}_l$ 获得。类似地，$\boldsymbol{b}_1$、$\boldsymbol{b}_2$ 和 $\boldsymbol{b}_3$ 也可围成一个平行六面体，称为倒易空间的元胞。可以证明，倒易点阵的元胞体积（Ω^*）与实空间元胞的体积（Ω）满足如下关系：

$$\Omega^* = \boldsymbol{b}_1 \cdot (\boldsymbol{b}_2 \times \boldsymbol{b}_3) = \dfrac{(2\pi)^3}{\Omega} \tag{2-12}$$

因此，一个晶体实空间的元胞越大，则倒易空间的元胞越小。该性质在密度泛函计算中非常有用，因为计算时往往需要对倒易空间进行积分，而计算机中积分转换为对有限个数 k 点的求和。而如何选择 k 的数目是一个非常重要的步骤，k 点太多会增加计算量，太少则会影响计算精度。式（2-12）表明实空间元胞越大的材料，通常可以选取更少的 k 点。当然计算中 k 点数目不但和元胞大小有关，还和所需要计算的物理性质有关，例如计算光学性质时所需的 k 点数目要远多于计算总能量时的 k 点数。

倒易点阵的元胞有不同的取法，但习惯上大都采用维格纳-塞茨元胞（Wigner-Seitz cell），因为维格纳-塞茨元胞不仅是最小的初基元胞，且可以充分反映出晶体的宏观对称性。但维格纳-塞茨元胞往往不是平行六边形或者平行六面体，而是一个复杂的多边形或者多面体。倒易点阵的维格纳-塞茨元胞又称为布里渊区（Brillouin zone），这是一个十分重要的一个概念。

维格纳-塞茨元胞的取法为：以某一结点为中心，作该点到附近其他结点的中垂线（或中垂面），这些中垂线（或中垂面）包围的最小区域就是维格纳-塞茨元胞。例如一个晶体具有二维正方形点阵，其倒易点阵也是正方形点阵，如图 2-14（a）所示。以任一点为中心，作它到 4 个最近邻点的中垂线，它们围成的正方形区域（阴影部分）就是正方形倒易点阵的维格纳-塞茨元胞，也就是该二维晶体的布里渊区。再例如石墨烯为六角点阵（见图 2-2），计算后发现其倒易点阵也是一个六角点阵，如图 2-14（b）所示。以任一点为中心，作它到 6 个最近邻点的中垂线，它们围成的正六边形区域（阴影部分）就是六角倒易点阵的维格纳-塞茨元胞，也就是石墨烯的布里渊区。

三维点阵的布里渊区会更加复杂一些。简单立方晶体的倒易点阵仍然为简单立方，它的布里渊区为一个立方体，如图 2-15（a）所示。对于面心立方晶体，可以证明其倒易点阵为体心立方，而体心立方点阵的维格纳-塞茨元胞为一个截角八面体，所以面心立方晶体的布里渊区为一个截角八面体，如图 2-15（b）所示。对于体心立方晶体，可以证明其倒易点阵为面心立方，而面心立方点阵的维格纳-塞茨元胞为一个正十二面体，所以体心立方晶体的布里渊区为一个正十二面体，如图 2-15（c）所示。

电子能带计算中最重要的一个任务是获得布里渊区不同位置的电子能量，即色散关系：

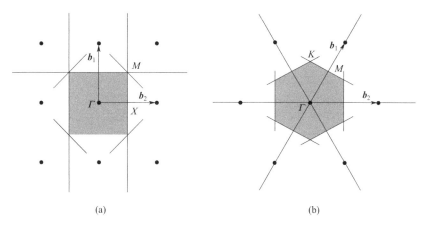

图 2-14　两个二维点阵的布里渊区和高对称点
（a）正方形点阵的布里渊区和高对称点；（b）六角点阵的布里渊区和高对称点

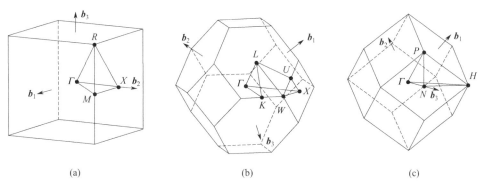

图 2-15　三个三维点阵的布里渊区和高对称点
（a）简单立方点阵的布里渊区和高对称点；（b）面心立方点阵的布里渊区和高对称点；
（c）体心立方点阵的布里渊区和高对称点

$E_n(\boldsymbol{k})$。实际材料的布里渊区一般是三维的，所以电子色散关系是一个四维的函数，难以直观展现。所以实际计算中往往只给出布里渊区若干高对称线上的电子色散关系，即常见的能带图。为了标记布里渊区的一些高对称点，往往会给它们一个名称。例如在图 2-14（b）中，石墨烯的六边形布里渊区中心标记为 Γ，六边形顶点标记为 K，六边形棱的中点标记为 M点。其中石墨烯中著名的狄拉克点就出现在 K 点，即六边形布里渊区的顶点。

　　由于晶体点阵、元胞和布里渊区形状的复杂性，除了布里渊区中心点被统一命名为 Γ 点之外，其余高对称点的命名往往没有严格统一的标准。Setyawan 等人研究了所有 14 种布拉维点阵，给出了推荐的元胞取法、布里渊区高对称点名称等内容[1]，建议大家在计算中使用。

2.3　电子能带结构概述

2.3.1　布洛赫定理

　　通过求解自由空间的薛定谔方程可知，自由粒子的能量本征值为：

$$E(\boldsymbol{k}) = \frac{\hbar \boldsymbol{k}^2}{2m} \tag{2-13}$$

式中，$\boldsymbol{k}$ 为波矢量；m 为电子质量；h 为约化普朗克常数。本征波函数 $\psi_k(\boldsymbol{r})$ 为平面波：

$$\psi_k(\boldsymbol{r}) = \mathrm{e}^{\mathrm{i}k \cdot r} \tag{2-14}$$

在具有平移周期性的晶体中，所有可观测量都是 $\boldsymbol{R}_l$ 的周期函数［式（2-5）］，但波函数不是可观测物理量，所以它并不是 $\boldsymbol{R}_l$ 的周期函数。1928 年，瑞士物理学家布洛赫证明在周期系统中波函数（不局限于电子波函数）具有如下的形式：

$$\psi_{nk}(\boldsymbol{r}) = \mathrm{e}^{\mathrm{i}k \cdot r} u_{nk}(\boldsymbol{r}) \tag{2-15}$$

式中，$u_{nk}(\boldsymbol{r}) = u_{nk}(\boldsymbol{r} + \boldsymbol{R}_l)$，为 $\boldsymbol{R}_l$ 的周期函数；n 为能带指标。布洛赫定理说明：周期势场中的本征波函数可以写成平面波 $\mathrm{e}^{\mathrm{i}k \cdot r}$ 和一个关于晶体元胞的周期函数 $u_{nk}(\boldsymbol{r})$ 的乘积。换言之，周期势场中的波函数可看成一个调幅的平面波。从这个角度看，理想晶体的电子波函数是一个无衰减的波函数，电子输运并不会受到晶格的阻碍。当然，实际的晶体由于缺陷和晶格振动破坏严格的周期性，所以电子总是具有电阻（不考虑超导情况）。

布洛赫定理也可等效地写成另外一种形式：

$$\psi_{nk}(\boldsymbol{r} + \boldsymbol{R}_l) = \mathrm{e}^{\mathrm{i}k \cdot R_l} \psi_{nk}(\boldsymbol{r}) \tag{2-16}$$

即如果把波函数从一个元胞平移到另外一个元胞，波函数会增加一个相位因子 $\mathrm{e}^{\mathrm{i}k \cdot R_l}$，其大小与波函数的波矢 $\boldsymbol{k}$ 有关，还与平移矢量 $\boldsymbol{R}_l$ 相关。有关布洛赫定理的证明可以参考有关书籍[4,6,7]。

请注意，布洛赫波中的波矢 $\boldsymbol{k}$ 和自由粒子波函数中的波矢 $\boldsymbol{k}$ 的意义并不相同。在自由粒子情况下，动量算符和哈密顿算符可对易，$\boldsymbol{k}$ 为动量算符本征值（$\hbar k$）的量子数，所以 $\hbar k$ 具有动量的含义。但在周期系统中，动量算符和哈密顿算符不可对易，不能用自由粒子的 $\boldsymbol{k}$ 来标记布洛赫波函数的电子状态。实际上在周期系统中可引入平移算符，可以证明平移算符与晶体哈密顿量对易，平移算符的本征值为 $\mathrm{e}^{\mathrm{i}k \cdot R_l}$，所以布洛赫波函数中的 $\boldsymbol{k}$ 其实来自平移算符本征值对应的量子数，所以 $\hbar k$ 也不是晶体中真实电子的动量，一般可以把它看成电子的准动量。

2.3.2 玻恩-冯·卡门边界条件

布洛赫定理显然只适用于无穷大的周期系统，而一个实际晶体材料的大小总是有限的，存在表面，很显然表面处电子波函数和内部不同。为了避免表面问题，可以采用玻恩-冯·卡门边界条件（Born-von Karman boundary condition），假想把晶体相对的两个表面连接起来，当电子传播碰到一侧边界时假设它会从相对一侧边界继续前进。在数学上，即要求：

$$\psi_{nk}(\boldsymbol{r} + N_i \boldsymbol{a}_i) = \psi_{nk}(\boldsymbol{r}) \quad (i = 1, 2, 3) \tag{2-17}$$

式中，$\boldsymbol{a}_1$、$\boldsymbol{a}_2$ 和 $\boldsymbol{a}_3$ 为晶体三个方向上的基矢；N_1、N_2 和 N_3 表示这三个方向上元胞的个数。很显然晶体的总元胞数为 $N = N_1 N_2 N_3$。

由布洛赫定理［式（2-16）］可知：

$$\psi_{nk}(\boldsymbol{r}+N_i\boldsymbol{a}_i)=\mathrm{e}^{\mathrm{i}N_i\boldsymbol{k}\cdot\boldsymbol{a}_i}\psi_{nk}(\boldsymbol{r}) \quad (i=1,2,3) \tag{2-18}$$

对比式（2-17）和式（2-18），必须有：

$$\mathrm{e}^{\mathrm{i}N_i\boldsymbol{k}\cdot\boldsymbol{a}_i}=1 \quad (i=1,2,3) \tag{2-19}$$

倒易空间中的波矢 $\boldsymbol{k}$ 可写成：

$$\boldsymbol{k}=x_1\boldsymbol{b}_1+x_2\boldsymbol{b}_2+x_3\boldsymbol{b}_3 \tag{2-20}$$

式中，$\boldsymbol{b}_1$、$\boldsymbol{b}_2$ 和 $\boldsymbol{b}_3$ 为倒易点阵的基矢。把式（2-20）代入式（2-19），得到：

$$x_i=\frac{m_i}{N_i} \quad (i=1,2,3) \tag{2-21}$$

式中，m_i 为整数。此时波矢 $\boldsymbol{k}$［式（2-20）］可以写成：

$$\boldsymbol{k}=\frac{m_1}{N_1}\boldsymbol{b}_1+\frac{m_2}{N_2}\boldsymbol{b}_2+\frac{m_3}{N_3}\boldsymbol{b}_3 \tag{2-22}$$

即对于一块有限大小的晶体，在玻恩-冯·卡门边界条件下其布洛赫波的波矢 $\boldsymbol{k}$ 不再连续，而是取一系列离散值。但考虑到宏观晶体的元胞数是一个非常大的数值，所以其实波矢 $\boldsymbol{k}$ 是准连续的。

2.3.3 电子能带结构

如果只考虑一个电子在晶体的周期势场中运动，薛定谔方程可以写成：

$$H\psi(\boldsymbol{r})=\left[-\frac{h^2}{2m_e}\nabla^2+V(\boldsymbol{r})\right]\psi(\boldsymbol{r})=E\psi(\boldsymbol{r}) \tag{2-23}$$

式中，H 为系统的哈密顿量；m_e 为电子质量；势场 $V(\boldsymbol{r})$ 为平移矢量 $\boldsymbol{R}_l$ 的周期函数：

$$V(\boldsymbol{r}+\boldsymbol{R}_l)=V(\boldsymbol{r}) \tag{2-24}$$

在倒易空间求解薛定谔方程，波函数用平面波展开：

$$\psi(\boldsymbol{r})=\frac{1}{\sqrt{\Omega}}\sum_q c_q\mathrm{e}^{\mathrm{i}q\cdot r}=\sum_q c_q|\boldsymbol{q}\rangle \tag{2-25}$$

式中，c_q 为待定的展开系数；$|\boldsymbol{q}\rangle$ 为平面波的狄拉克符号：$|\boldsymbol{q}\rangle=\frac{1}{\Omega}\mathrm{e}^{\mathrm{i}q\cdot r}$。不同的平面波之间满足正交关系：

$$\langle\boldsymbol{q}|\boldsymbol{q}'\rangle=\frac{1}{\Omega}\int\mathrm{e}^{-\mathrm{i}(q'-q)\cdot r}\mathrm{d}\boldsymbol{r}=\delta_{q,q'}$$

把波函数展开式［式（2-25）］代入薛定谔方程［式（2-23）］，得到：

$$\sum_q\left[-\frac{h^2}{2m_e}\nabla^2+V(\boldsymbol{r})\right]|\boldsymbol{q}\rangle c_q=E\sum_q|\boldsymbol{q}\rangle c_q \tag{2-26}$$

两边同时左乘 $\langle\boldsymbol{q}'|$，得到：

$$\sum_q \langle \boldsymbol{q'} | [-\frac{\hbar^2}{2m_e}\nabla^2 + V(\boldsymbol{r})] | \boldsymbol{q} \rangle c_q = E \sum_q \langle \boldsymbol{q'} | \boldsymbol{q} \rangle c_q = E c_{q'} \tag{2-27}$$

上述方程左边涉及两个积分项。第一个积分利用平面波的正交关系很容易计算：

$$\langle \boldsymbol{q'} | -\frac{\hbar^2}{2m_e}\nabla^2 | \boldsymbol{q} \rangle = \frac{\hbar^2}{2m_e} | \boldsymbol{q} |^2 \delta_{q',q} \tag{2-28}$$

第二个是关于周期势场的积分：

$$\langle \boldsymbol{q'} | V(\boldsymbol{r}) | \boldsymbol{q} \rangle \tag{2-29}$$

因为势场 $V(\boldsymbol{r})$ 为平移矢量 $\boldsymbol{R}_l$ 的周期函数，可用傅里叶级数展开：

$$V(\boldsymbol{r}) = \sum_{\boldsymbol{K}_h} V(\boldsymbol{K}_h) \mathrm{e}^{i\boldsymbol{K}_h \cdot \boldsymbol{r}} \tag{2-30}$$

式中的展开系数 $V(\boldsymbol{K}_h)$（可看作倒易空间的势能函数）可写成：

$$V(\boldsymbol{K}_h) = \frac{1}{\Omega} \int_\Omega V(\boldsymbol{r}) \mathrm{e}^{-i\boldsymbol{K}_h \cdot \boldsymbol{r}} \mathrm{d}\boldsymbol{r} \tag{2-31}$$

把式（2-30）代入式（2-29）中，得到：

$$\langle \boldsymbol{q'} | V(\boldsymbol{r}) | \boldsymbol{q} \rangle = \frac{1}{\Omega} \sum_{\boldsymbol{K}_h} V(\boldsymbol{K}_h) \int_\Omega \mathrm{e}^{-i(\boldsymbol{q'}-\boldsymbol{q}-\boldsymbol{K}_h) \cdot \boldsymbol{r}} \mathrm{d}\boldsymbol{r} = \sum_{\boldsymbol{K}_h} V(\boldsymbol{K}_h) \delta_{q'-q, \boldsymbol{K}_h} \tag{2-32}$$

当 $\boldsymbol{q} = \boldsymbol{q'}$ 时，即 $\boldsymbol{K}_h = 0$ 时，$V(0)$ 其实代表势能函数的平均值。因为根据式（2-31），当 $\boldsymbol{K}_h = 0$ 时：

$$V(0) = \frac{1}{\Omega} \int_\Omega V(\boldsymbol{r}) \mathrm{d}\boldsymbol{r} = \bar{V} \tag{2-33}$$

这是一个常数。其实当 $\boldsymbol{q} = \boldsymbol{q'}$ 时，$V(0)$ 项会出现在哈密顿矩阵的对角项上，而哈密顿矩阵对角项上增加一个常数是不重要的，所以可以认为 $\bar{V} = 0$。

重新定义波矢：$\boldsymbol{q} = \boldsymbol{k} + \boldsymbol{K}_m$，$\boldsymbol{q'} = \boldsymbol{k} + \boldsymbol{K}_{m'}$，这里 m 和 m' 为整数。此时式（2-28）可以写成：

$$\langle \boldsymbol{q'} | -\frac{\hbar^2}{2m_e}\nabla^2 | \boldsymbol{q} \rangle = \frac{\hbar^2}{2m_e} | \boldsymbol{k} + \boldsymbol{K}_m |^2 \delta_{m',m} \tag{2-34}$$

同时 $\boldsymbol{q'} - \boldsymbol{q} = \boldsymbol{K}_{m'} - \boldsymbol{K}_m$，式（2-32）可以写成：

$$\langle \boldsymbol{q'} | V(\boldsymbol{r}) | \boldsymbol{q} \rangle = V(\boldsymbol{K}_{m'} - \boldsymbol{K}_m) \tag{2-35}$$

因为前面排除了 $\boldsymbol{q} = \boldsymbol{q'}$ 的情况，所以这里要求 $m' \neq m$。将式（2-34）和式（2-35）代入式（2-27），并稍作整理后得到：

$$\left(\frac{\hbar^2}{2m_e} | \boldsymbol{k} + \boldsymbol{K}_{m'} |^2 - E \right) c_{m'} + \sum_{m \neq m'} V(\boldsymbol{K}_{m'} - \boldsymbol{K}_m) c_m = 0 \tag{2-36}$$

上式其实代表了一个关于波函数系数 c_m 的线性方程组。该方程组要有非平庸解，其系数行列式为零，即：

$$\det\begin{vmatrix} \dfrac{h^2}{2m_e}|\boldsymbol{k}+\boldsymbol{K}_1|^2-E & V(\boldsymbol{K}_1-\boldsymbol{K}_2) & V(\boldsymbol{K}_1-\boldsymbol{K}_3) & \cdots \\[2ex] V(\boldsymbol{K}_2-\boldsymbol{K}_1) & \dfrac{h^2}{2m_e}|\boldsymbol{k}+\boldsymbol{K}_2|^2-E & V(\boldsymbol{K}_2-\boldsymbol{K}_3) & \cdots \\[2ex] V(\boldsymbol{K}_3-\boldsymbol{K}_1) & V(\boldsymbol{K}_3-\boldsymbol{K}_2) & \dfrac{h^2}{2m_e}|\boldsymbol{k}+\boldsymbol{K}_3|^2-E & \cdots \\[2ex] \vdots & \vdots & \vdots & \vdots \end{vmatrix}=0 \qquad (2\text{-}37)$$

通过求解上述行列式便可求出电子的能量本征值 E。很显然能量本征值 E 不止一个，它的个数和行列式的阶数一样。同时该行列式的数值和 $\boldsymbol{k}$ 有关，不同的 $\boldsymbol{k}$ 可以得到不同的行列式和能量本征值。因此能量本征值 E 可以写成：$E_n(\boldsymbol{k})$，这里 n 为整数。$E_n(\boldsymbol{k})$ 就是电子的色散关系，或者称为电子能带结构。

行列式的大小由式（2-25）中平面波的个数决定。原则上式（2-25）中的求和上限是无穷大，因为无穷多的平面波才构成一组完备的基组。在实际计算中必须对平面波个数进行截断，即采用有限个平面波来展开波函数。如果平面波数量太少，会影响计算精度，如果平面波个数太多，则会增加计算量，甚至超出计算机的计算能力。

此外，因为我们重新定义了波矢 $\boldsymbol{q}=\boldsymbol{k}+\boldsymbol{K}_m$，所以一开始定义的平面波展开式（2-25）也可以写成：

$$\psi_{n,k}(\boldsymbol{r})=\frac{1}{\sqrt{\Omega}}\sum_{\boldsymbol{K}_m}c_{\boldsymbol{k}+\boldsymbol{K}_m}\mathrm{e}^{\mathrm{i}(\boldsymbol{k}+\boldsymbol{K}_m)\cdot\boldsymbol{r}} \qquad (2\text{-}38)$$

可见这里的求和实际上是对所有的倒格矢 $\boldsymbol{K}_m$ 求和。

以上过程只考虑了一个电子的情况，实际上材料中必然存在电子和电子的互作用。同时在实际材料计算中发现为了获得足够的精度，平面波的个数会远远超出目前计算机的承受能力。所以在实际计算中通常会采用一些变通的方法，如赝势、缀加平面波等，甚至可以完全放弃使用平面波基组，而改用原子轨道等其他基组。

2.4 密度泛函理论

2.4.1 绝热近似和单电子近似

实际材料中原子和电子都是阿伏伽德罗常数的量级，晶体材料由于具有严格的平移周期性，可以使用布洛赫定理，从而只研究一个元胞中的原子和电子。但即便如此，这些多粒子之间的互作用仍然十分复杂，在原子单位制下哈密顿量为：

$$H=-\frac{1}{2}\sum_i\frac{\nabla_{\boldsymbol{R}_i}^2}{M_i}-\frac{1}{2}\sum_i\nabla_{\boldsymbol{r}_i}^2-\sum_{i,j}\frac{Z_i}{|\boldsymbol{R}_i-\boldsymbol{r}_j|}+\frac{1}{2}\sum_{i\neq j}\frac{1}{|\boldsymbol{r}_i-\boldsymbol{r}_j|}+\frac{1}{2}\sum_{i\neq j}\frac{Z_iZ_j}{|\boldsymbol{R}_i-\boldsymbol{R}_j|}$$

$$(2\text{-}39)$$

式中，$\boldsymbol{R}$ 和 $\boldsymbol{r}$ 分别表示原子核和电子的坐标；M 是原子核的质量；Z 是核电荷数。其中，第一项是原子核的动能项，第二项是电子的动能项，第三项是电子与原子核之间的互作用项，第四项是电子与电子之间的互作用项，第五项是原子核与原子核之间的互作用项，后三项的求和是对 i、j 的两重求和。上述哈密顿量过于复杂，通常需要采用一些近似，如绝热近似和单电子近似。

由于晶体中原子核的质量远大于电子，所以其运动速度会比电子慢，当原子核运动时，电子总可以瞬时调整状态并达到平衡。因此在计算时可把原子核和电子的运动分开处理，考虑电子运动时假设原子核是静止的，这就是所谓的玻恩-奥本海默近似，也称为绝热近似（adiabatic approximation）。实际使用中绝热近似对大部分材料都是一个很好的近似，但对于特别轻的元素，如氢元素，绝热近似可能会带来较大的误差，此时原子核的量子效应也需用量子力学来处理。

在绝热近似下，原子核的动能项没有了，原子核与原子核之间的互作用成为一个常数，可以直接忽略，电子与原子核的互作用项也会显得简单些，因为此时原子核可以看成一个静态的正电荷背景，相当于一个外场项。所以多粒子哈密顿量［式（2-39）］可以简化为：

$$H = T + V_{ee} + V_{ext} = -\frac{1}{2}\sum_i \nabla_{r_i}^2 + \frac{1}{2}\sum_{i \neq j}\frac{1}{|r_i - r_j|} - \sum_{i,j}\frac{Z_i}{|R_i - r_j|} \tag{2-40}$$

但这里电子-电子的互作用项 V_{ee} 处理起来仍然十分困难。在实际计算中一般都需要进一步简化，把薛定谔方程写成一个单独的电子在有效外场下的运动，即单电子近似。

1928 年，哈特里（Hartree）假设多粒子波函数 $\Psi_H(r)$ 可以写成单粒子波函数 $\phi_i(r_i)$ 的乘积，即：

$$\Psi_H(r) = \prod_{i=1}^N \phi_i(r_i) \tag{2-41}$$

该波函数显然是不对的，因为它不满足电子波函数的反对称性。把哈特里波函数代入多粒子薛定谔方程，通过一些推导便可获得哈特里方程：

$$\left(-\frac{1}{2}\nabla^2 + V_{ext} + \sum_{j \neq i}\int\frac{|\phi_j(r')|^2}{|r - r'|}\mathrm{d}r'\right)\phi_i(r) = E\phi_i(r) \tag{2-42}$$

这里哈密顿量中的第三项就是经典的静电势，也称哈特里项，它表示第 i 个电子感受到其他所有电子的库仑作用。该方程是针对第 i 个电子，所以它是一个单电子方程。

考虑到波函数的反对称性，可以使用行列式来表示多粒子波函数，它自然满足费米子的反对称性：

$$\Psi_{HF}(x_1, x_2, \cdots, x_N) = \frac{1}{\sqrt{N!}}\begin{vmatrix} \phi_1(x_1) & \phi_2(x_1) & \cdots & \phi_N(x_1) \\ \phi_1(x_2) & \phi_2(x_2) & \cdots & \phi_N(x_2) \\ \vdots & \vdots & \ddots & \vdots \\ \phi_1(x_N) & \phi_2(x_N) & \cdots & \phi_N(x_N) \end{vmatrix} \tag{2-43}$$

把它代入多粒子薛定谔方程，通过一些推导可得到一个新的方程，即哈特里-福克（Hartree-Fock）方程：

$$\left(-\frac{1}{2}\nabla^2 + V_{ext} + \sum_{j \neq i}\int\frac{|\phi_j(r')|^2}{|r - r'|}\mathrm{d}r'\right)\phi_i(r) - \sum_j\int\frac{\phi_j^*(r')\phi_i(r')}{|r - r'|}\mathrm{d}r'\phi_j(r) = E\phi_i(r)$$

$$\tag{2-44}$$

该方程比之前的哈特里方程多了一项，即等式左边的最后一项，这一项也被称为交换作用（exchange interaction）或者交换项。交换作用来自电子波函数的反对称性，完全是一个量子效应。从哈特里-福克方程可以看到，这里涉及 i 和 j 两个电子的波函数，所以它其实不是一个单电子方程。

2.4.2 Hohenberg-Kohn 定理和 Kohn-Sham 方程

不管是哈特里方程还是哈特里-福克方程，都以波函数为出发点。1927 年，托马斯（Thomas）和费米（Fermi）另辟蹊径，提出可使用电子密度来表达均匀电子气中的能量。例如自由电子气的动能 T_{TF} 可以写成密度 ρ 的泛函：

$$T_{TF}[\rho] = \frac{3}{10}(3\pi^2)^{2/3}\int \rho(\boldsymbol{r})^{5/3}\mathrm{d}\boldsymbol{r} \tag{2-45}$$

这里称之为泛函是因为作为动能函数的自变量 ρ 本身也是一个函数，通常用方括号表示泛函。此外狄拉克提出交换能 E_X 也可写成电子密度的泛函：

$$E_X[\rho] = -\frac{3}{4}\left(\frac{3}{\pi}\right)^{1/3}\int \rho(\boldsymbol{r})^{4/3}\mathrm{d}\boldsymbol{r} \tag{2-46}$$

而维格纳（Wigner）给出了关联能的表达式：

$$E_c[\rho] = -0.056\int \frac{\rho(\boldsymbol{r})^{4/3}}{0.079+\rho(\boldsymbol{r})^{1/3}}\mathrm{d}\boldsymbol{r} \tag{2-47}$$

因此自由电子气的总能量的确可以写成电子密度的泛函。相比于波函数，使用电子密度有明显的好处，因为电子密度只是实空间的函数。当然托马斯等人的理论只是针对自由电子气，在实际材料的计算中效果很差。

针对实际材料，美国物理学家科恩等人提出了一个更加完善的理论，即密度泛函理论。1964 年，科恩和霍恩伯格（Hohenberg）证明了两个理论，即 Hohenberg-Kohn 定理，奠定了密度泛函理论的基础[8]。

定理一：哈密顿量的外势场 V_{ext} 是电子密度的唯一泛函，电子密度可以唯一确定外势场，也即电子密度可以确定整个多粒子哈密顿量。

定理二：能量可写成电子密度的泛函 $E[\rho]$，且该泛函的最小值就是系统的基态能量。根据式（2-40），能量泛函可以写成：

$$E[\rho] = \langle \psi | T+V_{ee} | \psi \rangle + \langle \psi | V_{ext} | \psi \rangle = T[\rho]+V_{ee}[\rho]+V_{ext}[\rho] \tag{2-48}$$

其中前两项 $\langle \psi | T+V_{ee} | \psi \rangle$ 可以称作 Hohenberg-Kohn 泛函 $F_{HK}[\rho]$，其具体形式是未知的。但它并不包含任何原子核的信息，所以原则上它对任何材料都是一样的。Hohenberg-Kohn 定理证明系统的电子密度和波函数一样，可以唯一确定整个系统的状态。但他们并没有给出具体可解的方程。

1965 年，沈吕九（Sham）和科恩提出了具体的方程，即著名的 Kohn-Sham 方程（简称 KS 方程）[9]。因为多粒子哈密顿量包含了电子之间的互作用，求解十分复杂，因此科恩等人假设用一个已知的无互作用系统的动能项 $T_0[\rho]$ 替代未知的有互作用的动能项 $T[\rho]$，同时把电子-电子互作用项 $V_{ee}[\rho]$ 用哈特里项 $V_H[\rho]$ 替代，由此造成的差异归结为一个未知的交换关联能，即：

$$F_{HK}[\rho] = T[\rho] + V_{ee}[\rho] = (T[\rho] - T_0[\rho]) + T_0[\rho] + (V_{ee}[\rho] - V_H[\rho]) + V_H[\rho]$$
$$= T_0[\rho] + V_H[\rho] + E_{XC}[\rho] \tag{2-49}$$

所以总能量泛函［式（2-48）］可以写成：

$$E[\rho] = T_0[\rho] + V_H[\rho] + E_{XC}[\rho] + V_{ext}[\rho] \tag{2-50}$$

通过一些推导，可以得到 KS 方程：

$$\left[-\frac{1}{2}\nabla^2 + \int \frac{\rho(\boldsymbol{r})}{|\boldsymbol{r} - \boldsymbol{r}'|}\mathrm{d}\boldsymbol{r}' + V_{XC} + V_{ext} \right]\psi_i(\boldsymbol{r}) = E\psi_i(\boldsymbol{r}) \tag{2-51}$$

其中，V_{XC} 为交换关联势（exchange-correlation potential）。不难发现，和哈特里方程［式（2-42）］相比，KS 方程里多了交换关联势；而和哈特里-福克方程相比，KS 方程中考虑的交换关联势也更为全面。最重要的是相比于哈特里-福克方程，KS 方程是一个单粒子方程。在理论上，KS 方程除了绝热近似之外是严格的，没有引入其他近似。只不过交换关联势的具体形式不知道，所以在具体求解 KS 方程时需做进一步近似，对交换关联势采用局域密度近似或者广义梯度近似等。另一方面，理论上可通过寻找更好的交换关联势来提高计算精度，且交换关联势的形式不依赖具体材料，具有一定的普适性。

KS 方程将未知的多体相互作用转化为无相互作用的单体问题，把未知的部分全部并入交换关联势。也正因为这样，由 KS 方程得到的单粒子波函数并不是真正的电子波函数，只是数学意义上的一个准粒子。但关键之处在于，该假想的无相互作用系统和原来有互作用系统具有相同的基态电子密度，因此密度泛函理论的意义在于用一个简单易解的单粒子方程，求解获得具有复杂互作用的多粒子系统的各种性质，其意义大体可以用图 2-16 来表示。

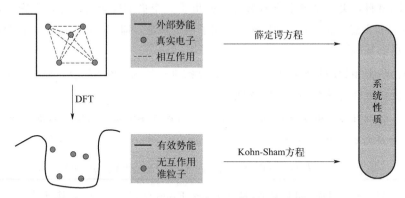

图 2-16　单粒子 Kohn-Sham 方程和多粒子薛定谔方程对比

Kohn-Sham 方程使得密度泛函理论成为一种切实可行的计算方法，具有速度快、精度高等优点。随着计算机技术的飞速发展，利用数值计算求解 KS 方程已经是一个非常简单的任务了。

由式（2-50）和式（2-51）可知，KS 方程的交换关联势等项都是电子密度的泛函，为了求解 KS 方程必须计算电子密度，而电子密度需要通过波函数获得，但为了获得波函数，必须先求解 KS 方程。这种过程可以通过自洽循环的方式来求解，如图 2-17 所示。首先构造一个初始的电荷密度 ρ_0，然后构造 KS 的哈密顿量，求解 KS 方程获得电子波函数和密度。这个波函数又可以构造一个新的电子密度，然后基于这个新的电子密度再次构造哈密顿量，并求解 KS 方程获得更新的电子波函数和密度。这种循环过程不断进行，直到新老电荷密度不再有变化为止。在实际计算中，新老的电荷密度会按照一定比例混合，且最后判断收敛依据也可有不同的标准，比较常用的是前后两次总能量之差小于一个小量。除此以外，还可以同时要求满足其他条件，如前后两次循环的原子受力之差小于一个小量，或前后两次的电荷密度之差小于某一个小量。在整个自洽过程收敛后，就可以得到基态电子密度，从而可以计算各种物理性质，如电子能带、态密度等。

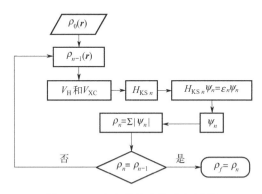

图 2-17　KS 方程的自洽求解过程

2.4.3　交换关联势

从前面的讨论可知，KS 方程在绝热近似之外是严格的，但其中交换关联势的具体形式是未知的，实际计算中必须采取一定的近似。目前使用最广泛的是局域密度近似（local density approximation，LDA）和广义梯度近似（generalized gradient approximation，GGA）。局域密度近似假设非均匀电子气的电子密度变化是缓慢的，在任何一个小体积元内的电子密度可近似看成均匀电子气。在此近似下，交换关联能可以表示为：

$$E_{XC} = \int \rho(\boldsymbol{r}) \varepsilon_{XC}[\rho] \mathrm{d}\boldsymbol{r} \qquad (2\text{-}52)$$

式中，$\varepsilon_{XC}[\rho]$ 为密度为 ρ 的均匀电子气的交换关联能密度，相应的交换关联势为：

$$V_{XC}[\rho] = \frac{\delta E_{XC}}{\delta \rho} = \varepsilon_{XC}[\rho] + \rho(\boldsymbol{r}) \frac{\delta \varepsilon_{XC}[\rho]}{\delta \rho} \qquad (2\text{-}53)$$

如果知道 $\varepsilon_{XC}[\rho]$ 的具体形式，就可以得到交换关联能和交换关联势。目前使用最多的是由 Ceperley 和 Alder 基于量子蒙特卡罗方法拟合的表达式[10]。局域密度近似的出发点是均匀电子气，而实际材料中的电子分布显然是不均匀的。但在实际使用中发现局域密度近似在大部分材料中都可以获得合理的结果。一般而言，局域密度近似会高估结合能，并低估键长和晶格常数。但对于绝缘体和半导体，局域密度近似会严重低估能隙，甚至达 50% 以上。

考虑到电子密度的不均匀性，可以引入密度的变化率，即电子密度的空间梯度，这就是广义梯度近似。广义梯度近似的构造形式较多，如常见的有 PW91[11] 和 PBE[12] 等。总的来说，广义梯度近似在有的方面比局域密度近似有所改进，但并不总是比局域密度近似更好，通常广义梯度近似会高估晶格常数，同时也存在严重低估能隙的问题。

在广义梯度近似的基础上，人们还提出了 meta-GGA 泛函，包括了电子密度的高阶梯度。2015 年，Perdew 等人提出了一种新的 meta-GGA 泛函：SCAN（strongly constrained and appropriately normed）。该泛函在固体各种性质的计算中比局域密度近似和广义梯度近似都有较大改进，但计算量却增加不多。除此以外，还有一类称为杂化泛函的交换关联势，它采用杂化的方法，将哈特里-福克形式的交换泛函引入密度泛函的交换关联项中，常见的杂化泛函包括 B3LYP[13,14]，PBE0[15] 和 HSE[16] 等。例如，使用杂化泛函 PBE0 包括了 25% 的哈特里-福克形式交换能和 75% 的广义梯度近似（PBE 形式）的交换能，以及 100% 的广义梯度近似下的关联能。一般来说，相比于局域密度近似或者广义梯度近似，使用杂化泛函计算材料的性质更准确，特别是杂化泛函可大大改善能隙低估的问题，所计算的能隙与实验接近。但杂化泛函计算量要远远大于常规的局域密度近似或者广义梯度近似，所以在目前并不能完全替代后者。在日常的第一性原理计算中，局域密度近似或者广义梯度近似仍然是使用最为广泛的交换关联势。

2.4.4 平面波截断能

交换关联势的形式确定后，整个 KS 方程的哈密顿量就确定了。为了求解 KS 方程，首先要把波函数在一套基组上展开，然后写出该基组下哈密顿量中每一项的矩阵元，最后通过求解系数行列式获得能量本征值和本征函数。平面波基组是一种最常见的基组，目前被广泛应用于许多密度泛函程序中。平面波作为基组有许多优点，例如平面波基组的形式简单，方便解析推导；平面波基组不依赖原子位置，方便结构优化和分子动力学模拟；平面波基组的个数容易调节等。当然平面波基组也有一些缺点，例如平面波基组不适合用于展开原子核附近的波函数；平面波的非局域特性使哈密顿矩阵为一个稠密矩阵，难以实现线性标度（order-N）算法。

原则上无穷多的平面波才构成完备的基组，但在实际计算中只能采用一定的截断，选择有限多个平面波展开波函数。在实际的程序中，并不是直接指定平面波的个数 N，而是通过所谓的截断能（cutoff energy，E_{cut}）来控制平面波的个数。从式（2-38）可知，平面波的求和实际上是对倒格矢 $\boldsymbol{K}_m$ 的求和。对任意一个波矢为 $\boldsymbol{k}$ 的波函数，展开所需的平面波的能量必须小于截断能 E_{cut}：

$$\frac{\hbar^2}{2m_e}\,|\,\boldsymbol{k}+\boldsymbol{K}_m\,|^2 < E_{cut} \qquad (2\text{-}54)$$

凡是比截断能高的平面波会被舍去。对于 Γ 点（即 $\boldsymbol{k}=0$），可以考虑如图 2-18 的倒易点阵，显然每一个结点对应一个 $\boldsymbol{K}_m$。以任意一个结点作为原点，选取一个半径为 $|\boldsymbol{K}_{cut}|=\sqrt{2m_eE_{cut}}/\hbar$ 的圆，凡是在圆内

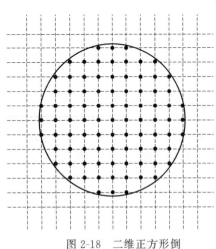

图 2-18 二维正方形倒易点阵和平面波截断

的 $\boldsymbol{K}_m$ 对应的平面波构成波函数的基组，凡是在圆外的 $\boldsymbol{K}_m$ 对应的平面波将会被舍去。对于非 Γ 点（即 $k \neq 0$），在相同的截断能下，所获得的平面波个数会略有不同，但差别不会很大。三维晶体中的情况是类似的，在半径为 $|\boldsymbol{K}_{cut}|$ 的球内的平面波将会被作为基组，而之外的会被舍去。

平面波的截断能对应一个最大的波矢 $k + \boldsymbol{K}_{cut}$，即对应一个最小的波长 λ_{cut}，所以用这些平面波展开的晶体波函数的波长不可能小于 λ_{cut}。换言之，晶体波函数的波长越短，就需要使用波长越短的平面波来展开，这意味着需要更高的截断能和更多的平面波数目。在晶体中，靠近原子核附近的波函数的振荡十分剧烈，具有很高的能量和很短的波长。例如以 Ca 原子的 3s 轨道为例，其径向波函数如图 2-19 所示，可见在远离原子核附近，波函数比较平坦，但是在原子核附近振荡剧烈。大体估算为了展开原子核附近的波函数，需要的平面波波长为 0.01Å（$1\text{Å}=10^{-10}$ m），由此可反推出平面波的 $|\boldsymbol{K}_{cut}| = \dfrac{2\pi}{0.01} \approx 628\text{Å}^{-1}$。假设 Ca 的元胞是一个边长为 3Å 的立方体，则其布里渊区的体积约为 9.19Å^{-3}，由此可以估算在半径 $|\boldsymbol{K}_{cut}|$ 的球内大约有 10^8 个平面波，即哈密顿矩阵的大小为 $10^8 \times 10^8$，这远远超出了当今计算机的能力范围。

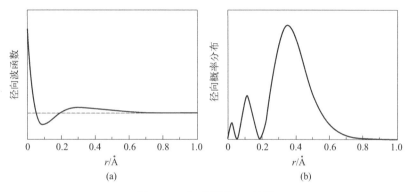

图 2-19　Ca 原子的 3s 轨道
（a）径向波函数；（b）径向概率分布

因此直接使用平面波展开晶体波函数是不切实际的。为了解决该问题，通常有两种方法：第一是改变基组，可以对平面波基组做修正，如正交化平面波或缀加平面波，也可以完全舍去平面波，而采用类原子轨道等局域基组；第二是仍然保留平面波，但必须设法改变原子核附近的波函数，去除振荡剧烈的部分。原子核附近波函数振荡剧烈的原因是势能函数具有 $-\dfrac{1}{r}$ 的形式，它在原子核附近发散。为了去除原子核附近振荡剧烈的波函数，可构造一种不发散的势能函数，称为赝势（pseudopotential）。电子在赝势下的波函数（赝波函数）会变得比较平坦，可以使用少量的平面波展开，一般把这种方法称为赝势平面波方法。

2.4.5　缀加平面波基组和原子轨道基组

晶体中靠近原子核附近的电子波函数振荡剧烈，类似孤立原子，不适合平面波展开。但是在远离原子核区域，电子波函数变化比较平缓，适合平面波展开。因此在空间上可把一个

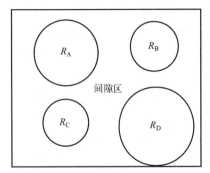

图 2-20 元胞中 Muffin-tin 球（球内
为 Muffin-tin 区域，其余为间隙区）

晶体的元胞分为两个区域，如图 2-20 所示，一是以每个原子的原子核为中心、半径为 R 的球（称为 Muffin-tin 球）的内部区域，称为球区，二是不同 Muffin-tin 球之间的区域，称为间隙区（interstitial region）。不同原子的 Muffin-tin 球半径可以不同，其大小为一个参数，但 Muffin-tin 球半径要足够大，以保证芯电子波函数不泄漏到间隙区，同时一般也要求不同原子的 Muffin-tin 球不相交。

把元胞按照 Muffin-tin 球分为两个区域的好处是可以使用不同的基组分别展开波函数。Muffin-tin 球内部波函数振荡较大，可以使用原子轨道展开，而间隙区域波函数较为平坦，可以使用平面波展开，因此基函数可以写为如下的分段函数：

$$\phi_K^k(r,E)=\begin{cases}\dfrac{1}{\sqrt{\Omega}}e^{i(k+K)\cdot r} & (r\geqslant R)\\[2mm] \sum_{lm}A_{lm}^{a,k+K}u_l^a(r',E)Y_l^m(\hat{r}') & (r<R)\end{cases} \tag{2-55}$$

式中，α 为原子指标；R 为 Muffin-tin 球半径；r' 表示以原子 α 为原点的局域坐标系下的矢量（$r-r_a$）的长度，而 $\hat{r}'$ 表示它的角度；u_l^a 为径向薛定谔方程在能量为 E 时的波函数，Y_l^m 为球谐函数，这两项的乘积就是原子轨道；$A_{lm}^{a,k+K}$ 为不同原子轨道组合时的待定组合系数，它可通过 Muffin-tin 球内和球外波函数连续这个条件解出。以上的分段函数称为缀加平面波（augmented plane wave，APW），利用该基组去求解 KS 方程的方法称为缀加平面波方法。APW 方法最早由 Slater 在 1937 年提出。由于 APW 基组比较符合真实晶体中波函数的行为，所以可以高效地展开晶体波函数。

APW 方法的一个不便之处在于基函数中含有能量参数 E，该能量在求解 KS 方程前是未知的。在实际计算中可以猜测一个初始的能量 E_0，再通过自洽循环的方法来获得准确值。但一般的密度泛函计算还有一个对 k 点的循环，所以 APW 方法计算需要两重循环，速度较慢。为了克服该问题，安德森（O. K. Andersen）利用线性化的思路，提出了线性缀加平面波（linearized augmented plane wave，LAPW）方法。该方法将径向波函数 $u_l^a(r',E)$ 在某一个合适的常数能量 E_0 处进行泰勒展开：

$$u_l^a(r',E)=u_l^a(r',E_0)+(E_0-E)\frac{\partial u_l^a(r',E)}{\partial E}\Big|_{E=E_0}+O(E_0-E)^2 \tag{2-56}$$

上述泰勒展开只保留到一阶项，在计算得到 E_0 处的径向波函数后，便可利用上述展开式得到其他能量处的值。将式（2-56）的前两项代入 APW 的基函数 [式（2-55）] 中，可得到 LAPW 的基组：

$$\phi_K^k(r,E)=\begin{cases}\dfrac{1}{\sqrt{\Omega}}e^{i(k+K)\cdot r} & (r\geqslant R)\\[2mm] \sum_{lm}[A_{lm}^{a,k+K}u_l^a(r',E_0)+B_{lm}^{a,k+K}\dot{u}_l^a(r',E_0)]Y_l^m(\hat{r}') & (r<R)\end{cases} \tag{2-57}$$

式中，$\dot{u}_l^a$ 表示 u_l^a 对能量 E 的导数；$A_{lm}^{a,k+K}$ 和 $B_{lm}^{a,k+K}$ 为两个待定系数，为了确定这两个值，需要引入两个条件，即波函数在 Muffin-tin 球面上连续和导数连续。

LAPW 方法后续还有一些发展，例如为了克服"半芯态"问题引入局域轨道。此外，Sjöstedt 等人证明直接使用 APW 基组加上局域轨道也可克服基组的能量依赖问题，且可以比 LAPW 方法效率更高。总之，缀加波结合局域轨道是一种非常高效的基组，可以获得真实的波函数和芯电子能级，基于该方法的 WIEN2k 程序也被认为是精度最高的密度泛函理论程序。

缀加波方法采用分段函数来构造基函数，在 Muffin-tin 球内采用原子轨道，球外采用平面波。事实上也可以直接使用原子轨道作为基函数，例如：

$$\phi_\mu(\boldsymbol{r}) = u_{Il\zeta}(\boldsymbol{r}) Y_l^m(\hat{r}) \tag{2-58}$$

式中，u 为径向函数；Y_l^m 为球谐函数；$\mu = I，l，m，\zeta$，为轨道指标，I 为原子指标，l 是轨道角动量量子数，m 是磁量子数，ζ 为 l 轨道的数目。这里原子轨道可以通过求解单个原子的径向薛定谔方程获得。材料电子波函数可以表示为原子轨道的线性组合：

$$\Psi_n^k(\boldsymbol{r}) = \frac{1}{\sqrt{N_c}} \sum_{\boldsymbol{R}}^{N_c} \mathrm{e}^{\mathrm{i}k \cdot \boldsymbol{R}} \sum_\mu c_{n\mu}^k \phi_\mu(\boldsymbol{r} - \boldsymbol{\tau}_I - \boldsymbol{R}) \tag{2-59}$$

式中，n 为能带指标；N_c 为元胞数；ϕ_μ 表示元胞 R 中的原子轨道 μ；$c_{n\mu}^k$ 为待定系数；$\boldsymbol{\tau}_I$ 为原子 I 的位置矢量。该波函数代入 KS 方程，可得到一个本征方程，从而获得能量本征值和本征波函数。原子轨道基组的优点是：基组数目少，计算速度快；原子轨道在空间是局域函数，由此得到的哈密顿矩阵是稀疏矩阵，可以实现线性标度算法（即计算时间和系统的大小呈线性关系），可用于大规模系统的计算。但原子轨道基组也有一些缺点，例如：基组数量增加不方便，在实际程序中可通过多数值基增加基组数目，但总体不如平面波方便；基组依赖原子位置，导致基组在结构优化过程中会移动。

2.4.6 正交化平面波和赝势方法

前面提到单纯的平面波不适合展开原子核附近的波函数，为此可以考虑使用缀加平面波或者原子轨道等基组。另外一个方案是采用赝势方法。所谓赝势就是一种"假"的相互作用势，用来取代真实的原子核与电子之间的作用势。赝势在原子核附近不会发散，在赝势下求解出的电子波函数也会比较平滑，从而可以使用纯平面波展开。赝势方法的一个前提是在赝势下电子的能量本征值和真实势场下的本征值相同，从而可以获得正确的电子能带结构。

赝势的思想来源于正交化平面波（orthogonalized plane wave，OPW）方法。1940 年，Herring 提出正交化平面波方法，该方法和缀加平面波有相似之处，也通过引入原子轨道的形式改善平面波的性能，但正交化平面波方法不使用 Muffin-tin 球来区分元胞内的空间。考虑原子内层的芯电子基本保留孤立原子时的状态，不参与成键，在晶体中形成一个窄带，把晶体中芯电子波函数 ϕ_c 写成原子轨道的布洛赫波形式：

$$\psi_c(\boldsymbol{k}，\boldsymbol{r}) = \frac{1}{\sqrt{N}} \sum_{\boldsymbol{R}_l} \mathrm{e}^{\mathrm{i}k \cdot \boldsymbol{R}_l} \phi_c(\boldsymbol{r} - \boldsymbol{R}_l) \tag{2-60}$$

式中，ϕ_c 是孤立原子芯电子的波函数。假设上式波函数是晶体哈密顿量的本征函数，其本征值为 E_c。晶体波函数写成平面波和芯态波函数的展开：

$$|\psi_k\rangle = \sum_{K_h} c_{k+K_h} |k+K_h\rangle + \sum_c \beta_c |\psi_c\rangle \tag{2-61}$$

式中，$|k+K_h\rangle = e^{i(k+K_h)\cdot r}$ 为平面波；c_{k+K_h} 和 β_c 分别为平面波和原子轨道的展开系数。为了确定系数 β_c，引入正交化条件：

$$\langle \psi_c | \psi_k \rangle = 0 \tag{2-62}$$

得到：

$$\beta_c = -\sum_{K_h} c_{k+K_h} \langle \psi_c | k+K_h \rangle \tag{2-63}$$

把上式代入晶体波函数式（2-61），得到：

$$|\psi_k\rangle = \sum_{K_h} c_{k+K_h} |\mathrm{OPW}_{k+K_h}\rangle \tag{2-64}$$

式中，$|\mathrm{OPW}_{k+K_h}\rangle$ 就是正交化后的平面波：

$$|\mathrm{OPW}_{k+K_h}\rangle = |k+K_h\rangle - \sum_c |\psi_c\rangle \langle \psi_c | k+K_h \rangle \tag{2-65}$$

正交化平面波是常规的平面波减去芯电子的波函数，最后所得基函数会更接近晶体中真实的电子波函数，所以原则上只要少量的正交化平面波便可展开晶体波函数。把波函数的展开式（2-64）代入薛定谔方程，可得到正交化平面波基组下关于展开系数 c_m 的线性方程组：

$$\left(\frac{\hbar^2}{2m_e} |k+K_{m'}|^2 - E \right) c_{m'} + \sum_{m \neq m'} U(K_{m'} - K_m) c_m = 0 \tag{2-66}$$

通过求解该方程组的系数行列式便可得到能量本征值。该方程在形式上和纯平面波所得到的方程组［式（2-36）］非常类似，无非是其中的势能函数从真实的势能函数 V 变成了有效势 U，两者的关系为：

$$U = V + \sum_c (E - E_c) |\psi_c\rangle \langle \psi_c| \tag{2-67}$$

有效势 U 的第一项就是真实势 V，而第二项来自芯电子，可以抵消第一项的发散，最终有效势会显得比较平坦，从而可以直接使用平面波展开。这其实就是赝势的概念。OPW 方法是一种切实可行的计算电子能带的方案，早在 20 世纪 50 年代，人们已经使用 OPW 方法计算了硅和锂的电子能带[17,18]。但随着赝势方法以及 APW 等方法的发展，OPW 方法目前已经很少使用。

早期的赝势形式比较简单，且大多需要经验参数。目前赝势的构造已经基本不依赖经验参数，而是直接通过数值求解单原子薛定谔方程来构造。目前使用最多的是模守恒赝势（norm conserving pseudopotential）和超软赝势（ultrasoft pseudopotential）。所谓模守恒赝势需要满足四个条件：①赝势下所得能量本征值要和全电子薛定谔方程求解的结果相同；②赝势下求解得到的波函数没有节点；③在一定的截断半径（r_c）之外，赝波函数和全电子波函数完全相同；④在截断半径之内，赝波函数和全电子波函数的模的平方的积分相等，即两种情况下电荷守恒，这就是模守恒条件。模守恒赝势对波函数的平滑效果取决于波函数的节点，对于没有节点的波函数，模守恒赝势的效果较差。1990 年 Vanderbilt 提出超软赝势的概念，去除了模守恒条件，从而可以进一步软化电子波函数，最终降低平面波基组的截断能，加快计算速度。目前赝势结合平面波基组是密度泛函理论中常见的方案，著名程序 VASP、Quantum ESPRESSO 和 CASTEP 等都使用了该方案。

2.4.7　密度泛函程序

目前已有数十种密度泛函程序，比较著名的有：VASP[19]、WIEN2k[20]、Quantum ESPRESSO（QE）[21]、CASTEP[22]、SIESTA[23]、OpenMX[24]、CP2K[25]、FLEUR[26]、ABINIT[27]、CPMD[28] 和 GPAW[29] 等。这些程序的区别主要体现在基组上，例如 VASP 和 QE 等程序使用了平面波基组，WIEN2k 和 FLEUR 使用了缀加平面波，SIESTA 和 OpenMX 使用了赝原子轨道。其中 VASP 程序具有使用方便、功能强大、计算稳定等优点，是目前最流行的密度泛函程序。许多密度泛函程序都是商业程序，需要购买版权才可以使用，包括 VASP 和 WIEN2k 等，但也有许多优秀的开源程序，如 QE、SIESTA 和 OpenMX 等，它们同样具有强大的功能，完全可以满足科研的使用。下面我们通过一些例子来介绍 VASP、Quantum ESPRESSO 和 OpenMX 这三个程序。

2.5　VASP 程序介绍及计算例子

2.5.1　VASP 程序简介

VASP 是 Vienna *ab-initio* simulation package 的缩写，目前由奥地利维也纳大学 Georg Kresse 教授负责开发和维护。VASP 程序同时支持超软赝势和 PAW（projector augmented wave）方法，基组为平面波。VASP 程序功能强大、计算速度快、稳定性好、使用方便，是目前使用最为广泛的第一性原理程序。它虽然是一个商业程序，但在购买版权后提供所有源代码，方便用户修改和扩展。此外，它提供了元素周期表中几乎所有元素的势函数，且这些势函数都经过了仔细测试。VASP 程序的功能强大，主要包括：

① 丰富的交换关联势，LDA，GGA，meta-GGA 以及杂化泛函等，多种形式的范德瓦耳斯修正。

② 电子能带、态密度、电子局域函数等。

③ 多种结构优化模式和分子动力学模拟方法。

④ NEB 过渡态搜索。

⑤ 光学性质、介电函数、玻恩有效电荷、压电系数、Berry phase。

⑥ GW 准粒子计算、Bethe-Salpeter 方程。

⑦ 晶格动力学。

⑧ 共线和非共线磁性。

⑨ 自旋轨道耦合。

⑩ 外加电场。

⑪ Wannier 函数。

⑫ 自动对称性分析。

⑬ 支持 GPU 计算。

⑭ MPI 并行计算，k 点并行计算。

在新的 VASP6 版本中，还支持 MPI/OpenMP 混合并行计算、基于 OpenACC 编写的 GPU 计算、X 光吸收谱、RPA 计算和机器学习力场模拟等。

VASP 程序主要使用 FORTRAN 语言编写，一般适合运行在 Linux 操作系统下，因此用户必须掌握基本的 Linux 操作。VASP 的计算需要四个主要的输入文本文件：INCAR、POSCAR、KPOINTS 和 POTCAR 文件，其中 POTCAR 文件为 VASP 提供，其余三个文件一般需要用户自己准备。VASP 的输入和输出文件名都是固定的，且在 Linux 操作系统中文件名区分大小写，因此需要特别注意。下面简单介绍这四个文件的作用。

① POSCAR：包含了元胞和原子坐标信息，还可以设置原子初始速度等信息。

② KPOINTS：包含布里渊区 k 点网格的坐标和权重。从 5.2.12 版本起，该文件可以缺省，但需要在 INCAR 里面设置 KSPACING 和 KGAMMA 参数。该文件在自洽计算和能带计算中需采用不同的格式。

③ POTCAR：超软赝势或者 PAW 势函数文件，它包含了原子核和电子的互作用。VASP 提供元素周期表中几乎所有元素的势文件。在计算含有多种元素的材料时，需根据元素在 POSCAR 中出现的顺序，把多个原子的 POTCAR 拼接在一起，形成晶体计算所需的 POTCAR 文件。

④ INCAR：VASP 程序最重要和复杂的输入文件，它决定 VASP 的计算精度、计算任务等关键信息。INCAR 文件包含大量参数，但大多有默认值，通常情况下只需设置少量参数即可。INCAR 文件为自由格式的文本文件，以 tag＝value 的形式设置关键词，其中 tag 为 VASP 程序预设的关键词，而 value 为用户输入的参数。例如用户希望设定平面波的截断能为 500eV，则需要输入：ENCUT＝500，其中默认单位为电子伏特（eV）。

INCAR 为 VASP 必需的输入文件，根据计算任务不同，需选择合适的参数。INCAR 文件参数很多，具体可以参考 VASP 的使用手册，下面我们简要介绍一些重要的参数。

① SYSTEM：计算任务名称，用户自己设定，不影响计算结果。

② ENCUT：平面波截断能，决定平面波基组的个数，这是一个非常重要的参数。VASP 会根据 POTCAR 中每个元素默认的截断能，取其中的最大值作为整个计算的截断能，但建议用户手动输入该参数，并建议对截断能大小做测试。

③ EDIFF：自洽计算时能量收敛标准，当两次总能量之差小于 EDIFF 时计算结束，默认值为 10^{-4}eV。

④ EDIFFG：结构优化的收敛精度。当 EDIFFG 为正值时，表示前后两次结构的能量差小于 EDIFFG 时，结构优化收敛。当 EDIFFG 为负值时，表示当所有离子的力小于 EDIFFG 的绝对值时，结构优化收敛。程序默认值为 EDIFF 的 10 倍，但一般建议设置 EDIFFG 为负值，例如 EDIFFG＝－0.02，其中力的单位为 eV/Å。但在做声子计算时，需采用更高的收敛标准，例如 EDIFFG＝－0.0001。

⑤ ISMEAR 和 SIGMA：这两个参数决定在对布里渊区 k 点积分时，如何计算分布函数。ISMEAR 常用的选择为 0、1、2 和－5。其中 ISMEAR＝0 表示使用 Gaussian 展宽，一般用于半导体或绝缘体，同时需设置一个较小的 SIGMA 值。ISMEAR＝1 或者 2 表示 Methfessel-

Paxton 方法，一般用于金属体系，同时可设置一个较大的 SIGMA 值。在半导体和绝缘体中避免使用 ISMEAR>0。ISMEAR=−5 表示四面体积分，适合精确的总能量和态密度计算，四面体积分不需要设置 SIGMA 值。另外四面体积分在金属体系做结构优化时会有较大误差，不建议使用。综上，建议在金属中使用 ISMEAR=1 或者 2；在半导体或者绝缘体中使用 ISMEAR=0；计算态密度时使用 ISMEAR=−5。默认值为：ISMEAR=1 和 SIGMA=0.2eV。

⑥ KSPACING 和 KGAMMA：KSPACING 参数可替代 KPOINTS 文件，它确定相邻两个 k 点的最小间距，单位为 $Å^{-1}$。很显然 KSPACING 越小，k 点越多。KGAMMA 参数决定产生的 k 点网格是否包含布里渊区中心 Γ 点。默认值为 KSPACING=0.5 和 KGAMMA=.TRUE.。

⑦ NBANDS：能带数，通常 VASP 会根据元胞的总电子数来决定，一般不需要手动设置。

⑧ ISPIN：自旋极化计算开关。默认值为 ISPIN=1，即做非磁性计算。ISPIN=2 表示进行自旋极化计算。在非共线磁结构计算时（LNONCOLLINEAR=.TRUE.），不需要设置 ISPIN 参数。

⑨ MAGMOM：磁性计算时的初始磁矩。当 ISPIN=2 时，每一个原子设置一个数值，中间用空格分割。如果是非共线磁结构计算，则每一个原子需要设置 3 个数值，表示初始自旋的矢量。VASP 在计算中会自动优化磁矩的大小和方向。默认值为所有原子或者每个原子每个方向都具有 $1\mu_B$ 的磁矩。

⑩ ICHARG：决定 VASP 程序是否在开始时读入电荷密度，常用的设置有 0、1、2 和 11。其中，ICHARG=0 代表从初始的波函数计算电荷密度；ICHARG=1 代表读入已有的电荷密度文件 CHGCAR，并开始新的自洽计算；ICHARG=2 代表直接使用原子电荷密度的叠加作为初始密度；ICHARG=11 代表读入已有的电荷密度文件，并进行非自洽计算，该选项通常用于电子能带和态密度计算，在此过程中电荷密度保持不变。

⑪ NELM，NELMIN 和 NELMDL：NELM 为电子自洽的最大步数，默认值为 60；NELMIN 为电子自洽的最小步数，默认值为 2，在分子动力学或者结构优化时，可以考虑增大至 4~8；NELMDL 为非自洽的步数，正值表示每一次电子自洽都会延迟更新电荷密度，而负值表示只有第一次自洽时才做延迟，一般建议设为负值。

⑫ NSW：离子运动的最大步数，在分子动力学或者结构优化时设置，默认值为 0，即离子不动。

⑬ IBRION：决定离子如何运动。IBRION=−1 表示离子不动。IBRION=0 表示第一性原理分子动力学模拟。IBRION=1 表示拟牛顿法进行结构优化。IBRION=2 表示使用共轭梯度法进行结构优化。IBRION=3 表示阻尼分子动力学计算。IBRION=5 和 6 表示使用差分方法计算力常数和晶格振动频率（Γ 点），其中 IBRION=5 不考虑晶体对称性，而 IBRION=6 则考虑晶体对称性。IBRION=7 和 8 的功能与 IBRION=5 和 6 类似，但采用密度泛函微扰理论计算力常数，同样 IBRION=7 不考虑晶体对称性，而 IBRION=8 考虑了对称性。

⑭ POTIM：在分子动力学计算（IBRION=0）时，POTIM 为时间步长，单位飞秒，此时没有默认值。结构优化计算（IBRION=1,2,3）时，POTIM 为力的缩放因子，默认值为 0.5。

⑮ ISIF：决定是否计算应力张量以及结构优化时是否改变原子位置、元胞大小和形状。ISIF＝0 表示不计算应力张量，因为应力张量计算比较耗时，所以在分子动力学模拟中默认不计算应力张量。在结构优化时，ISIF＝1 只计算总的应力，此时只优化离子位置，不改变元胞的体积和形状。ISIF＝2～7 都会计算应力张量，其中 ISIF＝2 表示只优化离子位置，不改变元胞的体积和形状；ISIF＝3 表示同时优化离子位置、元胞形状和体积；ISIF＝4 表示同时优化离子位置和元胞形状，但保持元胞体积不变；ISIF＝5 表示不优化离子位置和元胞体积，只改变元胞形状；ISIF＝6 表示不优化离子位置，但优化元胞形状和体积；ISIF＝7 表示不优化离子位置和元胞形状，只优化元胞体积。在结构优化过程中比较常用的是 ISIF＝2 或者 3。

⑯ PSTRESS：外加压强，单位为 kbar（1kbar＝0.1GPa）。

⑰ LSORBIT：自旋轨道耦合计算，默认为 False，即不考虑自旋轨道耦合效应。如果设置 LSORBIT＝.TRUE.，则 VASP 会自动设置 LNONCOLLINEAR＝.TRUE.。同时注意设置 MAGMOM，SAXIS 和 GGA_COMPAT 等参数。考虑自旋轨道耦合会极大增加计算量。

⑱ LDAU：针对强关联系统进行 L(S)DA＋U 计算，需结合 LDAUTYPE、LDAUL、LDAUU、LDAUJ、LDAUPRINT 等参数。

⑲ IVDW 和 LUSE_VDW：考虑范德瓦耳斯互作用，主要针对层状范德瓦耳斯材料，可提高对层间距离计算的精度。IVDW 和 LUSE_VDW 为两类不同的方法，其中每一类方法中还有若干不同的参数选择，针对不同的材料，可以尝试不同的方法以获得与实验最吻合的晶格常数。

以上是 INCAR 中一些基本的参数，更多的参数建议参考 VASP 的使用手册和网站。除了以上四个输入文件，在有些任务中 VASP 还需要一些其他输入文件，例如，在做电子能带计算时需要读入事先收敛的电子密度文件 CHGCAR。再例如，为主动停止正在计算的程序，可以编辑一个 STOPCAR 文件，VASP 在计算中读到该文件，会根据文件内容停止计算。STOPCAR 格式非常简单，如果它的内容是" LSTOP ＝ .TRUE. "，则 VASP 在下一次离子循环时停止；如果它的内容是 " LABORT ＝ .TRUE. "，则 VASP 会在下一次电子自洽时停止。停止后 VASP 可能会输出电荷密度、波函数等文件，但在第二种情况下，电荷密度和波函数中有可能并不是收敛的数值。

VASP 在计算过程中生成多个输出文件，下面对其中一些常用和重要的输出文件做简要的介绍。

① OSZICAR 和标准屏幕输出：OSZICAR 和标准屏幕输出主要用于查看计算的进度，通过这两个文件可看到计算过程中能量的变化和收敛情况。一些出错和警告信息也会在这两个文件中输出。标准屏幕输出是指程序运行时的屏幕输出，但如果使用任务调度系统，则标准屏幕输出会被重定向到真实的文件，如 LSF 会把屏幕输出重定向到 output.jobID 文件中（其中 jobID 是作业号）。

② IBZKPT：包含 k 点坐标和权重等信息，由 VASP 根据用户输入自动生成，它的格式和 KPOINTS 文件一致。

③ CONTCAR：包含计算后的晶体结构信息，格式和 POSCAR 一样。如果是分子动力学计算，还会包括离子速度等信息。在结构优化时，如果程序停止时还未达到预期精度，则可把该文件直接复制成 POSCAR，继续结构优化。

④ CHGCAR：电荷密度文件，里面包含了晶格矢量、原子坐标、总电荷密度以及 PAW 的单中心占据情况等信息。在自旋极化计算时（ISPIN＝2），它包含了总电荷密度和磁电荷密度。在非共线磁性计算时，它包含了总电荷密度以及三个方向上的磁电荷密度。

⑤ WAVECAR：波函数文件，为二进制格式，不能直接用文本编辑器打开。波函数文件体积较大，可通过 LWAVE 来控制是否输出。

⑥ EIGENVAL：能量本征值文件，包含所有 k 点及其对应的能量本征值。如果在计算中设置合适的高对称 k 点，便可用该文件来画能带图（需经过简单的格式转换）。

⑦ DOSCAR：态密度文件，包含态密度和积分态密度。当设置 LORBIT 参数时可获得原子和轨道投影的态密度。

⑧ PROCAR：静态计算时，该文件包含每个原子、每条能带和每个轨道上的投影波函数系数。

⑨ OUTCAR：最主要的输出文件，包括了计算过程中大量的信息。主要包括：VASP 版本；计算开始时间和并行 CPU 数；赝势信息；最近邻列表；对称性信息；晶格信息和 k 点坐标；INCAR 中读入的参数和其他所有的默认参数值；平面波个数和 FFT 信息；每一步离子步数和其中每一次电子自洽的时间、内存、能量等信息；自洽完成后的费米能和能量本征值；应力；力；电荷数和磁矩；程序运行时间。用户从中可获得许多有用信息，也可监控整个计算过程。

在实际使用中，可借助一些辅助程序来帮助准备 VASP 的输入文件和处理输出文件，例如 p4vasp 和 vaspkit 等。

2.5.2 电子能带和态密度计算

下面通过几个例子简要介绍 VASP 程序的使用。首先介绍如何计算两种同素异形体金刚石和石墨烯的电子能带和态密度。图 2-21 为金刚石晶体结构的 POSCAR 文件，其中第 1 行为注释行，不影响计算结果，第 2 行为缩放因子，建议始终设为 1.0。第 3～5 行为元胞的三个基矢 a_1、a_2 和 a_3，这里采用了面心立方结构的初基元胞，三个基矢分别沿着三个面对角线的方向，即 $a_1 = 0i + \frac{a}{2}j + \frac{a}{2}k$，$a_2 = \frac{a}{2}i + 0j + \frac{a}{2}k$，$a_3 = \frac{a}{2}i + \frac{a}{2}j + 0k$，这里 a 为单胞的晶格常数，金刚石中 $a = 3.57\text{Å}$。第 6 行为元素符号，这

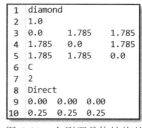

```
1   diamond
2   1.0
3   0.0      1.785    1.785
4   1.785    0.0      1.785
5   1.785    1.785    0.0
6   C
7   2
8   Direct
9   0.00   0.00   0.00
10  0.25   0.25   0.25
```

图 2-21 金刚石晶体结构的 POSCAR 文件（左侧为行号，不是内容）

里为碳元素。如果有多个元素，则用空格分开，并且其前后顺序与 POTCAR 中元素的顺序一致。但第 6 行不是必需的，VASP 最终只会从 POTCAR 中获得元素信息。第 7 行为元胞内每一种元素对应的原子数，如果有多个元素，则每种元素对应的原子数需用空格分开。第 8 行为 Direct 或者 Cartesian，表示原子坐标采用分数坐标还是笛卡儿坐标，在晶体中往往选择分数坐标更方便。第 9 行开始为原子的坐标，每一个原子占据一行。这是一个基本的 POSCAR 文件，在有些计算中还会有额外的设置。例如在做选择性结构优化时，POSCAR 中还会多一行 "Selective dynamics"，在做分子动力学计算时，可能还会需要输入初始速度。

图 2-22 为自洽计算或结构优化时的 KPOINTS 文件。KPOINTS 文件有多种格式，其中

比较常用的有两种：自动产生 k 点模式和线模式（line-mode）。图 2-22 的第 1 行为注释行。第 2 行为 0，表示采用自动产生 k 点模式。第 3 行为 Gamma 或者 Monkhorst，表示产生 k 点的方式，其中 Gamma 表示产生的 k 点网格包含布里渊区中心（Γ 点），而 Monkhorst 表示使用 Monkhorst-Pack 方案，此时产生的 k 点可能不包含 Γ 点。第 4 行为倒易点阵基矢方向上的 k 点数，这里表示沿着三个基矢方向都取 8 个 k 点，即总 k 点为 512 个，在计算中 VASP 会自动产生这些 k 点的坐标，并利用对称性进行约化。第 5 行为平移量，即整个 k 点网格可以根据这一行的数值进行整体平移，这里三个 0 表示不平移。自动产生 k 点模式适用于结构优化、自洽计算和态密度计算等情况，是最常用的一种模式。实际计算时 k 点的数目需进行一些测试，选取一个合理的数值。另外也可在 INCAR 里设定 KSPACING 和 KGAMMA 关键词，从而省略 KPOINTS 文件。

图 2-23 为结构优化计算时的 INCAR 文件。INCAR 文件没有严格的格式规定，其中可任意加空行或者注释行，关键词的输入也没有先后顺序的要求。这里，第 1 行设定了 SYSTEM 关键词，用户根据实际情况设定，不影响计算结果。第 2 行为空行，第 3 行为注释行，注释内容建议以♯号开头，空行和注释行可以增强 INCAR 文件的可读性。第 4～8 行设定自洽计算时的一些参数，这些参数都有默认值，但仍然建议手动设定。例如设定计算精度 PREC 为 Accurate，设定平面波截断能 ENCUT 为 520eV，考虑到金刚石为绝缘体，设定 ISMEAR 为 0，SIGMA 为 0.05eV。在 INCAR 中如果参数没有歧义，可以只写第一个字母，例如这里 PREC＝A 就表示 PREC＝Accurate。第 11～14 行为结构优化相关参数，这里我们对金刚石的元胞和原子位置都做结构优化（ISIF＝3）。当然，金刚石中原子位置是固定的，在对称性限制下不会移动，但其晶格常数会有所调整。最后两行表示计算中不写电荷密度和波函数文件。

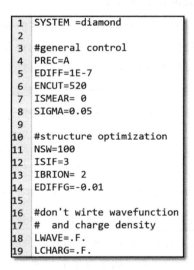

图 2-22　金刚石晶体自洽
计算时的 KPOINTS 文件

图 2-23　金刚石晶体结构
优化计算时的 INCAR 文件

最后一个输入文件为 POTCAR，直接采用 VASP 提供的碳元素的 POTCAR 即可。在准备好所有输入文件后，就可以运行 VASP 程序了。计算完成后，首先可查看 OSZICAR 和 OUTCAR 文件，以确定能量收敛正常。其次可以查看 CONTCAR 文件，该文件包含了金刚石在结构优化后的晶体结构参数,如图 2-24 所示,从中可以看到,原子坐标没有变化,当把图 2-24 中的初基元胞转换成单胞后,其单胞的晶格常数为 3.5734Å,这和输入的实验值非常接近。大多情况下,理论和实验的晶格常数误差在 1% 以内是可以接受的。

```
1   diamond
2   1.00000000000000
3      0.0000000000000000    1.7867040270537831    1.7867040270537831
4      1.7867040270537831    0.0000000000000000    1.7867040270537831
5      1.7867040270537831    1.7867040270537831    0.0000000000000000
6   C
7   2
8   Direct
9   0.0000000000000000    0.0000000000000000    0.0000000000000000
10  0.2500000000000000    0.2500000000000000    0.2500000000000000
```

图 2-24　金刚石晶体结构优化后产生的 CONTCAR 文件

结构优化后,可把 CONTCAR 文件直接复制成 POSCAR,再进行电子自洽计算,此时输入文件和结构优化基本一样,只需把 INCAR 文件中结构优化部分的参数删除或者注释掉,同时修改 LCHARG 参数,把它设置为.T.,以便获得电荷密度文件 CHGCAR,为后续能带和态密度计算做准备,如图 2-25 所示。

自洽计算结束后,获得了电荷密度文件,后续便可进行能带和态密度计算。能带计算仍然需要四个输入文件,但其中 INCAR 和 KPOINTS 文件需做一些修改。在 INCAR 中,需要设置 ICHARG＝11,表示读入已有的电荷密度做非自洽计算,如图 2-26 所示。

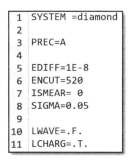

```
1   SYSTEM =diamond
2
3   PREC=A
4
5   EDIFF=1E-8
6   ENCUT=520
7   ISMEAR= 0
8   SIGMA=0.05
9
10  LWAVE=.F.
11  LCHARG=.T.
```

图 2-25　金刚石晶体自洽
计算时的 INCAR 文件

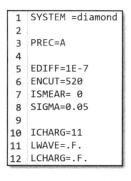

```
1   SYSTEM =diamond
2
3   PREC=A
4
5   EDIFF=1E-7
6   ENCUT=520
7   ISMEAR= 0
8   SIGMA=0.05
9
10  ICHARG=11
11  LWAVE=.F.
12  LCHARG=.F.
```

图 2-26　金刚石晶体能带
计算时的 INCAR 文件

电子能带是电子能量 E 与倒易空间坐标 k 的函数,其中 k 点一般选择布里渊区高对称线上的点,不同布里渊区的形状和推荐路径参考其他材料[1,2]。对于面心立方晶体,采用的路径为 Γ—X—W—K—Γ—L—U—W—L—K | U—X,它们的坐标如图 2-27 所示,此时 KPOINTS 文件采用了线模式。第 1 行为注释行,第 2 行为大于 0 的整数,它表示每一段路径上 k 点的数目,例如 Γ 和 X 之间取 100 个 k 点,X 和 W 之间也取 100 个 k 点,等等。第 3 行为 Line-mode,表示采用线模式。第 4 行为 reciprocal 或者 Cartesian,表示 k 点坐标采用分数坐标(以倒易点阵基矢为单位矢量)还是直角坐标,一般选择分数坐标。以下每两行就表示一段高对称线的起始和终了 k 点坐标,这里设置了 10 段高对称线,所以需要 20 个高对称点的坐标。每个 k 点坐标后面的 "!" 及其后面高对称点的名称只是为了注释用,在实际计算中可以不写。

```
1    diamond-FCC
2    100
3    Line-mode
4    reciprocal
5    0.000    0.000    0.000    ! Gamma
6    0.500    0.000    0.500    ! X
7
8    0.500    0.000    0.500    ! X
9    0.500    0.250    0.750    ! W
10
11   0.500    0.250    0.750    ! W
12   0.375    0.375    0.750    ! K
13
14   0.375    0.375    0.750    ! K
15   0.000    0.000    0.000    ! Gamma
16
17   0.000    0.000    0.000    ! Gamma
18   0.500    0.500    0.500    ! L
19
20   0.500    0.500    0.500    ! L
21   0.625    0.250    0.625    ! U
22
23   0.625    0.250    0.625    ! U
24   0.500    0.250    0.750    ! W
25
26   0.500    0.250    0.750    ! W
27   0.500    0.500    0.500    ! L
28
29   0.500    0.500    0.500    ! L
30   0.375    0.375    0.750    ! K
31
32   0.625    0.250    0.625    ! U
33   0.500    0.000    0.500    ! X
```

图 2-27　金刚石晶体能带计算时的 KPOINTS 文件

VASP 读入以上 KPOINTS 文件，计算出高对称线上所有 k 点的坐标。针对每个 k 点，利用已有的自洽电荷密度文件求解能量本征值，最后得到能量本征值和 k 点的函数关系 $E_n(\boldsymbol{k})$，即电子能带，这些数据存放在 EIGENVAL 文件中，经过简单处理便可画出能带图。这里计算得到的金刚石的能带如图 2-28（a）所示，其中费米能定义在价带顶，并取为 0eV。VASP 程序根据积分态密度等于总电荷数这个条件来确定费米能的大小，对于半导体和绝缘

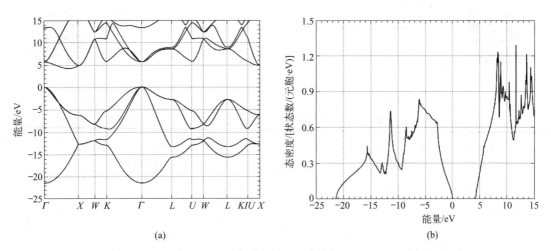

(a)　　　　　　　　　　　　　(b)

图 2-28　使用 VASP 计算得到的金刚石的电子能带和态密度，费米能为 0eV

（a）电子能带；（b）电子态密度

体，费米能可以位于带隙中的任何位置。由此可见，在费米能以下 22eV 范围内有 4 条能带，来自碳原子的 4 个价电子，另外价带顶正好在布里渊区中心 Γ 点。从费米能往上约 4.1eV 范围内并没有能带，该区域称禁带，其大小就是带隙。在实验上，金刚石的带隙约为 5.47eV，远大于理论值，这是由于常规密度泛函理论计算会严重低估带隙，在理论上可以通过杂化泛函或者 GW 方法等进行修正。从 4.1eV 往上的能带为导带，原则上没有电子占据，但在热激发或者掺杂情况下，导带也可以有一定浓度的载流子，但金刚石的带隙很大，载流子浓度很低，为绝缘体。

态密度计算需要对布里渊区所有 k 点积分，因此 KPOINTS 文件不可以采用线模式，而要对布里渊区均匀取点，所以需采用自动产生 k 点的方式。为了获得更好的态密度图像，往往需要使用非常密集的 k 点，此时进行自洽计算速度较慢。一个合理的做法是采用正常的 k 点进行自洽计算，得到电荷密度，然后增大 k 点密度进行非自洽计算。在本例子中，我们使用 $21\times21\times21$ 的 k 点网格进行非自洽计算（ICHARG＝11），如图 2-29 所示。

同时，为了获得更好的态密度图像，建议使用四面体积分方法（ISMEAR＝－5）进行非自洽计算，同时也可把态密度的能量格点从默认的 301 个增加到 5000 个左右（NEDOS＝5000）。如想细致分析某一些原子或某一些轨道的投影态密度，需要设置 LORBIT 参数，例如设置 LORBIT＝11。计算态密度所需的 INCAR 可参考图 2-30。

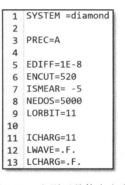

图 2-29　金刚石晶体态密度
计算时的 KPOINTS 文件

图 2-30　金刚石晶体态密度
计算时的 INCAR 文件

使用以上参数计算得到金刚石的态密度如图 2-28（b）所示，其横坐标为电子能量，这里费米能同样设置为 0。很容易发现在 0～4.1eV 之间态密度为 0，表示没有电子态，这与电子能带的结果一致。

下面介绍石墨烯电子能带和态密度的计算。石墨烯即单层的石墨，为二维材料，在面内（假定为 xy 平面）具有周期性，而在面外方向（假定为 z 方向）无周期性。为了在 VASP 中模拟二维结构，可假设在面外方向有一足够大的真空层，即选取一个足够大的晶格常数，例如 15Å 或者 20Å。此时程序计算的是一个无穷多二维材料周期堆垛而成的"三维"体系，但考虑到层与层之间相距足够远，相互作用很弱，因此计算结果可认为是单层二维材料的性质。例如图 2-31 展示了石墨烯的 POSCAR 文件，在 z 方向上选取 15Å 的周期长度，以避免层间的互作用。在面内按照图 2-2（c）中的基矢选取了元胞，两个基矢 a_1 和 a_2 的长度都为 2.46Å，夹角为 120°。元胞内包含两个碳原子，坐标分别为（0,0,0）和（1/3,2/3,0）。对于二维材料，自洽计算时 k 点网格也只需在面内选取，例如对石墨烯的计算可以采用 15×

15×1 的网格。

```
1   graphene
2   1.000000
3   1.23000000000000    -2.13042249330972    0.00000000000000
4   1.23000000000000     2.13042249330972    0.00000000000000
5   0.00000000000000     0.00000000000000   15.00000000000000
6   C
7   2
8   Direct
9   0.00000000000000     0.00000000000000    0.00000000000000
10  0.33333333333333     0.66666666666667    0.00000000000000
```

图 2-31　石墨烯的 POSCAR 文件

这里我们不做结构优化，直接用上
述结构做电子自洽计算，获得电荷密
度。在此基础上进行非自洽的电子能带
和态密度计算。在能带计算中，可采用如图 2-32 所示
的高对称点路径 Γ—K—M—Γ，高对称点完全沿着
面内方向，无须取 z 方向的 k 点。

```
1    graphene
2    100
3    Line-mode
4    reciprocal
5    0.000        0.000        0 ! Gamma
6    0.33333333   0.33333333   0 ! K
7
8    0.33333333   0.33333333   0 ! K
9    0.5          0            0 ! M
10
11   0.5          0            0 ! M
12   0.000        0.000        0 ! Gamma
```

图 2-32　石墨烯能带计算
时的 KPOINTS 文件

基于以上高对称点可得到石墨烯的电子能带，如
图 2-33（a）所示，从中可以发现石墨烯的能带并未
出现带隙。在费米能处，有两条能带相互交叉，且可
以证明在交点附近电子能量和波矢 k 成线性色散关
系，这就是所谓的狄拉克点（Dirac point）。这种导带和价带在费米能附近仅有少量交叠的金
属称为半金属（semi-metal），所以石墨烯也被称为狄拉克半金属。从空间上来看，狄拉克点
正好位于石墨烯六边形布里渊区的 6 个顶点（即 K 点）。穿过费米能的两条能带其实来自两
个碳原子 p_z 轨道形成的 π 键，而在 -20～-3eV 间的 3 条能带则来自碳原子的 sp^2 杂化后的 σ 键。

图 2-33（b）给出了石墨烯的电子态密度，可以看到态密度中不存在能隙，但在费米能
上，态密度的数值为零，这和石墨烯电子能带的特性一致。在一般的半金属中，由于能带在
费米能上只有少量交叠，往往表现出非零的态密度，但其数值要远小于常规的金属。石墨烯

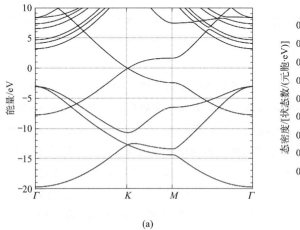

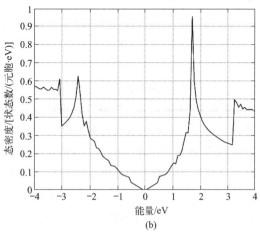

(a)　　　　　　　　　　　　　　(b)

图 2-33　使用 VASP 计算得到石墨烯的电子能带和态密度，费米能为 0 eV
（a）电子能带；（b）电子态密度

中导带和价带只在狄拉克点上接触，所以其态密度为零。此外态密度在 2eV 和 −2eV 附近出现了 2 个尖峰，称为范霍夫奇异峰，它们来自电子能带中的平带。

下面我们介绍磁性材料体心立方结构铁的电子能带和态密度计算。整个计算过程和非磁性材料类似，首先要获得铁的晶体结构信息。铁为体心立方，其初基元胞为立方体顶点到三个不相邻的面心的连线，可以这样选取：$a_1 = -\frac{a}{2}i + \frac{a}{2}j + \frac{a}{2}k$，$a_2 = \frac{a}{2}i - \frac{a}{2}j + \frac{a}{2}k$，$a_3 = \frac{a}{2}i + \frac{a}{2}j - \frac{a}{2}k$，这里 a 为单胞的晶格常数，铁的晶格常数 $a = 2.8664$Å。铁的初基元胞中只含有一个铁原子，为简单晶格。图 2-34 给出了体心立方铁的 POSCAR 文件。

```
1  bcc-Fe
2  1.000000
3  -1.43320000000000     1.43320000000000     1.43320000000000
4   1.43320000000000    -1.43320000000000     1.43320000000000
5   1.43320000000000     1.43320000000000    -1.43320000000000
6  Fe
7  1
8  Direct
9  0.00000000000000     0.00000000000000     0.00000000000000
```

图 2-34　体心立方铁的 POSCAR 文件

在做磁性材料计算时，需要在 INCAR 中设定专门的参数，在做常规的共线（collinear）计算时要设置 ISPIN＝2，并给元胞中每个原子设定初始磁矩（MAGMOM）。在做非共线（noncollinear）磁性计算时，不需要设定 ISPIN 参数，而是需要使用 LNONCOLLINEAR 参数。图 2-35 给出对铁做自洽计算时的 INCAR 文件，这里 MAGMOM＝1 表示铁原子初始磁矩为 $1\mu_B$，这个大小在计算中会自洽调整。这里考虑的是铁磁的情况，即所有铁原子具有平行的自旋。另外针对金属材料，我们使用了 ISMEAR＝1。

```
1  SYSTEM = bcc-Fe
2
3  PREC=A
4
5  EDIFF=1E-7
6  ENCUT=350
7  ISMEAR= 1
8  SIGMA=0.2
9
10 KSPACING=0.2
11
12 ISPIN=2
13 MAGMOM=1
```

图 2-35　体心立方铁做自洽
计算时的 INCAR 文件

```
1  bcc-Fe
2  50
3  Line-mode
4  reciprocal
5  0.000    0.000    0.000    ! Gamma
6  0.500   -0.500    0.500    ! H
7
8  0.500   -0.500    0.500    ! H
9  0.000    0.000    0.500    ! N
10
11 0.000    0.000    0.500    ! N
12 0.000    0.000    0.000    ! Gamma
13
14 0.000    0.000    0.000    ! Gamma
15 0.250    0.250    0.250    ! P
16
17 0.250    0.250    0.250    ! P
18 0.500   -0.500    0.500    ! H
```

图 2-36　体心立方铁做能带
计算时的 KPOINTS 文件

在自洽计算后便可进行非自洽能带计算，使用如图 2-36 所示的高对称点，得到铁的能带如图 2-37（a）所示。能带图中有实线和虚线，分别代表自旋向上和自旋向下两种电子的能带。两套能带从形状上看非常相似，但很明显虚线能带比实线能带的能量要高一些，所以实线能带（即自旋向上的能带）会占据更多的电子。元胞中两种自旋的电子不相等，便出现了磁性。在输出文件中可以找到每个元胞内的磁矩为 $2.27\mu_B$，这与实验值基本一致。图 2-37

（b）给出了铁的电子态密度，同样可分为自旋向上和自旋向下两条曲线，两者并不重合。同时在费米能上态密度不为零，表现出典型的金属行为。这里需要说明，在许多磁性的计算中往往可以通过在 d 轨道或者 f 轨道上加 Hubbard U 的方式来更好地考虑电子关联，在 VASP 中可通过设置 LDAU 和 LDAUTYPE 等参数实现。

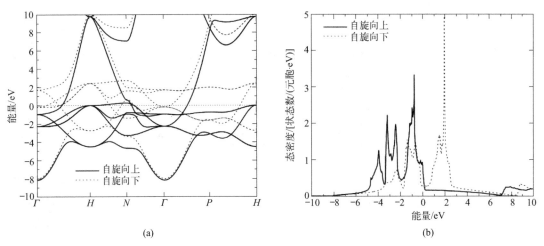

(a)　　　　　　　　　　　　(b)

图 2-37　使用 VASP 计算得到体心立方铁的电子能带和态密度
（a）电子能带；（b）电子态密度

2.5.3　声子能带和态密度计算

晶体材料原子的振动可以用声子的语言来描述，材料的许多物理性质都和声子相关，例如比热容、拉曼光谱、晶格热导率等。因此使用密度泛函理论计算材料的声子谱及其相关性质具有重要的意义。目前使用密度泛函理论计算声子主要有两种方法，即密度泛函微扰理论（density functional perturbation theory）和有限差分（finite difference）方法或者小位移（small displacement）方法，前者对密度泛函中的 KS 哈密顿量做微扰来计算动力学矩阵等物理量，而后者则使用数值有限差分来获得力常数等信息。密度泛函微扰理论的公式较为复杂，需要专门编写相关程序，很多第一性原理软件都不支持，目前 VASP 只支持 Γ 点声子频率的密度泛函微扰理论计算。而有限差分方法比较简单，它根据原子的微小位移及其产生的作用力，通过差分方法直接计算力常数（即力对位移的导数），通过力常数矩阵计算动力学矩阵，最后得到声子色散关系。第一性原理软件只要支持力的计算，就可以使用该方法获得声子谱。目前，有限差分方法已有不少成熟的程序，例如 Phonopy 和 PHON 等，这些程序结合密度泛函程序（如 VASP）便可实现材料声子谱的计算。力常数矩阵包含了晶体中所有原子间的相互作用，因此在使用有限差分方法计算声子谱时需要构造足够大的超元胞，并需要依次移动每个原子做自洽计算，所以计算量较大。

下面介绍使用 VASP 计算金刚石 Γ 点的声子频率和整个声子色散关系。首先直接使用 VASP 计算 Γ 点的声子频率。声子计算前需对晶体进行高精度的结构优化，保证每个原子上残余力越小越好，在 VASP 程序中可通过设定 EDIFFG 参数来控制，例如可设置 EDIFFG＝－0.0001。利用优化后的结构，在自洽计算的 INCAR 中加入一些额外的参数便可计算 Γ 点的声子频率。图 2-38 为金刚石 Γ 点声子频率计算的输入文件 INCAR，其中 1～11

行为常规的自洽计算相关参数，第 13～16 行为声子计算相关参数，其中 IBRION＝6 表示使用有限差分方法，如果需要使用密度泛函微扰理论，则可以设置 IBRION＝7 或者 8。NFREE＝2 表示每个原子沿着一个方向进行正和负的两次小位移，其位移大小由 POTIM 参数确定，这里我们设定位移大小为 0.01Å。

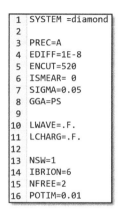

```
1   SYSTEM =diamond
2
3   PREC=A
4   EDIFF=1E-8
5   ENCUT=520
6   ISMEAR= 0
7   SIGMA=0.05
8   GGA=PS
9
10  LWAVE=.F.
11  LCHARG=.F.
12
13  NSW=1
14  IBRION=6
15  NFREE=2
16  POTIM=0.01
```

图 2-38　金刚石计算 Γ 点声子频率时的 INCAR 文件

使用以上 INCAR 文件计算后，VASP 会在 OUTCAR 文件中直接给出声子的频率，使用以下 Linux 的 grep 命令可方便获得这些频率：grep THz OUTCAR。在我们的计算中输出的结果如图 2-39 所示。

可以看到一共有 6 个声子模式，这是因为金刚石初基元胞中有 2 个原子，对应 6 个自由度。其中前面 3 行为 3 个光学模式，其频率都是 39.213529THz。后面 3 行为声学模式，频率为 0。有时在输出中会出现 "f/i＝"，这表示计算的频率为虚频。如果计算中出现较大的虚频，则往往表示结构不稳定，但也可能是由于计算参数不合理造成的。

```
1   1 f  =    39.213529 THz    246.385870 2PiTHz 1308.022496 cm-1    162.174179 meV
2   2 f  =    39.213529 THz    246.385870 2PiTHz 1308.022496 cm-1    162.174179 meV
3   3 f  =    39.213529 THz    246.385870 2PiTHz 1308.022496 cm-1    162.174179 meV
4   4 f  =     0.000000 THz      0.000000 2PiTHz    0.000000 cm-1      0.000000 meV
5   5 f  =     0.000000 THz      0.000000 2PiTHz    0.000000 cm-1      0.000000 meV
6   6 f  =     0.000000 THz      0.000000 2PiTHz    0.000000 cm-1      0.000000 meV
```

图 2-39　金刚石计算 Γ 点声子频率时 OUTCAR 中输出的声子频率

下面采用 VASP 和 Phonopy 两个程序来计算金刚石的声子色散关系。基于优化后的元胞，借助 Phonopy 程序产生多个包含不同位移方式的超元胞。例如基于金刚石的初基元胞产生 $3\times3\times3$ 的超元胞（54 个原子），超元胞的基矢是初基元胞基矢的简单倍数，可使用如下命令：

$$\text{phonopy -d --dim = " 3 3 3"}$$

也可以使用单胞作为超元胞，例如产生一个 $3\times3\times3$ 的单胞（216 个原子），此时需要对初基元胞基矢做坐标变化，可通过变换矩阵实现，具体命令为：

$$\text{phonopy -d --dim = " -3 3 3 3 -3 3 3 3 -3"}$$

命令中 9 个数字表示一个 3×3 的变换矩阵。在使用有限差分方法计算声子或者晶格热导率时，原则上超元胞越大越好。

Phonopy 程序在产生超元胞的同时会对每个原子沿着三个方向进行微小的移动，但它也会根据材料的对称性，只产生不等价的构型，对于金刚石而言，Phonopy 只会产生一个超元胞构型。接着使用 VASP 对产生的所有构型进行自洽计算，获得每个原子的受力，再使用 Phonopy 程序收集这些信息。Phonopy 根据 VASP 程序产生的 vasprun.xml 文件获得力的信息：

$$\text{phonopy -f disp001/vasprun.xml}$$

这里 disp001 是我们在计算超元胞时设定的目录。如果计算中产生了多个超元胞构型，则需要把每个构型自洽计算获得的 vasprun.xml 都给 Phonopy 程序。为了计算声子谱，需先建立输入文件 band.conf，其基本内容如图 2-40 所示。

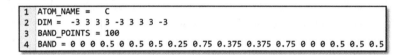

图 2-40　使用 Phonopy 计算和绘制声子能带时所需的输入文件

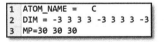

图 2-41　使用 Phonopy 计算和绘制声子态密度时所需的输入文件

这里 BAND 参数设置了高对称点的路径，使用如下命令可直接画出声子谱：phonopy-p band.conf。用户可利用它的数据，使用专业的作图软件重新画图，其结果如图 2-42（a）所示。类似地，Phonopy 也可直接画出声子态密度，需准备输入文件 mesh.conf，内容如图 2-41 所示。使用如下命令直接画出声子谱：phonopy-p mesh.conf，其结果如图 2-42（b）所示。从声子能带和态密度图上可以看到，计算结果中没有虚频，且在 Γ 点的光学支的频率也在 39 THz 左右，与前面 VASP 直接计算的结果一致。

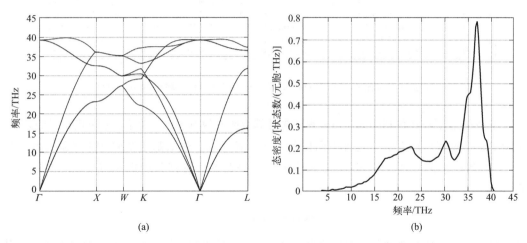

图 2-42　使用 VASP 和 Phonopy 计算得到金刚石的声子能带和态密度
(a) 能带；(b) 态密度

2.5.4　晶格热导率计算

声子的概念本质上基于简谐近似。将材料中原子间的互作用势能函数 V 进行泰勒展开：

$$V=V(0)+\sum_i \frac{\partial V}{\partial q_i}q_i+\frac{1}{2}\sum_{ij}\left(\frac{\partial^2 V}{\partial q_i \partial q_j}\right)q_i q_j+\frac{1}{6}\sum_{ijk}\left(\frac{\partial^3 V}{\partial q_i \partial q_j \partial q_k}\right)q_i q_j q_k+\cdots \quad (2-68)$$

式中，q_i 表示约化坐标：$q_i=\sqrt{m_i}u_i$，其中 m_i 和 u_i 为原子的质量和相对平衡位置的位移矢量的分量。泰勒展开式（2-68）中第一项 $V(0)$ 为常数项，可假设为 0；第二项也为零，因为当原子位于平衡位置时原子的受力 $F_i=-\partial V/\partial q_i$ 为 0。第三项为位移的平方项，其中括号中的系数就是二阶力常数 $\lambda_{ij} = \dfrac{\partial^2 V}{\partial q_i \partial q_j}$，如果势能函数只保留到这一项，舍去后面的高阶项，就是简谐近似。前面的声子谱计算就是基于简谐近似的结果。基于简谐近似可获得许多物理性质，例如晶格比热、拉曼和红外频率等。但也有一些物理现象是简谐近似无法解释的，例如材料的热膨胀、晶格热导率和拉曼峰的线宽等。在简谐近似下，晶体没有热胀冷缩现象，晶体中声子之间没有散射，不存在热阻（假设不考虑缺陷、界面以及电子等对声子的散射），拉曼峰的线宽也是 0。为解释这些现象，必须考虑势能函数式（2-68）的三次项，这被称为非谐效应。三次项前面的系数称为三阶力常数 $\lambda_{ijk} = \dfrac{\partial^3 V}{\partial q_i \partial q_j \partial q_k}$，很显然它比二阶力常数更复杂，所以通过第一性原理计算三阶力常数需要更大的计算量。事实上，在势能函数泰勒展开式中还存在四阶和更高阶效应，很显然它们比三阶非谐效应更复杂，但效果也应该更弱。目前最新的研究表明，某一些材料中四阶非谐效应对声子热导率和声子线宽都有显著的修正作用，并且随着温度升高，四阶谐效应的作用更明显。

在此我们以金刚石为例，使用三阶力常数计算晶格热导率。在使用有限位移方法计算晶格热导率时，整个计算过程和前面声子谱计算类似，也需要产生超元胞，但因为三阶力常数涉及力的二次导数，所以会产生非常多的构型。我们借助 Phono3py 程序来帮助产生构型并计算晶格热导率，在结构优化后的基础上，基于单胞使用如下命令产生 $3\times3\times3$ 的超元胞（216个原子）：

```
phono3py -d --dim = " -3 3 3 3 -3 3 3 3 -3" --cutoff-pair = 5
```

其中 dim 参数的意义和 Phonopy 一样，表示从初基元胞到超元胞的变换矩阵。而 cutoff-pair＝5 参数表示计算三阶力常数时的截断距离，这里设置为 5Å。采用截断可有效减少构型的数目，在该例子中，如果不采用截断会产生 358 个构型，如果采用 5Å 的截断，则只需要 149 个构型。超元胞和截断距离的大小都需经过测试，以避免得到错误的结果。如果作为练习，可以使用较小的超元胞和截断距离。接着使用 VASP 对所有构型进行自洽计算，利用 Phono3py 收集所有的力，获得二阶和三阶力常数，并计算晶格热导率。由于不同版本 Phono3py 的命令格式略有不同，所以这里不给出具体的操作命令，读者可以参考 Phono3py 的使用手册。总之经过计算，可以得到金刚石的晶格热导率和温度的关系，其结果大体如图 2-43（a）所示。

计算热导率时，我们采用了直接求解线性化声子玻尔兹曼方程（direct solution of linearized phonon Boltzmann equation）方法，布里渊区的 k 点为 $25\times25\times25$，温度为 300～800K。从图 2-43（a）中可以看到，在室温（300K）时计算得到的金刚石热导率约为 3300W/(m·K)，这和实验值大体一致。实验上，不同金刚石样品的热导率变化很大，对于 ^{12}C 含量 99.9％ 的单晶金刚石，其热导率为 3320W/(m·K)。此外，随着温度升高，热导率逐渐降低，这是因为温度升高时声子数量增加，声子之间散射概率增加，导致热导率降低。

除了热导率，Phono3py 程序还可详细分析各种与热导率相关的物理量，包括声子的群速度、声子寿命、累计热导率和格林艾森（Grüneisen）常数等。例如图 2-43（b）给出了不同频率声子对应的声子群速度，可以看到对于金刚石，其声子群速度最大可达近 20km/s，且光学支的速度明显低于声学支。图 2-43（c）给出了金刚石的声子寿命，它们大多在 100ps 以下，但一些低频的声学模式，其寿命会更高一些。图 2-43（d）给出了金刚石的格林艾森常数，它们最大不超过 1.5，这说明金刚石具有非常小的非谐效应，也是其热导率高的原因。

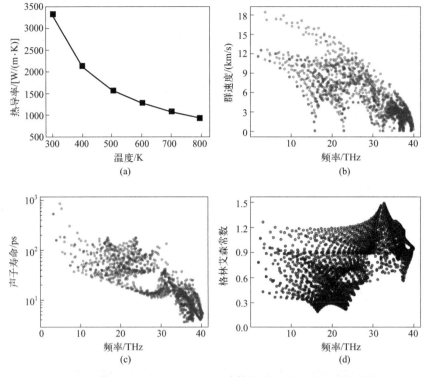

图 2-43　使用 VASP 和 Phono3py 计算得到金刚石的晶格热导率
（a）晶格热导率；（b）声子群速度；（c）声子寿命；（d）格林艾森常数

2.6　Quantum ESPRESSO 程序介绍及计算例子

2.6.1　Quantum ESPRESSO 程序简介

Quantum ESPRESSO 程序是 opEn-Source Package for Research in Electronic Structure，Simulation，and Optimization 的缩写，一般可以写成更简单的形式 QE。QE 原名 PWscf（Plane-Wave self-consistent field），目前由 QUANTUM ESPRESSO Foundation 负责维护和开发，实际的开发者来自全世界各大研究机构和大学，包括意大利国际高等研究院（SISSA）和意大利国际理论物理研究中心（ICTP）等。QE 是一个开源的密度泛函理论计算程序，用户可以直接从它的网站上下载源代码。它使用赝势平面波方法，赝势可使用模守恒赝势和超软赝势，也支持 PAW 方法。总体而言，QE 的理论方法和 VASP 非常相似，两者在使用和功能上也有许多相似之处。QE 和 VASP 程序在功能上各有特色，例如 QE 对线性响应理论和对 Wannier 函数计算的支持都要好于 VASP 程序，但 VASP 程序提供经过测试的势函数文件，使用更为方便。当然，QE 网站上也提供了许多模守恒赝势和超软赝势，可以基本满足用户的需求，同时 QE 还可使用其他的赝势库，包括 PSlibrary、SSSP、ONCV 和 GBRV 等，但仍然建议用户在使用赝势时进行一定的测试计算。

QE 的开发活跃度较高，通常半年更新一次，目前最新版本为 7.1。QE 程序主要使用 FORTRAN 程序编写，它包含了许多相互独立的模块，具有良好的扩展性。QE 的核心模块是 PWscf，可以进行电子自洽计算。如果要进行声子计算，则可以使用 PHonon 模块；要计算电声子耦合，可以使用 EPW 模块；要进行 Car-Parrinello 分子动力学模拟，可以使用 CP 模块；等等。同时 QE 也支持多种并行计算方法，适合大规模并行计算。QE 程序具有强大的功能，它的主要功能包括：

① 自洽计算，力、应力、结构优化计算。

② 模守恒赝势、超软赝势和 PAW 方法。

③ 多种交换关联势，包括杂化泛函和范德瓦耳斯修正；DFT＋U。

④ Born-Oppenheimer 分子动力学和 Car-Parrinello 分子动力学模拟。

⑤ Berry phase 计算。

⑥ 非共线磁性和自旋轨道耦合。

⑦ NEB 过渡态搜索计算。

⑧ 线性响应理论计算任意 q 点的声子。

⑨ 拉曼、红外强度。

⑩ 电声子耦合。

⑪ 三阶非谐效应、声子寿命。

⑫ X 射线吸收谱、电子能量损失谱。

⑬ 电子激发态。

⑭ Wannier 函数。

⑮ 电子输运计算。

由于 QE 程序的理论与 VASP 相似，所以它们在使用上也有许多相似点。VASP 中用到的概念（如平面波截断能等）大多适用于 QE，当然两者在输入文件的格式、关键词的命名等方面有较大的不同，有关 QE 的输入参数可以参考它的使用手册。

2.6.2　电子能带和态密度程序简介

我们以金刚石的电子能带和态密度作为例子来简要介绍 QE 的使用。QE 计算电子能带和态密度也需要先进行自洽计算，然后再进行非自洽计算。与 VASP 使用 4 个输入文件不同，QE 每个模块基本只使用一个输入文件，但赝势文件需要用户单独下载。对于金刚石，我们采用 ONCV 赝势库里碳元素的模守恒赝势：C_ONCV_PBE_sr.upf，其中 upf（unified pseudopotential format）是一种通用赝势格式。除了赝势文件，还需要准备一个输入文件，文件名没有要求，例如可以是 in.scf，其内容如图 2-44 所示。

QE 的输入文件按照输入参数的类型分为几个

```
1   &control
2     calculation = 'scf'
3     prefix='diamond',
4     pseudo_dir = '../pp',
5     outdir='./tmp'
6   /
7   &system
8     ibrav=  0,
9     nat= 2,
10    ntyp= 1,
11    ecutwfc = 100.0,
12    nbnd = 12,
13  /
14  &electrons
15    conv_thr =  1.0d-8
16  /
17  CELL_PARAMETERS angstrom
18    0.000  1.785  1.785
19    1.785  0.000  1.785
20    1.785  1.785  0.000
21  ATOMIC_SPECIES
22    C  12  C_ONCV_PBE_sr.upf
23  ATOMIC_POSITIONS crystal
24  C 0.00 0.00 0.00
25  C 0.25 0.25 0.25
26  K_POINTS automatic
27    8 8 8 0 0 0
```

图 2-44　使用 QE 计算
金刚石电子能带和态密度
所需的输入文件

部分，第一部分是以 &control 开始，以斜杠结束，其中的参数主要控制程序的整个计算任务，第二部分以 &system 开头，以斜杠结束，包含晶体结构、平面波截断能等参数，第三部分以 &electrons 开头，以斜杠结束，包含电子自洽相关参数，例如能量收敛标准等，如果做结构优化，则在 &electrons 后面还会有 &ions 和 &cell 两部分，它们包含结构优化相关参数，这里我们不做结构优化，所以可省略这两部分。在这些输入参数后，还有几个部分内容，包含晶体结构等信息，例如 CELL_PARAMETERS 表示元胞基矢，后面可以加上基矢的单位，如 angstrom 或者 bohr；ATOMIC_SPECIES 表示元胞中元素的类型、元素质量以及使用的赝势文件；ATOMIC_POSITIONS 表示原子坐标，后面也可加上坐标系的选取方式，可以是 crystal、bohr、angstrom 等；K_POINTS 表示 k 点的设置，可选择不同的格式，如 automatic、gamma 和 crystal 等。输入文件中参数的含义可以参考 QE 的使用手册。

对于上述金刚石的输入文件，我们使用了尽量少的参数，这些参数的含义大体如下。在 &control 部分的参数 calculation 表示要进行什么计算，这里选择′scf′表示自洽计算，还可以选择′nscf′表示非自洽计算，′bands′为能带计算，′relax′为固定元胞结构优化，′md′为分子动力学，′vc-relax′为变元胞的结构优化等；prefix 为输出输入文件的前缀，用户根据情况设置；pseudo_dir 为赝势文件所在的目录，这里我们把赝势文件放在了上一级目录的 pp 文件夹下；outdir 为输出文件的目录。在 &system 部分，参数 ibrav 表示晶体点阵的类型，这里 0 表示程序根据用户输入的晶体结构自动判断；nat 表示元胞中原子的个数；ntyp 表示元胞中元素的个数；ecutwfc 为平面波截断能，这里设置为 100Ry（1Ry＝13.6eV），由于我们使用了模守恒赝势，需要一个较高的平面波截断能，但截断能的最佳数值需要经过测试确定；nbnd 为总能带数，QE 在对绝缘体计算时默认不包含导带，为了获得导带的色散曲线和态密度，可以手动设置更多的能带。&electrons 部分的参数 conv_thr 为电子自洽计算的收敛值，这里设置为 10^{-8}Ry。后面有关晶体结构的参数和 VASP 相同。

在准备好输入文件和赝势文件后，可使用以下命令进行计算：pw.x-i in.scf，其中 pw.x 为 QE 核心模块的可执行文件，-i in.scf 表示 pw.x 的输入文件名字为 in.scf。在实际计算中，用户可能需使用并行计算和任务调度系统，建议参考计算中心的使用手册。自洽计算的屏幕输出中包含许多信息，例如晶体结构、电子能量收敛过程、能量本征值、总能量等。波函数和电荷密度等文件写入./tmp 目录下（由 outdir 设定）。

自洽计算结束后便可进行能带的非自洽计算，此时可把自洽的输入文件 in.scf 复制为 in.nscf，并把其中的 calculation 从′scf′改为′bands′，同时 k 点设置改成线性模式，如图 2-45 所示。这里 crystal_b 表示使用能带计算模式，并使用分数坐标。此时在 K_POINTS 下面需要指定能带的段数以及每一段能带的坐标和 k 点数。修改完输入文件后可使用 pw.x-i in.nscf 进行非自洽计算。

在能带非自洽计算结束后，还需使用 bands.x 程序处理能带数据，它需要使用如图 2-46 所示的输入文件（可命名为 in.bands）。

其中 outdir 和 prefix 设置需和前面计算一致，filband 设置输出的能带数据文件名。此时运行程序 bands.x-i in.bands 便可得到 diamond.bands 等文件，并用它绘制能带图，其结果如图 2-47（a）所示。

```
 1  K_POINTS crystal_b
 2  10
 3  0.000    0.000    0.000    100
 4  0.500    0.000    0.500    50
 5  0.500    0.250    0.750    34
 6  0.375    0.375    0.750    105
 7  0.000    0.000    0.000    85
 8  0.500    0.500    0.500    60
 9  0.625    0.250    0.625    34
10  0.500    0.250    0.750    69
11  0.500    0.500    0.500    61
12  0.375    0.375    0.750    1
```

图 2-45　使用 QE 计算金刚石能带所需的
高对称 k 点路径（输入文件的其他部分和
自洽计算时相似，已省略）

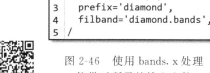

```
 1  &BANDS
 2    outdir='./tmp',
 3    prefix='diamond',
 4    filband='diamond.bands',
 5  /
```

图 2-46　使用 bands.x 处理
能带时所需的输入文件

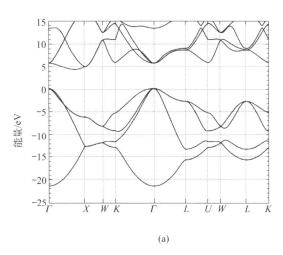

(a)

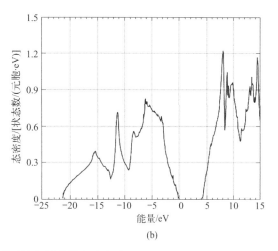

(b)

图 2-47　使用 QE 计算金刚石的电子能带和态密度

（a）电子能带；（b）电子态密度

```
 1  &DOS
 2    prefix='diamond',
 3    outdir='./tmp',
 4    fildos='diamond.dos'
 5  /
```

图 2-48　使用 dos.x 处理态
密度时所需的输入文件

自洽计算结束后还可进行态密度计算，过程与能带的非自洽计算类似，此时必须设置 calculation 为 'nscf'。为了获得更好的态密度图，建议使用四面体积分，即设置 occupations = 'tetrahedra'，并增加 k 点数。态密度非自洽结束后，需要使用后处理程序 dos.x 来处理数据，其输入文件如图 2-48 所示（可命名为 in.dos）。

这里 fildos 设置输出的态密度数据文件名。此时运行程序 dos.x-i in.dos 便可得到 diamond.dos 文件，可直接用于绘制态密度图，其结果如图 2-47（b）所示。很显然，QE 计算得到的能带和态密度图与前面 VASP 计算的结果几乎完全一致。当然，不管是 VASP 还是 QE，计算得到金刚石的能隙约为 4eV，远小于实验值（5.47eV），这是由于常规的密度泛函计算都会远远低估能隙。

QE 和 VASP 两个程序使用的理论基本一致，两者功能都十分强大，但各有特色。对于没有购买 VASP 版权的用户，完全可以用 QE 替代 VASP 作为学习和科研之用。

2.7 OpenMX 程序介绍及计算例子

2.7.1 OpenMX 程序简介

OpenMX 是 Open source package for Material eXplorer 的缩写，它主要由日本东京大学固体物理研究所 Taisuke Ozaki 教授开发和维护。OpenMX 程序采用 C 语言编写，为开源程序，遵循 GPL 协议，用户可直接从其网站下载源代码并免费使用。OpenMX 从 2000 年开始开发，目前最新的版本为 3.9。

OpenMX 程序的设计初衷是针对纳米材料等原子数较多的体系进行第一性原理计算，因此它选择实空间局域的赝原子轨道基组，可实现 order-N 计算，即计算时间与系统大小成线性关系。在大规模并行计算时，OpenMX 可以处理有上千个原子的材料系统，同时由于许多纳米材料对称性很低，因此 OpenMX 程序在计算时不考虑晶体的对称性。OpenMX 的功能强大，针对原子数较少的晶体材料也有很大的用武之地。它的主要功能包括：

① 提供经过测试的赝势和基组库，包含元素周期表中绝大多数元素。

② LDA、GGA 以及范德瓦耳斯修正；DFT＋U 方法。

③ 线性标度算法。

④ 电子能带结构、态密度、费米面、布居数分析。

⑤ NEB 过渡态搜索计算。

⑥ 自旋轨道耦合、非共线磁性、轨道磁矩。

⑦ 磁晶各向异性能、自旋交换常数计算。

⑧ 结构优化和分子动力学。

⑨ Berry phase 方法。

⑩ 非平衡态格林函数计算电子输运性质。

⑪ Wannier 函数。

⑫ 能带反折叠（unfolding）。

⑬ 拓扑性质：Z2 不变量、陈数、贝利曲率。

⑭ 光学性质。

⑮ XPS、STM 模拟。

⑯ 外加电场。

⑰ MPI/OpenMP 混合并行计算。

OpenMX 是一个功能强大、完全开放的第一性原理计算程序。同时它的使用较为简单，文档丰富，完全适合初学者使用。由于基组不同，OpenMX 和 VASP 程序的参数有所不同，下面通过几个例子简要介绍 OpenMX 程序的使用。

2.7.2 电子能带、态密度和费米面计算

首先我们介绍使用 OpenMX 计算金属铜的电子能带、态密度和费米面。除了赝势和基组文件，OpenMX 程序只需要一个输入文件便可完成大多数计算任务，因此使用较为方便。由

于输入文件较长，下面将分段展示，其中也忽略了一些默认的参数或者不需要的参数。

OpenMX 的输入文件中♯后的内容为注释，关键词和值之间不需要使用等号。许多关键词的含义非常明了，我们只做简单的介绍，具体含义和设置可以参考 OpenMX 的使用手册。如图 2-49 所示，System. CurrrentDirectory 设置输出文件的目录；level. of. stdout 和 level. of. fileout 设置程序输出内容的详细程度；DATA . PATH 为赝势和基组文件夹的位置，用户下载 OpenMX 程序时已经包含了该文件夹，该目录需要根据用户实际情况进行修改；Species. Number 设置计算材料中元素的种类；每一种元素的元素符号、所需的基组和赝势都在 Definition. of. Atomic. Species 中设置。这里使用尖括号<>标记出该参数的范围。

```
1  #FCC Cu
2  System.CurrrentDirectory            ./
3  System.Name                     copper
4  level.of.stdout                      1
5  level.of.fileout                     1
6  DATA.PATH /opt/openmx3.9/DFT_DATA19
7
8  # Definition of Atomic Species
9  Species.Number       1
10 <Definition.of.Atomic.Species
11   Cu Cu6.0S-s2p2d2  Cu_PBE19S
12 Definition.of.Atomic.Species>
13
```

图 2-49 OpenMX 程序计算铜费米面的输入文件（第一部分）

图 2-50 为晶体的元胞和原子位置设定，Atoms. UnitVectors. Unit 为基矢的长度单位；三个基矢在 Atoms. UnitVectors 中设定，即面心立方结构铜的初基元胞的三个基矢；元胞中的原子数由 Atoms. Number 设定；每个原子的坐标在 Atoms. SpeciesAndCoordinates 中输入，每一行一个原子，其中第一列为原子序号，第二列为元素符号，第三至第五列为原子坐标，最后两列为该元素自旋向上和向下的电子数，因为铜没有磁性，且铜的赝势包含了 11 个电子，所以它们都设置为 5.5；原子坐标的单位由 Atoms. SpeciesAndCoordinates. Unit 设定。

```
14 # Atoms
15 Atoms.Number  1
16 Atoms.SpeciesAndCoordinates.Unit    FRAC
17 <Atoms.SpeciesAndCoordinates
18   1 Cu  0.0   0.0  0.0    5.5 5.5
19 Atoms.SpeciesAndCoordinates>
20
21 # Unit cell
22 Atoms.UnitVectors.Unit   Ang
23 <Atoms.UnitVectors
24   0.0000   1.8074    1.8074
25   1.8074   0.0000    1.8074
26   1.8074   1.8074    0.0000
27 Atoms.UnitVectors>
28
```

图 2-50 OpenMX 程序计算铜费米面的输入文件（第二部分）

图 2-51 为自洽循环相关的参数，例如 scf. XcType 设定交换关联势的类型，可以为 'LDA', 'LSDA-CA', 'LSDA-PW' 和 'GGA-PBE'；scf. SpinPolarization 表示是否进行自旋极化计算；scf. SpinOrbit. Coupling 表示是否考虑自旋轨道耦合效应；scf. energycutoff 为截断能，它的大小决定快速傅里叶变换时实空间网格的密度，而非平面波截断能，默认值为 150Ry；

scf. maxIter 为自治循环的最大次数；scf. EigenvalueSolver 为本征值求解方法，可以为′DC′和′Krylov′等 order-N 算法，也可以为传统的非 order-N 方法′Band′（使用 order-N 算法时只可使用 Γ 点一个 k 点，无法计算电子色散关系，事实上 order-N 算法只适合计算原子数非常多的系统）；scf. Kgrid 设定 k 点网格大小；scf. Mixing. Type 设定电荷密度混合算法；scf. criterion 为能量收敛标准，单位为 Hartree。

```
29  # SCF or Electronic System
30  scf.XcType                   GGA-PBE
31  scf.SpinPolarization         off
32  scf.SpinOrbit.Coupling       off
33  scf.partialCoreCorrection    On
34  scf.ElectronicTemperature    300.0
35  scf.energycutoff             200.0
36  scf.maxIter                  100
37  scf.EigenvalueSolver         Band
38  scf.Kgrid                    15 15 15
39  scf.Mixing.Type              RMM-DIISK
40  scf.Init.Mixing.Weight       0.30
41  scf.Min.Mixing.Weight        0.001
42  scf.Max.Mixing.Weight        0.400
43  scf.Mixing.History           5
44  scf.Mixing.StartPulay        6
45  scf.Mixing.EveryPulay        1
46  scf.criterion                1.0e-8
47  scf.lapack.dste              dstevx
48  scf.ProExpn.VNA              off
49
```

图 2-51　OpenMX 程序计算铜费米面的输入文件（第三部分）

图 2-52 为能带计算的参数，Band. dispersion 设置为 on 表示需要计算能带；Band. Nkpath 为能带的段数；Band. kpath 内设置每一段能带的 k 点数、起始和终了 k 点坐标以及高对称点符号。

```
50  # Band structure
51  Band.dispersion      on
52  Band.Nkpath          9
53  <Band.kpath
54   50 0      0      0      0.5   0      0.5   G X
55   50 0.5    0      0.5    0.5   0.25   0.75  X W
56   50 0.5    0.25   0.75   0.375 0.375  0.75  W K
57   50 0.375  0.375  0.75   0     0      0     K G
58   50 0      0      0      0.5   0.5    0.5   G L
59   50 0.5    0.5    0.5    0.625 0.25   0.625 L U
60   50 0.625  0.25   0.625  0.5   0.25   0.75  U W
61   50 0.5    0.25   0.75   0.5   0.5    0.5   W L
62   50 0.5    0.5    0.5    0.375 0.375  0.75  L K
63  Band.kpath>
64
```

图 2-52　OpenMX 程序计算铜费米面的输入文件（第四部分）

```
65  # DOS and PDOS
66  Dos.fileout                 on
67  Dos.Erange          -20.0   20.0
68  Dos.Kgrid            40 40 40
69  FermiSurfer.fileout         on
```

图 2-53　OpenMX 程序计算铜费米面的输入文件（第五部分）

图 2-53 为态密度计算的参数，其中 Dos. fileout 设置为 on 表示需要计算态密度；Dos. Erange 为态密度的能量范围；Dos. Kgrid 为态密度计算的 k 点网格；FermiSurfer. fileout 设置为 on 表示需要计算费米面。态密度计算，特别是费米面计算时，需要非常密集的 k 点，这里使用了 $40 \times 40 \times 40$ 的网格。

以上所有参数都需放在同一个文件中，如 Cu. dat，然后使用命令开始计算：

openmx Cu. dat

其中 openmx 为可执行文件，Cu. dat 为输入文件名。在实际计算中，可以通过并行计算来缩短计算时间。与 VASP 和 QE 不同，OpenMX 程序运行一次就可完成自洽、能带和态密度等所有计算，并输出相应的文件和数据。同时 OpenMX 提供两个小程序（bandgnu13 和 DosMain）来处理输出文件，得到可用于作图的能带和态密度数据文件。图 2-54 给出了 OpenMX 计算得到的铜的电子能带和态密度，可以看到在费米能上有一条能带穿过，所以铜为金属。

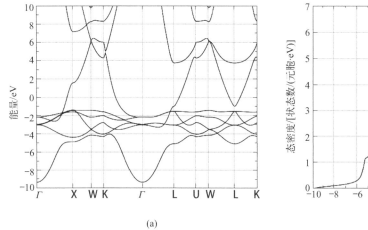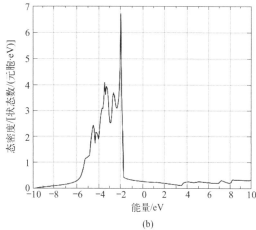

(a)　　　　　　　　　　　　(b)

图 2-54　使用 OpenMX 计算面心立方铜的电子能带和态密度
(a) 电子能带；(b) 电子态密度

费米面是金属材料的一个重要特性，OpenMX 可以很方便地计算金属的费米面。OpenMX 会同时输出两种格式的费米面数据，后缀名分别是 bxsf 和 frmsf。其中 bxsf 可使用 XCrySDen 软件打开，而 frmsf 可使用 FermiSurfer 软件打开。前者只能运行在 Linux 系统下，后者可运行在 Windows 等多种操作系统下。图 2-55 给出了使用 FermiSurfer 绘制的铜的费米面。

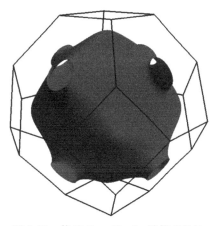

图 2-55　使用 FermiSurfer 计算获得的面心立方铜的费米面

2.7.3　光学性质计算

OpenMX 可以使用 Kubo-Greenwood 公式计算材料的光学性质，包括光电导、介电函数、吸收、透射、反射等物理量。下面我们介绍使用 OpenMX 计算材料的光学性质，以硅作为例子。整个输入文件和前面类似，只需在其中加入图 2-56 所示的参数即可。

这里 CDDF. start 设置为 on，表示需要进行光学性质计算；CDDF. FWHM 为光电导和介电函数曲线的展宽因子，默认值为 0.2eV；CDDF. minimum_energy

```
1  CDDF.start                           on
2  CDDF.FWHM                            0.2
3  CDDF.maximum_energy                  10
4  CDDF.minimum_energy                  0.0
5  CDDF.frequency.grid.total_number 10000
6  CDDF.material_type                   0
7  CDDF.Kgrid                           40 40 40
```

图 2-56   OpenMX 程序计算光学性质所需的输入参数

和 CDDF. maximum_energy 为光谱能量的最小和最大值；CDDF. frequency. grid. total_number 为光谱能量网格的点数；CDDF. material_type 为材料性质，0 表示绝缘体，1 表示金属或者绝缘体；CDDF. Kgrid 为计算光学性质的 k 点网格，光学性质计算需要非常密集的 k 点。

图 2-57 给出了使用 OpenMX 计算得到的硅的电子能带和态密度，可以看到硅是一个间接带隙半导体，其带隙在 0.6eV 左右，比实验值（约 1.12eV）小很多。在光学计算后，OpenMX 会输出多个文件，其中后缀名为 cd_re 和 cd_im 的文件包含了光电导的实部和虚部，df_re 和 df_im 文件包含了介电函数的实部和虚部，此外还会输出后缀名为 absorption、extinction、transmission、reflection 和 refractive_index 等的文件，它们分别对应吸收、消光、透射、反射和折射等物理量。图 2-58（a）给出了光电导张量 σ_{xx} 的实部和虚部，图 2-58（b）给出了介电函数 ε_{xx} 的实部和虚部。由于计算的能隙严重低于实验值，因此直接计算得到的光电导等物理量也会出现相应的误差，主要体现为峰的位置误差较大。为了修正这种误差，一个简单的方法是直接把计算得到的光电导等曲线进行平移，即剪刀差修正（scissor-shift correction），更好的办法是采用 GW 或者含时密度泛函理论等方法计算光学性质。但 OpenMX 目前不支持这些计算，可以考虑使用 VASP 或者 QE 替代。

最后需要特别指出，以上所有计算例子中的参数仅供参考，建议读者通过多方面测试来确定合理的参数，包括截断能、k 点数目、声子和热导率计算中超元胞大小、截断距离等。

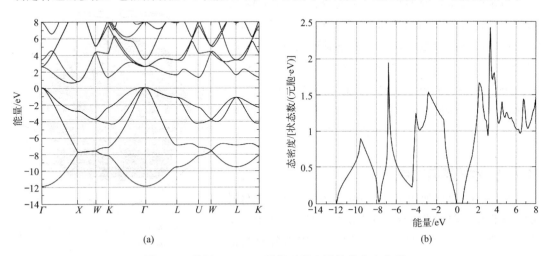

(a)   (b)

图 2-57   使用 OpenMX 计算硅的电子能带和态密度
(a) 电子能带；(b) 电子态密度

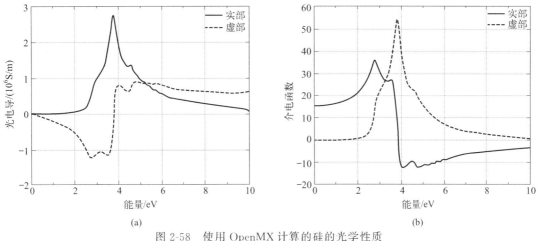

图 2-58　使用 OpenMX 计算的硅的光学性质

(a) 光电导张量 σ_{xx} 的实部和虚部；(b) 介电函数 ε_{xx} 的实部和虚部

习题

[2-1]　尝试按照图 2-2 中石墨烯的结构写出石墨烯的基矢，并计算和画出石墨烯的倒易点阵以及基矢，画出石墨烯的布里渊区。假设碳原子的键长为 a。

[2-2]　请证明面心立方点阵和体心立方点阵互为倒易点阵。

[2-3]　使用第一性原理程序对 C、Si、Ge、GaAs、GaN、SiC、AlAs、InAs、AlN 等半导体材料进行结构优化，采用 LDA、GGA-PBE 和 PBEsol 三种不同的交换关联势，并与实验值对比，分析用哪一种交换关联势计算晶格常数最好。

[2-4]　使用第一性原理程序计算半导体 Ge 的电子能带和态密度，计算得到的能隙是多少？并与实验值对比。

[2-5]　使用第一性原理程序计算金属 K 和 Ca 的电子能带和费米面。

[2-6]　使用第一性原理程序计算 FCC、BCC 和 HCP 结构的铁的能量，检查哪个结构能量更低。分别考虑 LDA 和 GGA 两种交换关联势，以及分别考虑铁磁和非磁两种情况。

[2-7]　计算 BCC 铁的声子谱，采用非磁和铁磁两种设置。

[2-8]　使用 LDA、GGA 和杂化泛函分别计算 InAs、Ge、Si、GaAs、SiC、ZnS、GaN、diamond、BN 等半导体材料的带隙，并与实验值对比。

参考文献

[1]　Setyawan W，Curtarolo S. High-throughput electronic band structure calculations：Challenges and tools[J]. Computational Materials Science，2010，49(2)：299-312.

[2]　周健，梁奇锋. 第一性原理材料计算基础[M]. 北京：科学出版社，2019：181-201.

[3]　Legut D，Friák M，Šob M. Why Is Polonium Simple Cubic and So Highly Anisotropic？[J].

Physical Review Letters，2007，99(1)：016402.

[4] 胡安，章维益. 固体物理学[M]. 北京：高等教育出版社，2005：21-23.

[5] Bilbao Crystallographic Server[EB/OL]. https://www. cryst. ehu. es/.

[6] Kittel C. Introduction to Solid State Physics[M]. John Wiley & Sons Inc，2004.

[7] Ashcroft N W，Mermin N D. Solid State Physics[M]. Saunders College Publishing，1976.

[8] Hohenberg P，Kohn W. Inhomogeneous Electron Gas[J]. Physical Review，1964，136(3B)：B864-B871.

[9] Kohn W，Sham L J. Self-Consistent Equations Including Exchange and Correlation Effects[J]. Physical Review，1965，140(4A)：A1133-A1138.

[10] Ceperley D M，Alder B J. Ground State of the Electron Gas by a Stochastic Method[J]. Physical Review Letters，1980，45(7)：566-569.

[11] Perdew J P，Chevary J A，Vosko S H, et al. Atoms, molecules, solids, and surfaces：Applications of the generalized gradient approximation for exchange and correlation[J]. Physical Review B，1992，46(11)：6671-6687.

[12] Perdew J P，Burke K，Ernzerhof M. Generalized Gradient Approximation Made Simple[J]. Physical Review Letters，1996，77(18)：3865-3868.

[13] Becke A D. Density - functional thermochemistry. Ⅲ. The role of exact exchange[J]. The Journal of Chemical Physics，1993，98(7)：5648-5652.

[14] Stephens P J，Devlin F J，Chabalowski C F, et al. Ab Initio Calculation of Vibrational Absorption and Circular Dichroism Spectra Using Density Functional Force Fields[J]. The Journal of Physical Chemistry，1994，98(45)：11623-11627.

[15] Perdew J P，Ernzerhof M，Burke K. Rationale for mixing exact exchange with density functional approximations[J]. The Journal of Chemical Physics，1996，105(22)：9982-9985.

[16] HeydJ，Scuseria G E，Ernzerhof M. Hybrid functionals based on a screened Coulomb potential[J]. The Journal of Chemical Physics，2003，118(18)：8207-8215.

[17] Bassani F. Energy Band Structure in Silicon Crystals by the Orthogonalized Plane-Wave Method[J]. Physical Review，1957，108(2)：263-264.

[18] BrownE，Krumhansl J A. Energy Band Structure of Lithium by a Modified Plane Wave Method[J]. Physical Review，1958，109(1)：30-35.

[19] VASP 软件[EB/OL]. https://vasp. at/.

[20] WIEN2k 软件[EB/OL]. http://wien2k. at/.

[21] Quantum Espresso 软件[EB/OL]. https://www. quantum-espresso. org/.

[22] CASTEP 软件[EB/OL]. http://www. castep. org/.

[23] SIESTA 软件[EB/OL]. https://departments. icmab. es/leem/siesta/.

[24] OpenMX 软件[EB/OL]. http://www. openmx-square. org/.

[25] CP2K 软件[EB/OL]. https://www. cp2k. org/.

[26] FLEUR 软件[EB/OL]. http://www. flapw. de/.

[27] ABINIT 软件[EB/OL]. https://www. abinit. org/.

[28] CPMD 软件[EB/OL]. https://www. cpmd. org/.

[29] GPAW 软件[EB/OL]. https://wiki. fysik. dtu. dk/gpaw/index. html.

## 第 3 章

分子动力学

21世纪的科学已经不再是实验与理论平分秋色，而是实验、模拟和理论三分天下。科学工作者在长期的研究实践中发现，当实验研究方法不能满足研究需求时，用计算机模拟可以提供实验上无法或很难获得的重要信息。尽管计算机模拟不能完全取代实验，但可以用来指导实验，并验证某些理论假设，从而促进理论和实验的发展。特别是在材料形成过程中，许多与原子有关的微观细节在实验中往往无法获得，而在计算机模拟中却可以很方便地得到。模拟是联系理论与实验的纽带，在解释实验现象、验证理论结果中起着关键作用。分子动力学（molecular dynamics，MD）作为一种重要的模拟方法，已经在物理学、材料科学、化学和生物学等诸多领域中得到广泛的应用。

3.1 分子动力学概述

分子动力学是一套结合物理、化学和数学综合技术的分子模拟方法，该方法主要依靠牛顿力学来模拟分子或原子的运动，在由不同状态分子或原子体系构成的系统中抽取样本，从而计算体系的热力学量和其他宏观性质。

实践证明，分子动力学模拟是一种研究材料各种物理性质的有效方法，得到越来越多的重视。分子动力学模拟，是指对由原子核和电子所构成的多体系统，用计算机模拟原子核的运动过程，从而计算体系的结构和性质，其中每一个原子核在其他原子核和电子所提供的作用力下按照牛顿定律运动。分子动力学模拟主要涉及粒子的动力学问题，与蒙特卡罗模拟方法相比，分子动力学是一种"确定性方法"，它计算的是时间平均，而蒙特卡罗模拟进行的是系综平均。当然，按照统计力学各态历经假设，时间平均等价于系综平均，因此两种方法进行严格的比较计算能给出几乎相同的结果。

1957年，Alder和Wainwright首次提出经典的分子动力学方法[1]，并将其应用在"硬球"液体模型中，发现了由Kirkwood在1939年根据统计力学预言的"刚性球组成的集合系统会发生由液相到结晶相的转变"的现象，后来人们称之为Alder相变。1964年，Rahman采用Lennard-Jones势对液态氩的性质进行了模拟。1967年，Verlet给出了著名的Verlet算法。1972年，Less和Edwards发展了该方法，并扩展到了存在速度梯度的非平衡系统。1980年，Andersen等人提出了恒压分子动力学方法。1983年，Gillan和Dixon发展了非平衡系统分子动力学方法。1984 年，Nose 等人完成了恒温分子动力学方法的创建。1985 年，为了解决两体势函数模型不能很好地处理半导体和金属的问题，Car 和 Parrinello 提出了将电子论和分子动力学方法有机统一起来的第一性原理分子动力学方法。1991 年，Cagin 和 Pettitt 进一步提出了用于处理吸附问题的巨正则系综分子动力学方法。近几十年，随着计算机技术的飞速发展和多体势函数的提出，分子动力学模拟技术有了进一步的发展。经典的分子动力学模拟虽然不如第一性原理模拟精确，但程序简单、计算量小，且可计算的粒子体系大大超过第一性原理等方法，因而有着巨大的发展和应用前景。

3.2 分子动力学基本知识

牛顿力学的基本公式为：

$$F = ma \tag{3-1}$$

其中，F 表示力矢量；m 是原子质量；a 是加速度矢量。这个由三个字母和数学符号组成的简单方程精确地预测了任何经典粒子的运动，包括牛顿传说中的苹果、原子、体育场上空飞行的棒球、围绕太阳的行星等。分子动力学正是使用经典力学来研究原子运动的学科。

在本章中，我们将介绍分子动力学的基本概念，并将分子动力学模拟用于预测材料的静态和动态特性。对于计算材料科学领域的初学者来说，首先学习分子动力学更容易上手，因为这门学科比较简单、直接。分子动力学拥有强大的功能，它可以获得材料中原子级的分辨率，是研究材料结构和性质的一个重要方法。

3.2.1 引言

材料科学的首要目标是改进现有材料和设计新材料，计算材料科学则是通过数值模拟的方法来实现这一目标。分子动力学首先从模拟一桶硬球来观察液-固相变开始，从那时起，高效的算法、强大的代码以及不断升级的计算能力就大大加快了这一进程。虽然第一性原理计算方法越来越流行，但分子动力学仍然在可以忽略量子效应的领域发挥着重要作用。众所周知，只有当粒子波长 λ 与原子间距离（1~3Å）相当时，量子效应才会变得显著，否则使用更简单的牛顿运动方程是合理的。实际上，分子动力学是模拟成千上万个原子组成的大系统的唯一选择，如熔化的纳米球、烧结的粒子和变形的纳米线等。

3.2.2 分子动力学中的原子模型

在分子动力学中，一个原子通常被近似为一个经典小球，这表明电子的作用被完全忽略，不需要考虑与电子有关的任何事情，计算就会变得非常简单。然而这也会引起一个消极的后果：由于完全忽略了作为原子间相互作用力起源的电子，所以分子动力学模拟中原子间相互作用势大多是经验性的。我们把这种方法称为经验势分子动力学方法，它的精度依赖具有人为参数的经验势。事实上分子动力学也可以不使用经验势，而是利用第一性原理量子力学计算获得原子间相互作用力，称为第一性原理分子动力学方法，该方法基本不依赖经验参数，具有较高的精度，但由于量子力学的计算量非常大，因此该方法目前只适用于原子数较少的材料体系和短时间的模拟。最近几年，随着第一性原理机器学习势能函数的兴起，有望可以在较高的精度下实现较大系统和较长时间的分子动力学模拟。

3.2.3 分子动力学的工作原理

分子动力学通过求解牛顿运动方程随时间的积分，获得系统随时间的演化，从而得到我们感兴趣的特性。它通常具有如下特征。

① 给定每个原子的初始位置和速度，并利用所提供的原子间势函数，计算出每个原子所受的力。

② 根据力的大小和方向，求解牛顿方程，计算处于初始位置的原子在经过一个小的时间步长 Δt 后的新的位置、速度等信息。

③ 利用新的位置和速度，重复上一个步骤。经过大量这样的时间步，直到系统达到平衡，即系统特性不随时间而改变。

在计算过程中，通常可以设定每隔若干时间步便输出各种原始数据，包括原子位置、动量、能量和力等。利用这些数据可以直接或通过统计分析的手段获得许多有关材料的重要信息，包括：

① 基本的能量、结构和力学性质。

② 热膨胀系数、熔点和压力-体积相图。

③ 缺陷结构与扩散、晶界结构与滑移。

④ 热容、相间自由能差和热导率。

⑤ 液体的径向分布函数和扩散系数。

⑥ 描述溅射、气相沉积、快速塑性流动、裂纹扩展和快速断裂、纳米凹痕、冲击波传播、爆轰、辐照、离子轰击、团簇冲击和纳米齿轮操作等过程和现象。

使用经验势的分子动力学方法计算速度非常快，因此可以处理非常大的系统。早在 2006 年，人们就已经可以对 3200 亿个原子的体系进行分子动力学模拟[2]。当然，该模拟是在当时全世界最快的超级计算机 BlueGene/L 上利用 13 万个 CPU 完成的，但实际上利用普通服务器对数万甚至数十万个原子进行分子动力学模拟是完全可行的。

在讨论分子动力学在材料学中的应用之前，有关这种方法的局限性值得提醒。分子动力学模拟的关键问题之一是对系统中原子/分子之间相互作用的描述。原子间相互作用势函数是对真实相互作用的近似描述，其准确性取决于系统和相互作用势表达式的复杂性。对于成键（如共价键）偏离球形对称的材料，原子间相互作用势的准确性要比简单键结合体系差一些。如果成键是动态的（如成键随原子的位置发生变化），简单的描述基本上是不适用的。特别是对于多组分体系，相互作用势的准确性一直是个问题。

除了原子间相互作用势函数的准确性问题，分子动力学方法本身也受到模拟原子数和模拟时间的限制。虽然分子动力学方法可以模拟数百万甚至上亿个原子，但这仍然不是宏观尺度。例如可以简单估算由一亿个硅原子组成的硅立方体的边长大约只有 $0.1\mu m$。实际上常规分子动力学模拟的材料尺度通常在纳米量级。此外，分子动力学使用的时间步长通常都非常小，仅在飞秒量级（10^{-15} s），总的模拟时间至多到纳秒尺度（10^{-9} s）。这么短的时间尺度使得运用标准的分子动力学对许多物理过程进行研究面临非常大的挑战。此外，经验势分子动力学无法模拟完全由电子带来的物理性质。

3.3 势能函数

当原子相互接近时，原子间会产生吸引和排斥力，当不要求特别高精度时，它们可以使用简单的具有解析表达式的经验势函数来描述。原子（分子）间的相互作用是液体和固体存在的必要条件，否则我们的世界将只有均匀分布的理想气体。在严格零度下，原子最终会在平衡距离的最小势能处稳定下来。原子上所有作用力之和（F）可以使原子产生运动，满足牛顿方程：

$$F = ma = m\frac{\mathrm{d}v}{\mathrm{d}t} = m\frac{\mathrm{d}^2 r}{\mathrm{d}t^2} = \frac{\mathrm{d}p}{\mathrm{d}t} \tag{3-2}$$

式中，v 是速度；t 是时间；r 是位置；p 是动量。因为位置 r 是一个向量，它的一阶导数和二阶导数 v 和 a 以及相应的 p 和 F 也都是向量。

对于孤立系统，总能量 E 是一个与时间无关的常数（$\mathrm{d}E/\mathrm{d}t = 0$），此时 F 与原子所处位置势能梯度的负值有关：

$$F = -\partial U/\partial r \tag{3-3}$$

其中，U 是势能。因此如果我们知道原子间的势能函数，就可以计算原子上的受力，从而可以通过求解牛顿方程来研究系统随时间的演化。

早期的势能函数一般都是纯经验的拟合势。近年来，人们用实验或第一性原理计算的数据拟合，发展了一些半经验的"有效势"。势能函数的拟合就是确定势能函数中的参数，用于拟合的数据包括平衡晶格常数、内聚能、体积模量、弹性模量、空位形成能、热膨胀系数、介电常数、振动谱和表面能等。值得注意的是，把针对某个材料拟合的经验势应用到其他材料或模拟条件时，往往会产生较大的问题。

由于材料体系的复杂性以及原子间相互作用类型的不同，很难得到精度高且具有普适性的势能函数。针对不同的材料体系，人们陆续发展了大量的经验和半经验的势能函数。如对于惰性气体原子间的相互作用，用 Lenard-Jones 两体势就可以很好地描述；而对于半导体材料，由于共价键的饱和性和方向性，要得到满意的结果就必须采用能描述方向特征的相互作用势，如三体势和多体势。同时要注意，同一种材料也可以用不同的势函数来描述。原子间相互作用势的研究始于 20 世纪 20 年代，最先采用的是两体势。到了 20 世纪 80 年代中期，以嵌入原子势为代表，该领域的研究达到了一个高潮，各种形式的原子间相互作用势不断涌现。一些常见材料的经验势可在网上免费下载。

下面我们简要介绍一些常见势能函数。

3.3.1 两体势

两体势又称对势（pair potential），在早期的材料研究中发挥了极其重要的作用，并仍然活跃在计算模拟的许多领域。两体势通常由两部分组成，即排斥项和吸引项，前者是由于原子间电子云重叠以及电荷间的库仑斥力等因素引起的，后者则是由于原子间公用电子对或电偶极矩的相互吸引作用产生的。

早期的分子动力学模拟一般都采用两体势。两体势可以比较好地描述除金属和半导体以外的许多无机化合物。有些两体势的形式基于一定的理论推导，但其中的一些参数需要根据实验来拟合，这被称为半经验势。后来为了拟合的方便，人们在选择势能函数的形式时，并不一定要求有确切的理论依据，而是出于经验的估计和拟合方便的需要相对自由地选择势函数形式，这种势函数被称为经验势。这里主要对一些常用的半经验势进行介绍。

（1）Lennard-Jones 势

该势函数形式简单，能很好地描述中心力原子间相互作用。虽然 Lennard-Jones 势一开始只是为了描述闭合壳层原子和分子间的相互作用，但它现在已经被用于更多的体系中。Lennard-Jones 势函数可以认为是 Mie 势的一个特殊形式，Mie 势的形式为[3]：

$$V(r) = C\varepsilon \left[\left(\frac{\sigma}{r} \right)^n - \left(\frac{\sigma}{r} \right)^m \right] \tag{3-4}$$

其中，$C = \frac{n}{n-m} \left(\frac{n}{m} \right)^{\frac{m}{n-m}}$。Mie 势中 ε 反映了相互作用的强度，σ 反映了相互作用的距离，m 和 n 通常为正整数，决定了势能函数的形状。式（3-4）的第一项是排斥力，来源于原子核之间的库仑斥力和电子间由于泡利不相容原理产生的交叠能；第二项为吸引项，来自伦敦色散力，可以通过量子力学证明它与距离的 6 次方成反比，所以这一项的指数 m 通常都取 6。

如果取 $n=12$ 和 $m=6$，就成为广泛使用的 Lennard-Jones 势[4,5]：

$$V(r) = 4\varepsilon \left[\left(\frac{\sigma}{r} \right)^{12} - \left(\frac{\sigma}{r} \right)^{6} \right] \tag{3-5}$$

Lennard-Jones 势中第一项排斥势的指数 $n=12$ 并没有特别的物理意义，这里 n 取 12，一方面是因为它可以较好反映出原子靠近时强的排斥势，另一方面它正好是吸引势 $\frac{1}{r^6}$ 的平方，方便数值计算。实际上 n 完全可以取不同于 12 的数值，如 n 也可以取 9，这其实就回到了 Mie 势［式（3-4）］的形式了。n 的不同取值当然会影响分子动力学的模拟结果，但同时也给模拟提供了更大的自由度。除此以外，排斥势还可以用 e 指数形式，如写成 $A\mathrm{e}^{-Br}$ 的形式，用 e 指数排斥项和 $\frac{1}{r^6}$ 吸引项所构成的相互作用势通常称为 Buckingham 势[6]：

$$V(r) = A\mathrm{e}^{-\frac{r}{\rho}} - \frac{C}{r^6} \tag{3-6}$$

其中，A、ρ 和 C 都为参数。

（2）Morse 势

1929 年，Morse 注意到双原子分子振动谱的量子力学问题可以用指数形式的势函数解析地解决，于是他提出如下形式的势函数[7]：

$$V(r) = D_e \left[1 - \mathrm{e}^{-a(r-r_e)} \right]^2 \tag{3-7}$$

其中，D_e 决定了势能的深度；r_e 决定了平衡距离；a 决定了势阱的宽度。Morse 势和 Lennard-Jones 势的曲线形式非常相似。Morse 势常常被用来构造各种多体势的对势部分。

（3）Born-Mayer-Huggins 势

Born 和 Mayer 估计碱金属离子之间的排斥项可以用指数形式表示，于是提出如下形式的势函数[8,9]：

$$V(r) = A \exp\left(\frac{\sigma - r}{\rho}\right) - \frac{C}{r^6} - \frac{D}{r^8} \tag{3-8}$$

上式中第一项为排斥项，第二和第三项分别是来自偶极子-偶极子和偶极子-四极子间的吸引项，式中 A_1、σ、ρ、C 和 D 为参数。该势函数考虑了离子之间的库仑力，所以它能很好地应用于碱金属卤化物以及碱土金属卤化物等各种离子型化合物。

3.3.2 无方向性多体势

以上的对势在分子晶体和离子型化合物的模拟计算中取得了比较大的成功，但是对于过渡金属，由于它们在金属键中含有一定的共价键，所以在模拟中遇到了许多困难。20 世纪 80 年代陆续发展出许多考虑多体相互作用的势函数，主要有 Nørskov 和 Lang 在 1980 年发展的有效介质理论（effective-medium theory）[10]、Daw 和 Baskes 在 1984 年提出的嵌入原子势（embedded atom model，EAM）[11] 以及 Finnis 和 Sinclair 在 1984 年提出的 Finnis-Sinclair 多体势[12] 等，这里主要介绍嵌入原子势和 Finnis-Sinclair 多体势。

（1）嵌入原子势

Daw 和 Baskes 认为某原子的原子核除了受到周围其他原子核的排斥作用外，还受到该原子的核外电子及其周围其他原子产生的背景电子的静电作用。在嵌入原子势模型中，由 N 个原子组成的系统总能量可表示为：

$$E = \sum_i F_a(\rho_i) + \frac{1}{2} \sum_{ij(i \neq j)} V_{\alpha\beta}(r_{ij}) \tag{3-9}$$

$$\rho_i = \sum_{j(i \neq j)} \rho_\beta(r_{ij}) \tag{3-10}$$

其中，r_{ij} 是原子 i 和 j 之间的距离；α 和 β 分别是原子 i 和 j 的元素类型；$V_{\alpha\beta}(r_{ij})$ 是原子间的两体势；$F_a(\rho_i)$ 为嵌入能或嵌入函数，表示把原子 i 埋入电子云所需的能量；$\rho_\beta(r_{ij})$ 为原子 j 在原子 i 上贡献的电子密度。在对势部分，Daw 和 Foiles 在其工作中采用库仑力形式，Johnson 采用 Born-Mayer 势，Vetor 等人采用 Morse 势。电子密度函数 ρ_i 一般用 Hartree-Fock 理论计算的自由原子电子密度表示，Johnson 等人在处理纯铁的 α-γ 相界面时，采用了分段函数形式描述电子密度。嵌入原子势很好地描述了金属原子之间的相互作用，是处理金属体系最常用的一种势函数。

（2）Finnis-Sinclair 多体势

该势函数和嵌入原子势在形式［式（3-9）］上类似，但 Finnis-Sinclair 受到紧束缚近似的启发，把嵌入函数直接写成根号的形式：

$$E = -A \sum_i \sqrt{\rho_i} + \frac{1}{2} \sum_{ij(i \neq j)} V_{\alpha\beta}(r_{ij}) \tag{3-11}$$

与嵌入原子势相比，Finnis-Sinclair 多体势形式较为简单，势参数易于拟合，计算量比较小，所以应用很广泛。

3.3.3 考虑角度效应的多体势

以上各种势均是中心对称的，对于由共价键结合的有机分子以及半导体材料并不适用。为了将 EAM 势推广到共价键和过渡金属材料，就需要考虑电子云的非球形对称。

（1）修正的嵌入原子势（MEAM）

为了模拟含有共价键性质的体系，Baskes 基于嵌入原子势发展了包含角度因子的修正的嵌入原子势（modified embedded atom method，MEAM）[13]。修正的嵌入原子势是嵌入原子势的扩展，其计算原子体系的能量表达式和式（3-9）完全一样，只不过在电子密度函数中引入角度部分，把式（3-10）改成：

$$\rho_i = \sum_j \rho_\beta(r_{ij}) + \sum_{jk} f(r_{ij}) f(r_{ik}) g(\cos(\theta_{ijk})) \tag{3-12}$$

其中，θ_{ijk} 表示键角。修正的嵌入原子势可以更精确地描述原子间的相互作用，但拟合较为复杂。同时该势函数及其力的表达式非常复杂，计算速度较慢。

（2）Stillinger-Weber 势（SW 势）

对于 Si 和 Ge 等半导体，其键合强度依赖周围原子的构型，必须引入三体势。1985 年，Stillinger 和 Weber 提出了一个势能[14]，其表达式如下：

$$E = \sum_i \sum_{j>i} \phi_2(r_{ij}) + \sum_i \sum_{j \neq i} \sum_{k>j} \phi_3(r_{ij}, r_{ik}, \theta_{ijk})$$

$$\phi_2(r_{ij}) = A_{ij} \varepsilon_{ij} \left[B_{ij} \left(\frac{\sigma_{ij}}{r_{ij}} \right)^{p_{ij}} - \left(\frac{\sigma_{ij}}{r_{ij}} \right)^{q_{ij}} \right] \exp\left(\frac{\sigma_{ij}}{r_{ij} - a_{ij}\sigma_{ij}} \right)$$

$$\phi_3(r_{ij}, r_{ik}, \theta_{ijk}) = \lambda_{ijk} \varepsilon_{ijk} \left[\cos\theta_{ijk} - \cos\phi_{0ijk} \right]^2 \exp\left(\frac{\gamma_{ij}\sigma_{ij}}{r_{ij} - a_{ij}\sigma_{ij}} \right) \exp\left(\frac{\gamma_{ik}\sigma_{ik}}{r_{ik} - a_{ik}\sigma_{ik}} \right) \tag{3-13}$$

其中，$\phi_2(r_{ij})$ 为两体势；$\phi_3(r_{ij}, r_{ik}, \theta_{ijk})$ 为三体势。Stillinger-Weber 势保证正四面体结构具有最低的能量，一般用于描述 C、Si 和 Ge 等半导体材料。后来针对这些体系，人们又提出了广泛使用的 Tersoff[15] 和 Brenner[16] 势函数。

（3）COMB 势和 ReaxFF 力场

上述方法都面临一个共同的问题，即它们都不能准确模拟成键变化的系统，而 COMB 势[17] 和 ReaxFF 力场[18] 可以模拟原子电荷随着局域条件变化而调整的很多现象。例如，对化学反应中的成键和断键以及在不同类型材料间界面上复杂的成键，COMB 和 ReaxFF 都能够进行研究。与普通的原子间相互作用势相比，无论是 COMB 还是 ReaxFF 都需要增加相当多的计算量。

3.3.4 势参数的确定

上述经验势函数都涉及待定参数，必须用某种方式加以拟合确定。为了确定这些参数，一般采取的做法是：调整势函数表达式中的参数值，使得计算得到的性质和相应的实验数值或更加精确计算（如第一性原理计算）得到的数值尽可能匹配。这些参数被确定后，该势函数就可用来计算材料的其他性质和行为。这些用于拟合参数的物理性质构成一个训练集，通常包括内聚能、结构、各种表面的能量、空位形成能、弹性常数和堆垛层错能等物理量。一个典型的拟合过程是首先假定一些初始参数，然后计算出一组材料的性质，再与训练集中的数据相比较，调整相应参数。要验证势参数的质量，不仅仅在于它计算出的性质是否与训练集中的性质吻合，而更重要的是考察对那些并不在训练集中的性质的计算质量。

综合以上介绍可知，原子间相互作用势在材料结构和性能的计算机模拟中有着非常重要的作用。原子间相互作用势的形式越复杂，拟合性质越多，就越接近实际，但复杂的相互作用势将给计算和模拟带来巨大的工作量。实际应用中应根据所要研究问题的实际情况，构建或选择既能反映相互作用的本质又能在计算上切实可行的原子间相互作用势。

原子间相互作用势中，两体势在计算上非常简便，但不能很好模拟金属键和共价键体系，引入体积项可以解决一些困难，却又会带来另外一些不便。多体相互作用通过引入与键角有关的项可以克服两体势的困难，在材料（特别是共价键相互作用的体系）的计算和模拟中得到了较广泛的应用，但是比较复杂的多体势往往是针对某一具体的元素构建的，其适用范围受到限制，不具有普适性。

嵌入原子理论是目前应用最广泛的一种多体相互作用理论，其形式简单、计算量适中，比较容易进行分子动力学模拟或蒙特卡罗模拟，已经可以用来计算和模拟几乎所有的金属元素及其组成的系统。

3.4 分子动力学方程的数值求解

分子动力学方法根据体系内部的动力学规律来确定原子的位置和速度随时间的演化，通过跟踪系统中每个粒子的个体运动，根据统计物理规律，给出微观量与宏观可测量的关系，从而研究物质和材料的性能。在选取适当的相互作用势后，下面一个问题便是如何通过数值方法求解原子的运动。

3.4.1 N 原子体系

牛顿第二定律阐明，作用于原子上的力等于其质量乘以它的加速度。让我们用一组完整的 $3N$ 原子坐标来考虑作用于一个 N 原子体系的总力：

$$F(\boldsymbol{r}_1, \boldsymbol{r}_2 \cdots \boldsymbol{r}_N) = \sum_i m_i \boldsymbol{a}_i = \sum_i m_i \frac{\mathrm{d}^2 \boldsymbol{r}_i}{\mathrm{d}t^2} \tag{3-14}$$

式中，$\boldsymbol{r}_i$、m_i 和 $\boldsymbol{a}_i = \dfrac{\mathrm{d}^2 \boldsymbol{r}_i}{\mathrm{d}t^2}$ 分别表示第 i 个原子的空间位置、原子质量和加速度。

根据经典力学，如果能量守恒（$\mathrm{d}E/\mathrm{d}t = 0$），则作用于原子 i 上的力等于该原子所处位置势能梯度的负值。利用前一节描述的经验势，牛顿运动方程可以将势能的导数与位置随时间的变化联系起来。此时，在势场 U 下决定粒子运动的牛顿方程是：

$$\boldsymbol{F}_i = m_i \frac{\mathrm{d}^2 \boldsymbol{r}_i}{\mathrm{d}t^2} = -\frac{\mathrm{d}U(\boldsymbol{r}_i)}{\mathrm{d}\boldsymbol{r}_i} \tag{3-15}$$

作用在原子上的力可以精确地从原子间相互作用势得到，而原子间相互作用势只是所有原子位置的函数。下一步就是求解这个由 N 个原子构成的耦合常微分方程。原则上，方程的一次和二次积分将产生速度和位置，然而对于 $6N$ 维系统（$3N$ 位置和 $3N$ 动量）的解析解是不可能的，只能寻找数值解，分子动力学模拟采用有限差分法进行逐步数值模拟。标准步骤是将时间 t 分解成若干个小的离散的间隔时间，然后在这些小间隔上解运动方程。这个小的时间间隔称为时间步长（time step），一般用 Δt 表示。人们通常会依据 t 时刻的性质来计算 $t+\Delta t$ 时的性质，即利用在 t 时刻计算得到的力，求得在 $t+\Delta t$ 时的位置和速度。这隐含着一个近似：作用于原子 i 上的力在时间 t 到 $t+\Delta t$ 的间隔上是一个恒定值，同样地，加速度在此间隔上也是一个恒定值。这样便把微分方程转换为有限差分方程，例如时间 $t+\Delta t$ 的位置可根据时间 t 处的位置根据泰勒展开式获得：

$$\boldsymbol{r}(t+\Delta t)=\boldsymbol{r}(t)+\boldsymbol{v}(t)\Delta t+\frac{1}{2!}\boldsymbol{a}(t)\Delta t^2+\frac{\mathrm{d}^3\boldsymbol{r}(t)}{3!\,\mathrm{d}t^3}\Delta t^3+\cdots \tag{3-16}$$

该函数由多项式构成，其精度可通过包含更多高阶项来提高。在实际分子动力学运行中，通常可考虑泰勒展开式中的三阶项，高阶项作为截断误差。这种数值误差随着时间积累会逐渐增大。

简要概括 N 个原子体系的牛顿运动方程的积分如下。

① 计算给定势能函数作用于所有原子的力。

② 根据 $\boldsymbol{a}_i=\boldsymbol{F}_i/m_i$ 计算所有原子的加速度 $\boldsymbol{a}_i$。

③ 采用有限差分方法计算下一时刻 $t+\Delta t$ 时的 $\boldsymbol{r}_i$、$\boldsymbol{v}_i$ 和 $\boldsymbol{a}_i$。

④ 使用计算出的数据作为下一轮的输入，重复该过程，直到系统达到平衡。

下面我们简要介绍三种最流行的数值求解牛顿方程的算法。

3.4.2　Verlet 算法

Verlet 算法是一个能够获得高精度模拟结果的方法。该算法简单且可靠，用途广泛。Verlet 于 1967 年首先提出了该算法[19]，步骤如下。

① 写出原子从时间 t 向前进一步和向后退一步时位置的泰勒展开式（保留到三阶项）：

$$\boldsymbol{r}(t+\Delta t)=\boldsymbol{r}(t)+\boldsymbol{v}(t)\Delta t+\frac{1}{2!}\boldsymbol{a}(t)\Delta t^2+\frac{\mathrm{d}^3\boldsymbol{r}(t)}{3!\,\mathrm{d}t^3}\Delta t^3 \tag{3-17}$$

$$\boldsymbol{r}(t-\Delta t)=\boldsymbol{r}(t)-\boldsymbol{v}(t)\Delta t+\frac{1}{2!}\boldsymbol{a}(t)\Delta t^2-\frac{\mathrm{d}^3\boldsymbol{r}(t)}{3!\,\mathrm{d}t^3}\Delta t^3 \tag{3-18}$$

② 两个方程式相加，得到 $t+\Delta t$ 时位置的表达式：

$$\boldsymbol{r}(t+\Delta t)=2\boldsymbol{r}(t)-\boldsymbol{r}(t-\Delta t)+\boldsymbol{a}(t)\Delta t^2 \tag{3-19}$$

这就是 Verlet 算法用于计算向前时刻的位置时所使用的表达式。在每个时间步长上依据计算的作用力确定加速度。通过有限差分还可以计算速度：

$$\boldsymbol{v}(t)=\frac{\boldsymbol{r}(t+\Delta t)-\boldsymbol{r}(t-\Delta t)}{2\Delta t} \tag{3-20}$$

尽管在位置的计算中不需要使用速度值，但是需要用速度来计算如动能等数值。Verlet 算法很简单，每个时间步长只需要一次力的计算，误差很小。

与所有的分子动力学计算类似，基于 Verlet 算法的计算也是始于 $t = 0$，通过确立初始位置和速度，确定初始的作用力（加速度）、势能和动能等。在 Verlet 算法中，时间 $t + \Delta t$ 时的位置 [式（3-19）] 既依赖于 t 的位置，也依赖于 $t - \Delta t$ 的位置，后者可以通过式（3-18）在 $t = 0$ 时计算得到。

3.4.3 "跳蛙"算法

"跳蛙"（leap-frog）算法由 Hockney 在 1970 年提出，该算法由 Verlet 算法演变得来，在继承 Verlet 算法的同时还涉及了半时间间隔的速度，即：

$$\boldsymbol{v}(t + \Delta t/2) = \boldsymbol{v}(t - \Delta t/2) + \boldsymbol{a}(t)\Delta t \tag{3-21}$$

$$\boldsymbol{r}(t + \Delta t) = \boldsymbol{r}(t) + \boldsymbol{v}(t + \Delta t/2)\Delta t \tag{3-22}$$

t 时刻的速度由下式给出：

$$\boldsymbol{v}(t) = [\boldsymbol{v}(t + \Delta t/2) + \boldsymbol{v}(t - \Delta t/2)]/2 \tag{3-23}$$

"跳蛙"算法与 Verlet 算法相比有三个优点：有显速度项、收敛速度快、计算量小。但该算法也存在明显的缺陷，即位置和速度不同步。

3.4.4 预测-校正算法

预测-校正（predictor-corrector）算法是 Rahman 在 1964 年发展的一种使用原子坐标高阶导数信息的高阶算法。在该方案中，使用前一步骤中的数据，将其用于下一步骤的校正，预期精度更高，步骤如下。

① 预测：使用当前的位置、速度和加速度，根据泰勒公式展开来预测模拟体系中原子在 $t + \Delta t$ 时刻新的位置 $\boldsymbol{r}_{\text{pre}}$、速度 $\boldsymbol{v}_{\text{pre}}$ 和加速度 $\boldsymbol{a}_{\text{pre}}$：

$$\boldsymbol{r}_{\text{pre}}(t + \Delta t) = \boldsymbol{r}(t) + \boldsymbol{v}(t)\Delta t + \frac{1}{2!}\boldsymbol{a}(t)\Delta t^2 + \frac{\mathrm{d}^3\boldsymbol{r}(t)}{3!\ \mathrm{d}t^3}\Delta t^3 + \cdots \tag{3-24}$$

$$\boldsymbol{v}_{\text{pre}}(t + \Delta t) = \boldsymbol{v}(t) + \boldsymbol{a}(t)\Delta t + \frac{1}{2!}\frac{\mathrm{d}^3\boldsymbol{r}(t)}{\mathrm{d}t^3}\Delta t^2 + \cdots \tag{3-25}$$

$$\boldsymbol{a}_{\text{pre}}(t + \Delta t) = \boldsymbol{a}(t) + \frac{\mathrm{d}^3\boldsymbol{r}(t)}{\mathrm{d}t^3}\Delta t + \frac{1}{2!}\frac{\mathrm{d}^4\boldsymbol{r}(t)}{\mathrm{d}t^4}\Delta t^2 + \cdots \tag{3-26}$$

② 误差评估：根据新的计算方程来计算加速度，并将其与泰勒展开式获得的加速度数值进行比较：

$$\Delta\boldsymbol{a}(t + \Delta t) = \boldsymbol{a}(t + \Delta t) - \boldsymbol{a}_{\text{pre}}(t + \Delta t) \tag{3-27}$$

③ 校正：根据两者之差对误差进行校正，从而修正位置和速度项：

$$\boldsymbol{r}_{\text{cor}}(t + \Delta t) = \boldsymbol{r}_{\text{pre}}(t + \Delta t) + c_0\Delta\boldsymbol{a}(t + \Delta t) \tag{3-28}$$

$$\boldsymbol{v}_{\text{cor}}(t + \Delta t) = \boldsymbol{v}_{\text{pre}}(t + \Delta t) + c_1\Delta\boldsymbol{a}(t + \Delta t) \tag{3-29}$$

常数 c_i 主要取决于泰勒展开式中包含的导数数量，从 1 到 0 不等。该方法非常准确和稳定，在运行过程中几乎没有波动，尤其适用于恒温分子动力学。但是由于涉及误差校正，它不具有时间可逆性。该方法倾向于时间步长较长（＞5fs）的能量波动，并且需要更多的存储空间。Gear 于 1971 年通过获取原子位置的高阶导数来提高该方法的精度，该算法也被改进为 Gear 算法。

3.5 分子动力学的计算流程

分子动力学模拟过程首先是建立体系模型，包括给定原子间的相互作用势以及一些初始条件，然后让体系平衡或弛豫，对模拟结果进行统计，最后对结果进行分析和评估。其典型流程图如图 3-1 所示。

3.5.1 预设置

在本小节中，我们介绍在典型分子动力学模拟中减小计算量的几个技巧。通过使用这些技巧，分子动力学模拟的时间复杂度将从 $O(N^2)$ 减少为 $O(N)$。

（1）设置势能函数的截止半径

分子动力学中最耗时的部分是计算所有 N 个原子上的力，由于每个原子将受到其他所有 $N-1$ 个原子的作用力，所以计算时的时间复杂度是 $O(N^2)$。但通常情况下，一个互作用势在远处会减弱，当原子间距离超过某一截止距离 r_{cut} 时，可以忽略它们之间的相互作用。换言之，当计算某个原子受力时，只需要计算其周围 r_{cut} 范围内少量原子对其的作用即可，从而减少大量的计算时间，也使得计算复杂度降为 $O(N)$。采用截止后，势函数会不连续，从而可能导致能量和力的不连续，通常可以在势函数尾部 r_{tap} 和 r_{cut} 间采用锥形形式替代这种不连续，如图 3-2 所示。常见势函数的一般截止距离为：Lennard-Jones

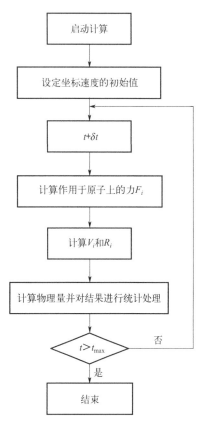

图 3-1 典型的分子动力学模拟流程

势能函数为 $2.5\sigma \sim 3.2\sigma$ 左右，EAM 势能函数为 5Å 左右，Tersoff 势能函数为 $3 \sim 5$Å 左右。

（2）周期性边界条件

在含有 1000 个原子的面心立方结构纳米颗粒的模拟中，大约一半原子都暴露在表面。由于表面原子的配位数不是 12，所以该体系并不能代表真实的块体材料。而直接模拟一个宏观块体材料的计算量远远超出了现代计算机能够处理的能力范围。为了解决表面问题，Born 和 Karman 于 1912 年提出了周期性边界条件，它通过无穷多的镜像框来解决该问题。如图 3-3 所示，中心的小正方形为模拟的主框（即元胞），其周围的小正方形为镜像框。分子动力学模拟只针对中心主框内的原子进行，所有镜像框仅复制主框，主框和镜像框中的原子分布相同。

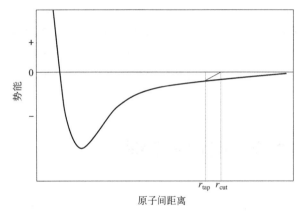

图 3-2　r_{cut} 处截止、r_{tap} 处尾部逐渐变细（粗线）的势能曲线[20]

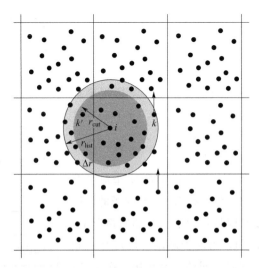

图 3-3　二维周期性边界条件下的势能截止半径 r_{cut}（小圆）和近邻列表
（neighbor list）半径 r_{list}（大圆）［中心的小正方形为模拟的主框（即元
胞），其周围的小正方形为镜像框。主框和镜像框中的原子分布相同[20]］

例如，如果原子 k 从主框移到上镜像框，则其在下镜像框中的镜像原子（带上箭头的原子）将移入主框以替换它，并保持主框中的原子数不变，这样既保持了原子总数的守恒，也消除了边界效应。

　　在周期性边界条件下计算一个原子受力时，可以采用最小像约定。如图 3-3 所示，原子 i 在主框中有一个相邻的原子 k，该原子在周围的镜像框中有许多镜像原子 k'，理论上要求计算所有这些镜像原子对原子 i 的作用力，但这是不现实的，实际计算中约定只计算离原子 i 最近的镜像原子的作用，即最小像约定。在图 3-3 中，左侧镜像框中原子 k' 与原子 i 最接近，因此只需要计算 k' 对原子 i 的作用力即可。但当势能函数为长程势时，如带电或极化原子产生的库仑相互作用，该约定将不适用。同时，在周期性边界条件下，为了避免原子与自己的镜像原子发生相互作用，要求模拟盒子的边长至少大于截断半径的两倍，这实际上要求模拟的盒子不能太小。

当然并非所有分子动力学模拟都要使用周期性边界条件，如在模拟团簇、液滴时，表面对系统的性质至关重要，此时就需要采用自由边界条件。

（3）建立近邻列表

在计算原子间互作用时，即使考虑了截断半径，但如果每一步都需要遍历所有原子来计算距离，则计算复杂度也将达到 $O(N^2)$。为了解决该问题，可以在计算中建立一个近邻列表（neighbor list），在每个原子周围画一个半径（r_{list}）比截止半径 r_{cut} 略大的圆（三维计算中为球体），如图 3-3 所示，这样对每一个原子计算受力时，只需要考虑其近邻列表中的少量原子，而无须遍历系统中的所有原子，大大减少了计算量。由于原子位置总是随时间而变化，因此近邻列表需要不断更新。在实际模拟中为了减少计算量，往往每隔 N_{up} 步才更新一次近邻列表，而且在更新时，只需要检测 $r_{list} - r_{cut}$ 范围内的原子即可。近邻列表更新的频率 N_{up} 可以用以下式子来估算：

$$r_{list} - r_{cut} > N_{up} v \Delta t \tag{3-30}$$

3.5.2 初始条件设置

要开始一个新的分子动力学模拟，应准备好几个初始输入条件或者参数。这项准备工作对于减少无意义的数据和获得可靠的结果非常重要。

（1）选择合适的原子数（体系尺寸）

分子动力学模拟应选取合适的原子数和元胞大小，以保证它满足统计学处理的可靠性要求。最好测试所关注物理量与元胞尺寸的关系，以保证不会因为原子数太少而得到错误的结果。研究的具体问题决定了原子数量、模拟元胞的体积和形状。如果研究的是液体或者立方晶体，通常可以选择立方模拟单元。例如，对于面心立方结构的材料，一个足够大的包含 $n \times n \times n$ 个面心立方单胞的立方体就是一个非常恰当的选择。但如果要通过非平衡态分子动力学研究立方材料的晶格热导率，则需要沿着热传导方向取更多的元胞，整个模拟单元为一个长方体。值得注意的是，晶体的单胞仅在设定初始条件时用来产生原子的初始位置，此后就失去了其特性。

（2）初始位置和速度

要求解牛顿运动方程，还必须给每个原子赋予初始位置和速度。由于温度和动能成正比，所以如果位置和速度的初始值选择不恰当，将可能会妨碍对所期望的热力学条件的模拟。原子的初始位置可以是任意位置，但如果能确保初始结构接近于所期望的结构，就表明将花费相对较少的时间就能演化到最终的结构。对于固体的热力学模拟，通常根据晶格已知的原子位置进行设定。对于液体的模拟，由于结构是未知的，应从低能量结构入手，最好也从相应固体的原子排列来构造，通过升温来获得液体状态的初始结构。如果所要研究的结构是一种缺陷结构，如晶界，此时原子应放置在尽可能接近该缺陷最小能量结构的位置，然而有时候该结构是未知的，这就可能需要多次尝试。

原子的初始速度可以全部为零，但通常都是从给定温度下的麦克斯韦-玻尔兹曼分布或高斯分布中随机选择。例如，一个原子在绝对温度 T 下具有速度 v 的概率为：

$$P(v) = \left(\frac{m}{2\pi k_B T}\right)^{1/2} \exp\left(-\frac{mv^2}{2k_B T}\right) \tag{3-31}$$

其中，k_B 是玻尔兹曼常数。速度的方向也是随机选择，但应使总的动量为零。一个比较简单的方法是：在小范围内随机选取速度分量，碰撞将会在几百个时间步长后平衡于麦克斯韦-玻尔兹曼分布。

（3）时间步长

固体中原子振动的时间尺度大约是 $10^{-14} \sim 10^{-13}$ s，为此我们设定的时间步长必须在 10^{-15} s（飞秒）的量级，因为分子动力学模拟需要假设每个原子的速度、加速度和力在该时间步长中是恒定的，所以时间步长不可以太大。在分子动力学模拟中，时间步长的选取关系到计算量和计算精度，是计算过程中经常需要权衡的问题。较小的时间步长导致计算量增加，但也会获得较高的精度；而较大的时间步长，会加快模拟速度，但太大的模拟步长会影响模拟的准确性和稳定性。如果模拟中发现体系总能量变得不稳定（漂移或波动过大），则表明选取的时间步长过大。对于由较轻质量元素组成的材料，或者是高温模拟，往往需要较小的时间步长。一个实用的规则是：原子在一个时间步长中的移动距离不应超过最近邻原子距离的 1/30，典型的时间步长为 0.1 到几个飞秒。

（4）总模拟时间

典型的分子动力学模拟可能需要 $10^3 \sim 10^6$ 个时间步长，对应的总模拟时间为纳秒量级（10^{-9} 秒），通常这足以看到材料中常见的静态和动态特性。太长时间进行分子动力学模拟可能会导致误差累积和数据生成效率低下等问题。但是总模拟时间应长于系统的完全弛豫时间，以获得可靠的结果。特别是对于相变、气相沉积、辐照损伤和退火等现象，平衡发生得非常缓慢，必须确保总模拟时间足够长。

（5）系综的分类和选择

在分子动力学模拟中，每个原子的移动和行为都不同，并在每个时间步长中生成系统的新状态。经过适当的模拟和平衡后，它成为一个系综，并且具有相同的宏观或热力学性质。因此，分子动力学模拟只是生成了一系列的原子构型。

系综（ensemble）是指在一定的宏观条件（约束条件）下，大量性质和结构完全相同的、处于各种运动状态的、各自独立的系统的集合，全称为统计系综。系综是为了描述热力学系统的统计规律而引入的一个基本概念。系综是统计理论的一种表述方式，系综理论使统计物理成为普遍的微观统计理论。系综并不是实际的物体，构成系综的系统才是实际物体。组成系综的各个系统具有完全相同的力学性质，这些系统的微观状态可能相同也可能不同，但是处于平衡状态时系综的平均值是确定的。分子动力学方法中假定系统是各态遍历的，所以可以用时间平均来代替系综平均。

约束条件由一组外加宏观参量来表示。下面根据宏观约束条件，对几种不同系综下分子动力学方法的原理和过程进行简要的介绍。

① 微正则系综（micro-canonical ensemble），简称为 NVE，表示系统具有确定的粒子数 N、体积 V 和总能量 E，这是一个既不能与周围环境交换物质，也不能交换能量的孤立系统。微正则系综广泛应用于分子动力学模拟中，特点是体系达到平衡后，其总能量恒定，而温度和压强在一定范围内波动。在平衡态下的孤立体系中，原子一切可能的微观运动状态出现的概率都相同，且不随时间改变，这就是等概率原理。我们无法用某一个微观状态量来描述整个体系的微观状态量，只能用微观状态量在一切可能的微观状态上的统计平均值来表示。因

此，微正则系综的特征函数是熵 $S(N,V,E)$。

② 正则系综（canonical ensemble），全称为"宏观正则系综"，简称为 NVT，表示系统具有确定的粒子数 N、体积 V 和温度 T。正则系综是蒙特卡罗模拟方法处理的典型代表。假定 N 个粒子处在体积为 V 的盒子内，将其与温度恒为 T 的大热源热接触，此时，总能量 E 和压强 P 可能在某一平均值附近起伏变化，因此和微正则系综不同，正则系综不是一个孤立体系，体系中原子的微观运动状态出现的概率可能不相同，也即等概率原理不适用于该系综。但如果把体系和与之接触的热源看作一个复合系统，则系统就是一个能量确定的孤立系统，此时等概率原理对该复合系统是适用的。正则系综的特征函数是亥姆霍兹自由能 $F(N,V,T)$。

③ 等温等压（constant-pressure，constant-temperature）系综，简写为 NPT，表示系统具有确定的粒子数 N、压强 P 和温度 T。该系综假定 N 个原子处于恒定温度的热浴（thermostat）和恒定压强的"压强浴"（barostat）中，系统和外界之间没有原子数交换。与正则系综的处理方法类似，为保持系统温度恒定，同样假设系统和一个巨大的热源相接触并与之发生能量交换，直到达到热平衡；而且等温等压系综还要求压强恒定，所以还需要假设系统和一个压强浴相耦合，并与之发生压强传递，直到体系达到平衡。该系综相当于可移动系统壁情况下的恒温热浴，其总能量 E 和体积 V 在某一平均值附件波动，很多实验都是在等温等压系综中进行的。等温等压系综的特征函数是吉布斯自由能 $G(N,P,T)$。

④ 等压等焓（constant-pressure，constant-enthalpy）系综，简写为 NPH，表示系统具有确定的粒子数 N、压强 P 和焓 H。由于 $H=E+PV$，故在该系综下进行模拟时要保持压力与焓值固定，其调节技术的实现有一定的难度，这种系综在实际分子动力学模拟中很少遇到。

⑤ 巨正则系综（grand canonical ensemble），简写为 $VT\mu$，表示系统具有确定的体积 V、温度 T 和化学势 μ。巨正则系综通常在蒙特卡罗模拟中使用。此时系统能量 E、压强 P 和粒子数 N 会在某一平均值附近有一个起伏。体系是一个开放系统，与大热源热接触，从而具有恒定的 T。巨正则系综的特征函数是马休（Massieu）函数 $J(\mu,V,T)$。

表 3-1　分子动力学和蒙特卡罗模拟中的常见系综

系综	固定变量	备注
微正则系综	N,V,E	孤立系统 分子动力学模拟中常用 $S=k\ln\Omega_{NVE}$
正则系综	N,V,T	蒙特卡罗模拟中非常常用 分子动力学模拟中常用 $F=-kT\ln\Omega_{NVT}$
等温等压系综	N,P,T	$G=-kT\ln\Omega_{NPT}$
巨正则系综	μ,V,T	分子动力学模拟中很少用 蒙特卡罗模拟中较多用 $\mu=-kT\ln\Omega_{NPT}/N$

注：Ω 是对应集合的可访问相空间体积（或称为体积元）。

表 3-1 显示了分子动力学和蒙特卡罗模拟中使用的具有不同固定变量的各种系综。与实验一样，我们对系统施加这些外部约束，使其在运行后具有特定的属性，特别是热力学性质，

如熵 S、亥姆霍兹自由能 F、吉布斯自由能 G 和化学势 μ，可以从这些预先安排的集合中获得的数据中推导出来。表 3-1 中规定每个系综的变量可视为进行实验的实验条件。

3.5.3 平衡

设定完所有预设置和初始输入参数后，分子动力学模拟将会使未弛豫的初始体系在给定条件下达到平衡，并将擦除关于初始构型的任何记忆。换言之，分子动力学模拟通过不断求解牛顿运动方程来对系统进行演化，直到体系的性质不再随时间变化。在本节中，我们将介绍如何控制温度和压力，以及如何建立预期的最小能量状态。

（1）温度和压力调节

系综调节主要是指在进行分子动力学计算的过程中，对温度和压力参数的调节。平均动能 (E_{kin}) 与平均速度 v_i 有关，也与原子的温度 T 有关：

$$\langle E_{\mathrm{kin}} \rangle = \langle \frac{1}{2} \sum_i m_i v_i^2 \rangle = \frac{3}{2} N k_{\mathrm{B}} T \tag{3-32}$$

式中，3 表示三维中的三个自由度。所以温度和平均速度直接相关：

$$\langle v \rangle = \left(\frac{3 k_{\mathrm{B}} T}{m} \right)^{1/2} \propto T^{1/2} \tag{3-33}$$

因此通过将每个速度分量乘以相同的系数，可以将温度从 T 增加或降低到 T'，这种方法称为速度标度方法：

$$\langle v_{\mathrm{new}} \rangle = \langle v_{\mathrm{old}} \rangle \left(\frac{T'}{T} \right)^{1/2} \tag{3-34}$$

利用该方程，所有原子的速度在预定的迭代步骤中逐渐增加到期望值，从而实现对温度的调控。虽然在严格的热力学意义上，该系统并不完全等同于真正的 NVT 系综，但通过这种实际的速度重新标度，平均温度可以保持恒定。速度标度方法最简单，更好控制温度的方法包括 Langevin 热浴、Anderson 热浴、Berendsen 热浴和 Nose-Hoover 热浴。在等压模拟中，可以通过改变模拟元胞的三个方向或一个方向的尺寸来实现体积的变化，从而调整压强。类似于温度控制方法，也有许多方法用于压力控制，常见的压力浴有 Berendsen 压力浴、Anderson 压力浴和 Parrinello-Rahman 压力浴。

（2）结构优化

所谓结构优化是指从一个初始结构出发，根据原子和元胞的受力情况，找到一个能量最小或者极小的构型。常见的结构优化算法包括最陡下降法和共轭梯度法。一般的结构优化往往只是从一个能量高的结构出发找到附近的一个能量极小结构，没有系统对时间的演化过程，一般也不考虑温度效应，所以它与分子动力学模拟是不同的。但有的分子动力学软件也自带结构优化功能。

当然，分子动力学模拟也可以实现结构优化的目的，只需要把温度降到足够低即可。而且由于分子动力学模拟包括温度效应，如果考虑让温度缓缓下降，其实就等效于模拟退火算法。温度效应有可能可以克服系统陷入局域极小的情况，有望找到全局能量最小的结构。

3.5.4　模拟结果分析

分子动力学模拟结束后，每个原子的各种数据都可以被保存到文件，包括所有或部分时间步长的原子位置和动量。一些性质可以直接从这些保存的数据中获得，例如能量、力、应力等，而许多宏观性质则需要通过从单个原子的轨迹计算中得出。本节将解释如何通过时间平均法从原子级信息获得静态和动态特性。

（1）运行情况分析

在进入平衡生成数据之前，有必要确认模拟运行的有效性。首先在微正则系综模拟中，必须确认体系总能量守恒。在分子动力学模拟运行期间，动能和势能进行交换，但它们的总和应保持恒定，允许有一些小的涨落。能量的不稳定通常源于不恰当的时间步长或积分算法。长时间的运行很容易产生总能量的缓慢漂移，这种漂移可以通过设置较小的时间步长或将长时间运行分成多个较短的运行来减小。在许多情况下，增加体系大小也有助于减少波动。此外，模拟单元的总动量 p 也应保持为零，以防止整个模拟单元发生移动。

其次需要防止系统陷入局域极小。对于一个孤立的体系，当体系的熵达到最大值时，体系就达到了平衡。但如果系统在模拟过程中陷入局域极小，则是一个麻烦的问题。克服该问题的一种常用方法是模拟退火，通过在较高温度下进行平衡，并缓慢冷却至 0K，体系有足够的机会俯视并识别势能曲线上的许多不同的极小值，并越过局部势垒以达到全局极小值。

再次，为了进行材料性质计算，体系必须成为一个遍历系统，其累积轨迹最终覆盖整个相空间中的所有可能状态。通常体系在足够长的时间内演化，各态历经假设已接近或基本满足。如果体系是各态历经的，则任何可观测性质（A）都可通过取平衡状态下轨迹的时间平均值来计算。假设我们有一个从时间步长 $\tau=1$ 到 τ_f 的分子动力学模拟，并且保存了 τ_f 等时刻的许多轨迹 $A(\Gamma)$。这里，Γ 表示 $3N$ 个位置和 $3N$ 个动量的 $6N$ 维相空间。然后通过将 $A(\Gamma)$ 的总和除以总时间步长数来计算可观测性质：

$$\langle A \rangle = \frac{1}{\tau_f} \sum_{\tau=1}^{\tau_f} A(\Gamma(\tau)) = \frac{1}{\tau_f - 500} \sum_{\tau=501}^{\tau_f} A(\Gamma(\tau)) \tag{3-35}$$

需要注意的是，第二个等号后的表达式舍去了前面 500 个时间步长，这里假定系统在 500 个时间步长后进入平衡态。当然实际计算中舍去的步数不一定是 500，而是需要根据具体问题具体分析。

最后还要考虑误差问题。数值方法引入了两种误差——截断误差（取决于方法本身）和舍入误差（取决于方法的实现）。前者可以通过减小步长或选择更合适的算法来减小，后者可以通过使用高精度算法来减小。这些误差的大小决定计算精度，而这些误差的传播反映了算法的稳定性。由于目前使用的 64 位计算机具有扩展精度，舍入误差并不是什么大问题。

（2）能量和温度分析

能量是分子动力学模拟中最重要的性质。总能量是动能和势能的总和，在微正则分子动力学模拟期间，这两项将相互平衡以保持总能量恒定。通过对多个模拟构型平均，便可计算系统总能量：

$$E_{\text{total}} = \langle E_{\text{kin}} \rangle + \langle U \rangle = \frac{1}{N_{\Delta t}} \sum_{1}^{N_{\Delta t}} \left(\sum_i \frac{m_i v_i^2}{2} \right) + \frac{1}{N_{\Delta t}} \sum_{1}^{N_{\Delta t}} U_i \tag{3-36}$$

其中，N 是所采取的时间步数；U_i 是每个构型的势能。

根据均分定理，平均动能与温度成正比，而温度可根据速度来计算。根据式（3-32），可以得到温度的表达式：

$$T(t) = \frac{1}{3Nk_B} \sum_i m v_i^2 \tag{3-37}$$

通过多次的模拟可以获得总能量 E 和温度 T 的关系，构建 E-T 曲线，并预测一级相变，如熔化等。熔化潜热将在 E-T 曲线上表现出一个跃变。在实际模拟时，这种跃变通常发生在比真实熔点高 20%～30% 的温度，因为需要更长的等待时间，液体种子才能在液相中繁殖。相反，液体冷却时会发生过冷。为了解决熔点附近的过热和过冷问题，可以通过人为建立含 50% 固体和 50% 液体的体系来解决。请注意，熔化温度也与体系压力有关，因此应允许体系在熔化或结晶时调整其体积。

（3）结构性质分析

通过分子动力学模拟不同晶格常数的材料可以生成材料的势能曲线，并且从中获得各种结构性质，例如平衡晶格常数、内聚能、弹性模量和体积模量等。其中平衡晶格常数和内聚能可以直接从势能曲线中获得。而体积模量 B_V 的定义为体积 V 随外加压力 P 的变化量：

$$B_V = -V\left(\frac{\partial P}{\partial V}\right)_{NVT} = V\left(\frac{d^2 U}{dV^2}\right)_{NVT} \tag{3-38}$$

所以体积模量可通过在平衡体积附近对势能曲线的二阶导数获得。

热膨胀系数 α_p 定义为固定压力下体积随温度的变化量：

$$\alpha_p = \frac{1}{V}\left(\frac{\partial V}{\partial T}\right)_P \tag{3-39}$$

因此一旦计算出材料体积随温度的变化曲线，就可以直接得到热膨胀系数。

除此以外，还有一些非常有用的分析结构的物理量，例如径向分布函数和均方位移。径向分布函数 $g(r)$ 可以表示原子的空间分布情况。它通过将特定原子在所有方向上的给定距离处发现的原子数相加得到：

$$g(r) = \frac{dN/N}{dV/V} = \frac{V}{N} \frac{\langle N(r, \Delta r)\rangle}{4\pi r^2 \Delta r} \tag{3-40}$$

其中，r 是径向距离；$N(r, \Delta r)$ 是 r 和 $r + \Delta r$ 之间壳层体积中的原子数；括号 "$\langle \rangle$" 表示时间平均值。该函数可以表示原子堆积和可能的键特征。图 3-4 显示了各种结构的硅的典型径向分布函数：晶态、非晶态和液态。对于晶态硅，该函数由一系列的尖峰组成，第一个峰值对应平均的最近邻距离，第二个峰值对应平均的次近邻距离，依此类推。当固体熔化或变成无定形时，相邻硅之间的距离有大有小，所以这些峰值将根据相邻距离的变化而变宽。配位数 N_{coor}，特别是非晶态体系的配位数，可以通过从给定原子取 r_1 和 r_2 之间的平均原子数来确定：

$$N_{coor} = \rho \int_{r_1}^{r_2} g(r) 4\pi r^2 dr \tag{3-41}$$

式中，ρ 表示平均粒子数密度，即总粒子数（N）/总体积（V）。

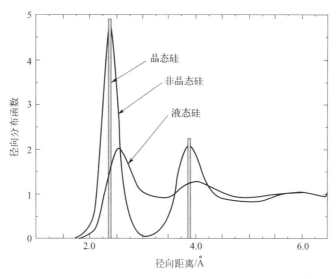

图 3-4　晶态、非晶态和液态硅的典型径向分布函数[20]

均方位移也是分子动力学中一个十分重要的物理量。在固体中，原子在平衡位置附近进行微小的振动，振动沿着各个方向，所以原子移动的矢量距离可能接近于零。然而如果取这些位移的平方，我们将得到一个非零的正数。对所有原子的位移平方求平均值就是均方位移（mean-square displacement，MSD）：

$$\text{MSD} \equiv \langle \Delta \boldsymbol{r}^2(t) \rangle = \frac{1}{N} \sum_{i=1}^{N} |\boldsymbol{r}_i(t) - \boldsymbol{r}_i(0)|^2 = \langle |\boldsymbol{r}_i(t) - \boldsymbol{r}_i(0)|^2 \rangle \tag{3-42}$$

式中，$\boldsymbol{r}_i(0)$ 和 $\boldsymbol{r}_i(t)$ 表示第 i 个原子起始和时间间隔 t 后的空间位置。均方位移是时间的函数，它表征了原子随着时间运动后偏离原来位置的大小。

对于固体，原子只在平衡位置附近进行振动，均方位移是有限值。然而对于液体，原子可以无限制地移动，均方位移将随时间线性增加，其斜率就是扩散系数 D。因此可以通过均方位移对时间的斜率计算扩散系数：

$$D = \frac{1}{6} \times \frac{\mathrm{d}\langle |\boldsymbol{r}_i(t) - \boldsymbol{r}_i(0)|^2 \rangle}{\mathrm{d}t} = \frac{1}{6} \times \frac{\langle |\boldsymbol{r}_i(t) - \boldsymbol{r}_i(0)|^2 \rangle}{t} \tag{3-43}$$

上述方程式中的 6 表示三维体系中原子的自由度。值得注意的是，通过计算不同温度下的扩散系数，再结合阿伦尼乌斯方程就可以获得体系的活化能。

根据均方位移的特点，如果研究它随温度的变化，则能够反映出材料发生的熔化、凝固等相变过程。

3.6　分子动力学应用举例

在本节中，我们将介绍分子动力学计算的七个典型示例，并了解前几节中介绍的内容在实际计算中是如何设定的。我们将使用两个流行的分子动力学模拟软件：前五个示例使用

XMD 软件，而后两个使用 LAMMPS 软件。

XMD 程序最初是由康涅狄格大学 Jon Rifkin 编写的，可以免费下载。它非常适合 MD 课堂教学，因为它可以很容易地安装在笔记本电脑上，并在 MS-DOS 环境下运行。它使用 Gear 算法（直到五阶导数）对牛顿方程进行积分。所有前面介绍的势函数大多可以在 XMD 中使用，例如两体势和 EAM 势等。

LAMMPS 最初主要是由 Steve Plimpton、Paul Crozier 和 Aidan Thompson 开发的，以 GPL license 发布，即开放源代码且可以免费获取使用，这意味着使用者可以根据自己的需求自行修改源代码。LAMMPS 使用 Verlet 算法对牛顿方程进行积分，并包含了多种势函数：对势、多体势（包括 EAM、Tersoff 等）和反应力场势等。该软件适合于科学研究和开发工作，支持包括气态、液态和固态等系统，支持各种系综和百万级的原子分子体系。LAMMPS 根据不同的边界条件和初始条件对原子、分子和宏观粒子集合的牛顿运动方程进行积分，通过近邻列表来追踪邻近的粒子以实现高效计算。并行时，LAMMPS 采用空间分解技术来分配模拟的区域，将整个模拟空间分成若干个较小的三维空间，每个小空间可以分配在一个处理器上。

建议大家在运行 XMD 或 LAMMPS 模拟前先阅读相关的使用手册，这将有助于更好地理解本节例子的输入文件。

3.6.1 铝的势能曲线

这是一个非常适合新手的简单示例。在本练习中，我们首先计算不同晶格参数下金属铝的内聚能，然后绘制其在 0 K 处的势能曲线：

- 执行的程序：XMD。
- 体系：块体铝。
- 势函数：适用于 NiAl 的 EAM 势。
- 温度：0K。

（1）输入文件

我们首先在一个运行目录中放置三个文件：XMD 程序文件、输入文件和势函数文件。本练习的输入文件是一个 shell 脚本，它通过自动将晶格参数从 3.80Å 每次递增 0.05Å 到 4.30Å 来计算体系的内聚能。

以下是为本练习准备的输入文件，其中"♯"号部分为注释内容，用于简要说明该命令。所有命令行的具体含义可以查询程序手册。请注意，要在实际运行中使用此文件，应删除备注或将其更改为独立行，并在行首添加♯，以避免出现任何错误。

```
# Al－PE－curve.xme
cho on
read NiAl_EAMpotential.txt
eunit eV
calc Al = 2
calc MassAl = 26.98
calc NX = 8
```

```
calc NY = 8
calc NZ = 8
box NX NY NZ
fill particle 4
2 1/4 1/4 1/4
2 3/4 3/4 1/4
2 3/4 1/4 3/4
2 1/4 3/4 3/4
fill go
calc A0 = 3.80
calc AX0 = A0
calc AY0 = A0
calc AZ0 = A0
calc DEL = 0.05
scale AX0 AY0 AZ0
select all
mass MassA1
dtime 1.0e-15
repeat 11
  calc AX = AX0 + DEL
  calc AY = AY0 + DEL
  calc AZ = AZ0 + DEL
  scale AX/AX0 AY/AY0 AZ/AZ0
  calc AX0 = AX
  calc AY0 = AY
  calc AZ0 = AZ
  cmd 500
  write file + Al - lattice.txt AX
  write file + Al - PE.txt energy
  write AX
  write energy
end
```

（2）运行

现在我们可以启动分子动力学计算，这里以在 DOS 中运行为例：

```
>xmd Al - PE - curve.xm          # run Al - PE - curve.xm
XMD(Version25.32 Oct 25 2002)
```

```
Not using pthread library.
Not using asm("finit"); patch in thread routines.
♯ Al－PE－curve.xm
echo on
＊＊＊ Number new particles 2048
＊＊＊ Current step is 500                    ♯ current timestep number
AX 3.8                                      ♯ set lattice parameter at 3.8Å
EPOT － 3197206702e＋000                      ♯ potential energy (eV/atom)
AX4.3
EPOT － 3248231965e＋000
Elapsed Time:0 min 49 sec                   ♯ total run time
DYNAMICS STATISTICS
  Number of MD Seps:5500                    ♯ total MD steps ＝ repeat 11 × cmd
                                              500

  Number of Neighbor Searches: 11          ♯ no. of neighbor list updates, $N_{up}$
  Time spent on MDsteps:49(secs)
  Time spent on Neighbor Search:0(secs)

ERROR STATISTICS
  Number of Fatal Errors:0
  Number of Unknow Command Errors:0
  Number of Misc. Warnings:0
```

（3）模拟结果

打开两个输出文件 Al-lattice. txt 和 Al-PE. txt，获得相应数据：

```
....
4          － 3.36085
4.05       － 3.36654
4.1        － 3.36094
....
```

平衡晶格常数、内聚能和体积模量可通过 Origin 等软件画图。图 3-5 显示了由四阶多项式拟合的体系能量与 Al 晶格常数的函数关系图。根据拟合曲线，我们得到对应能量最低时的平衡晶格常数 a_0＝4.05Å 和内聚能 E_{coh}＝3.37eV/atom，这与 4.05Å 和 3.39eV/atom 的实验值吻合。此外根据式（3-38），可以计算得到体积模量为 79GPa，与实验值 76GPa 吻合。在不同温度下进行类似的计算，可得出平衡晶格常数与温度的关系，从而得到热膨胀系数。

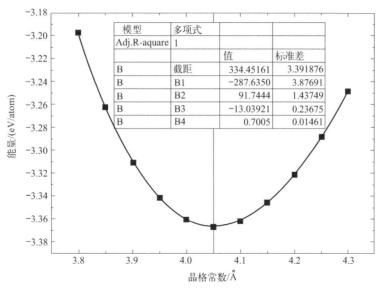

模型	多项式		
Adj.R-aquare	1		
		值	标准差
B	截距	334.45161	3.391876
B	B1	−287.6350	3.87691
B	B2	91.7444	1.43749
B	B3	−13.03921	0.23675
B	B4	0.7005	0.01461

图 3-5　四阶多项式拟合的体系能量与 Al 晶格常数的函数关系[20]

3.6.2　镍团簇的熔化

在本练习中，我们通过将温度升高到 2000K 来确定含有 2112 个原子的镍团簇的熔点。大块镍的熔点众所周知，但镍团簇的熔点则取决于团簇的大小。

- 执行的程序：XMD。
- 体系：真空中的镍原子团簇（2112 个原子，直径 3.5nm），为简单起见，忽略任何晶面信息。
- 势函数：适用于 NiAl 的 EAM 势。
- 温度：从 100K 增加到 2000K。

（1）输入文件

```
#Ni-cluster2112.xm
echo on
read NiAl_EAMpotential.txt
calc NX = 40
calc NY = 40
calc NZ = 40
dtime 0.5e-15
calc Ni = 1
calc MassNi = 58.6934
calc A0 = 3.5238
eunit eV

box NX NY NZ
```

```
#  bsave 20000 Ni－eluster－b.txt
#  esave 20000 Ni－cluster－e.txt
#  fill atoms into sphere of 5 unit radius centered at 20 20 20
fill boundary sphere 5.0 20.0 20.0 20.0
fill particle 4
1 1/4 1/4 1/4
1 1/4 3/4 3/4
1 3/4 1/4 3/4
1 3/4 3/4 1/4
fill go
select near 8 point20 20 20
fix on
select type 1
mass MassNi
scale A0
#  pressure elamp1.80
Calc temp = 100
repeat 20
    select all
    itemp temp
    clamp temp
    cmd 20000
    calc temp = temp + 100
    write file ＋Ni－cluster－T.txt temp
    write file ＋Ni－clusterx－e.txt energy
write xmol ＋Ni－cluster.xyz
end
```

命令"itemp"根据输入温度为所有粒子按照 Maxwell-Boltzmann 分布指定初始随机速度，而速度标度方案将使温度保持在预设数值。在大块固体中，应考虑热膨胀效应，允许体积变化，然而这对于真空中的团簇是不必要的。

（2）模拟结果

输出文件 Ni-cluster-T.txt 显示每 20000 个时间步的温度，另一个输出文件 Ni-cluster-e.txt 显示每 20000 个时间步的相应势能。图 3-6 是能量-温度曲线，显示出在 1500K 时能量有突然增加，这表明系统发生了熔化。该温度远低于大块镍的熔化温度（1726K）。请注意，由于表面原子的配位数较少，镍团簇的实际熔化温度可能比 1500K 再低 20％～30％。

为了更加直观地显示计算结果，可以借助一些可视化程序，例如 ChimeraX 等。图 3-7 显示了不同温度下的镍纳米团簇的结构图，可以看到在 1500K 时，团簇中心仍保留一些晶体的特征，但这些特征在 2000K 时完全消失（熔化）。

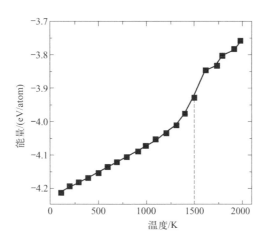

图 3-6　由 2112 个原子组成的镍纳米团簇的能量与温度的关系[20]

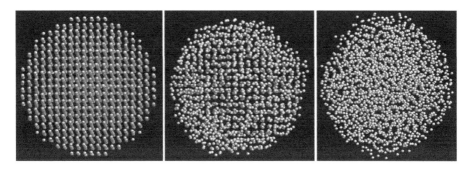

图 3-7　由 2112 个原子组成的镍纳米团簇在 100K、1500K 和 2000K 时的结构[20]

对于不同尺寸的镍团簇，以类似的方式进一步计算就可以揭示熔点随团簇尺寸的变化。通常熔点随着团簇尺寸的减小而降低，因为团簇越小，表面原子的配位数就越少，表面原子占总原子数的比例也在增加，它们很容易通过加热而失去结晶性。

3.6.3　镍纳米颗粒的烧结

在本练习中，我们将用三种镍纳米颗粒模拟烧结现象。

- 执行的程序：XMD。
- 体系：三个镍纳米颗粒（456 个原子，直径 21nm），总共 1368 个原子。
- 势函数：适用于 NiAl 的 EAM 势。
- 温度：500K、1000K 和 1400K。
- 围绕第二个纳米颗粒中心的三个原子被固定，以使系统具有位置稳定性。

（1）输入文件

首先构建三个镍纳米颗粒，并将温度逐渐升高至 500K、1000K 和 1400K，并通过速度标度算法使温度升高。烧结的驱动力是表面积的减小，该过程涉及原子通过表面、晶界和块体扩散到颈部区域。因此，通过计算三颈区增加的原子数，可以方便地测量烧结程度。

```
# Ni - 3clusters - 500 - 1000 - 1400K
echo on
read NiAl_EAMpotential.txt
calc NX = 20
calc NY = 20
calc NZ = 20
dtime 0.5e - 15
calc Ni = 1
calc MassNi = 58.6934
calc A0 = 3.5238
eunit eV
box NX NY NZ
ESAVE 2000 Ni - 3clusters.e
fill boundary sphere 3.0 7.0 10.0 8.0              # make a first nanoparticle
fill boundary sphere 3.0 10.0 10.0 13.4            # make a second nanoparticle
fill boundary sphere 3.0 13.0 10 8.0               # make a third nanoparticle
scale A0
write energy
select near 3 point 10.0 * A0 10.0 * A0 13.4 * A0
write sel ilist                                    # write the selected atoms' IDs
fix on
Select box 7.5 * A0 5 * A0 7 * A0 12.5 * A0 15 * A0 13 * A0
write sel ilist + Ni - 3clusters.i                 # count atoms in triple - neck region
write xmol Ni - 3clusters - intial.xyz             # for snapshot
write xmol + Ni - 3clusters.xyz                    # for animation
repeat 5                                           # initial heat up to 500K
   select type1
   mass MassNi
   itemp sel 500
   clamp sel 500
   cmd 2000
   write energy
   write ekin
   write temp
   write xmol + Ni - 3clusters.xyz                 # for animation
   write file + Ni - 3clusters.t temp              # write temperature
select box 7.5 * A0 5 * A0 7 * A0 12.5 * A0 15 * A0 13 * A0
write sel ilist + Ni - 3clusters - 5.i             # count atoms in triple - neck region
end
write xmol Ni - 3clusters - 5.xyz                  # for snapshot after 5 repeats
```

（2）模拟结果

图 3-8 显示了镍纳米颗粒烧结过程中的三个不同状态。在时间步数为 10000（温度为
500K）时观察到完全形成的颈部。进一步将温度提高到 1000K 进行烧结，这为原子扩散提供
了足够的热活化。当温度增加到 1400K 时，熔化发生，在表面张力的作用下，整个纳米颗粒
变成球形［图 3-8（c）］。

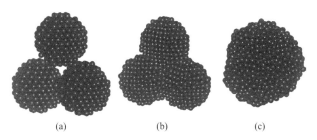

(a)   (b)   (c)

图 3-8　不同步数后镍纳米颗粒烧结的结构
(a) 0 步；(b) 10000 步；(c) 60000 步[20]

图 3-9 显示了三颈区中的原子数量和模拟时间的关系，随着模拟时间的增加，三颈区的
镍原子数从 436 个增加到 704 个。由于纳米颗粒的高比表面积，在 1000K 时，致密化基本完
成，三颈区原子数的进一步增加对应于粒子形状因表面张力而变圆。

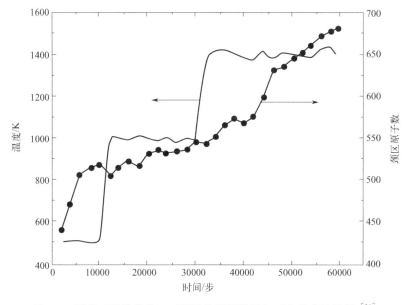

图 3-9　随着时间的推移，三颈区的原子数增加（实线表示温度）[20]

3.6.4　氩气的速度分布

氩气是一种接近理想气体的气体，一组氩气原子遵循简单的理想气体定律，$PV = NRT$。每个氩原子在没有任何相互作用的情况下随机移动（除了弱的范德瓦耳斯力相互作
用）。理想气体的行为由麦克斯韦-玻尔兹曼分布很好地描述，原子速度 s 的概率 $f(s)$ 由下式
给出[20]：

$$f(s) = \sqrt{\frac{2}{\pi}\left(\frac{m}{k_\mathrm{B}T}\right)^3} s^2 \exp\left(-\frac{ms^2}{2k_\mathrm{B}T}\right) = C_1 s^2 \exp(-C_2 s^2) \tag{3-44}$$

注意，上述方程式是一个速度分布表达式，速度 s 与速率 v_x、v_y 和 v_z 的关系为 $s = (v_x^2 + v_y^2 + v_z^2)^{1/2}$，$C_1$ 和 C_2 是拟合参数。它为气体动力学理论提供了坚实的基础，该理论解释了许多基本的气体性质，包括压力和扩散。

我们将通过使用经验 Lennard-Jones 势的计算机模拟来验证这些理论结果。

- 执行的程序：XMD。
- 体系：氩气（8000 个原子）。
- 势函数：Lennard-Jones 势。
- 温度：100～1000K。

（1）输入文件

在此次分子动力学模拟中，我们将首先构建 8000 个氩气气体原子，并在不同温度（100K、300K、500K 和 700K）下进行热平衡，以观察其速度分布。

```
# Set box dimension (1000 Angstrom = 0.1 micrometer), box, and periodic
# boundary conditions
# generate unit cell with one Ar, make the cell dimension of 50 x 50 x 50, fill
# the whole box (8,000 Ar atoms)
fill particle 1
  Ar 10 10 10
fill cell
  Lx/20 0 0
  0 Ly/20 0
  0 0 Lz/20
fill boundary box 0.0 0.0 0.0 Lx Ly Lz
fill go


# Check initial atom configuration
# Set mass and timestep (approximated as 0.01 * Tau, Tau = sigmaAr * sqrt (MassAr/
# epsilonAr) = 2.17e - 12 s)
# Set temperature and perform preliminary relaxation (NVT ensemble)
# repeat simulation at increasing temperatures starting from T = 100K
# preliminary relaxation of surface
  repeat 80                          # start first inner loop
    cmd npico                        # solve Newton's equations of motion
end                                  # end first inner loop
# MD
  repeat 20                          # start second inner loo
    cmd npico                        # solve Newton's equations of mot ion
    write file + E. dat energy
```

```
write file + T.dat temp
write file + P.dat stress
write file + V_ $ (Tsim) K.dat velocity
write xmol + solidAr .xyz
calc ipico = ipico + 1
write pdb ArGas_ $ (ipico) ps .pdb
```

（2）模拟结果

图 3-10 比较了四种不同温度下氩气气体的 Maxwell-Boltzmann 理论的原子速度。y 轴以 s/m 为单位，因此曲线任何部分下的面积（表示速度在该范围内的概率）是无量纲的。很明显，模拟结果与理论上的 Maxwell-Boltzmann 分布是一致的。

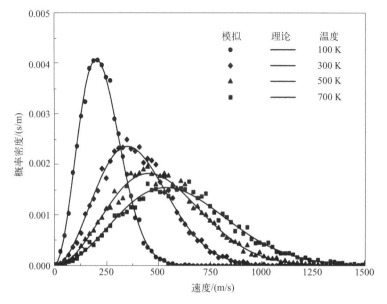

图 3-10　四种不同温度下 Ar 气体概率密度与原子速度的关系
（模拟结果用点表示，而 Maxwell-Boltzmann 理论结果用实线表示）[20]

3.6.5　Si（001）表面上沉积 SiC

本练习涉及薄膜沉积的模拟，薄膜沉积是许多领域（例如物理气相沉积 PVD 和化学气相沉积 CVD）中普遍采用的技术。在本练习中，我们将在 Si（001）表面上沉积 C 和 Si 原子，并观察非晶碳化硅（a-SiC）薄膜的形成。

- 执行的程序：XMD。
- 势函数：Tersoff 势。
- 衬底：10 层硅（金刚石），共 1440 个原子，固定在 300K。
- 沉积原子：C 和 Si，各 300 个原子。
- 沉积参数：每皮秒两个原子（C 和 Si），入射能量＝1eV/atom，入射角＝0°（垂直）。

通过本练习，我们将练习 XMD 代码中提供的许多命令，这些命令可以根据需要方便地自定义系统。

（1）输入文件

```
# a-SiC deposition on Si (001) substrate #
potential set Tersoff                        # switch on Tersoff C - Si potential
# Simulation condition #
# Simulation box & substrate dimension #
# Set box and boundary conditions #
# Si(001) substrate (diamond unit cell) creation with 1440 Si atoms #
# and 6A0 * 6A0 * 5A0 dimension #
fill particle 8
fill cell
write pdb Si001_sub .pdb                     # to check substrate configuration
# Relaxation of substrate #
cmd 1000
# estimate deposition rate: r = 2 atoms/ps = 2 * (A0 * A0 * A0/8)/ (Lx * Ly) #
# Angstrom/ps #
# assign velocity of depositing atoms: v = sqrt (2 * energy/mass) with #
# unit conversion #
# repeat depositing C and Si atoms #
# assign release point of depositing atoms #
cmd 3000
# remove rebound atoms #
# final relaxation of system at 300K
select all
cmd 1000
write xmol + SiC_depo_on_Si.xyz
```

（2）模拟结果

显示器上的标准输出如下所示：

```
* * * NUMBER SELECTED 284
* * * NUMBER SELECTED 1736
* * * Current step is 901000
* * * NUMBER SELECTED 0
WARNING: No atoms are selected
* * * NUMBER REMAINING 2020
EKIN 3.336005e - 002
EPOT - 4. 642033532e + 000
```

```
# final relaxation of system to 300K
select all
* * * NUMBER SELECTED 2020
cmd 1000
* * * Current step is 902000
write xmol + SiC_depo_on_Si .xyz
```

结果表明，最终成功沉积了 284 个 C 原子和 296 个 Si 原子，其余的原子（16 个 C 原子和 4 个 Si 原子）被弹跳而未沉积在 Si 表面，这使得沉积的薄膜略微富硅。图 3-11 显示了模拟 0 步、450000 步和 900000 步数后 Si（001）上沉积 SiC 的示意图。明显可以看到：在给定条件下，Si（001）表面的 SiC 形成非晶态结构。

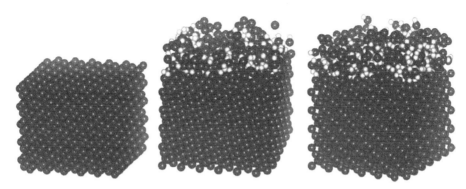

图 3-11　模拟 0 步、450000 步和 900000 步数后 Si（001）上沉积的 SiC[20]

对该系统进行了更深入的研究后发现，冷却后的非晶 SiC 薄膜密度随着衬底温度和入射能量的增加而增加。将此练习扩展到其他条件和系统将非常简单（例如，SiC 对 SiC，SiC 对 C）。

3.6.6　金纳米线的屈服机制

该例子说明了模拟研究如何与实际的实验观测相关联。本次分子动力学模拟的目的是确定金纳米线在拉伸变形下的屈服机制，特别关注孪晶和滑移的形成以及从（111）到（100）平面的表面重定向。

- 执行的程序：LAMMPS。
- 势函数：箔材的 EAM 势。
- 材料：由 8000 个原子组成 FCC 结构的金纳米线。
- 结构：沿 [110] 方向定向的线轴，有四个 111 侧面。
- 尺寸：菱形横截面 4mm×2.9nm，长度 23nm。
- 温度：300K。
- 拉伸应力：通过将模拟单元的 z 轴增加 0.0001/ps 的应变速率施加。

（1）输入文件

输入文件由三部分组成：金纳米线的结构生成、其在 300K 下的热平衡和拉伸载荷。

```
# Deformation of Au nanowire #
# Structure generation #
units metal
atom_style atomic
boundary m m p
# define lattice with lattice parameter, origin, orientation in z, x, and y axis
delete_atoms group del1                        # trimming corner to make a rhombic wire
# Deformation of Au nanowire #
# Structure generation #
# define lattice with lattice parameter, origin, orientation in z, x, and y axis
# Interatomic potential #
pair_styleeam
pair_coeff                                      # Au_u3. eam
neighbor 1.5 bin
neigh_modify every 1 delay 1
# Thermal equilibration at 300K #
velocity   all   create 300 87654321 dist gaussian
velocity   all   zero linear
velocity   all   zero angular
thermo 200
thermo_style custom step atoms temp pe lx lylzpzz press
thermo_modify lost warn norm yes flush yes
timestep 0. 005                                # ps (pico – second)
dump 1 all custom 20000 pos .dump id type x y z
fix 1 all npt 300.0 300.0 10.0 aniso NULL NULLNULLNULL 0.0 0.0 10.0 drag 1.0
run 20000
# Tensile loading #
# taking averages of T and potential energy between step 100 ～ 200
fix ThermoAve all ave/time 1 100 200 c_MyTempc_MyPe
thermo 200
# saving a 1og. lammps file with timestep, atoms, T, potential energy, zbox, #
# volume, P in z – axis #
fix 1 all nvt 300.0 300.0 10.0
fix 2 all deform 200 z erate 0.0001             # equal to strain rate of 0.0001/ps
# dump 2 all cfg 20000 pos. * .cfg id type xsyszs     # for display with Atomeye
dump 2 all xyz 50000 Au_ * . xyz                # for display with MDL
# dump_modify 2 element Au                      # for display with Atomeye
run 500000
```

（2）模拟结果

图 3-12 显示了模拟过程中三个不同阶段的结构图，展示了给定设置下金纳米线的变形行为。图中原子按其配位数分类，初始结构的表面［图 3-12（a）］主要由配位数为 9 的（111）面组成，而在菱形线的四个棱上，原子的配位数则要少于 8 个。

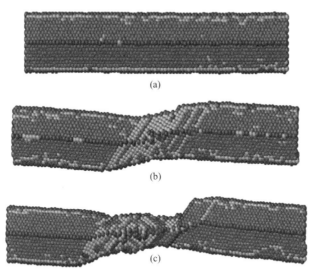

图 3-12　模拟 0 步、150000 步和 282000 步数后 Au 纳米线拉伸变形行为[20]

当长度应变增加约 7% 时，变形结构［图 3-12（b）］表现出各种变化，尤其是在表面上：

- ＜112＞/｛111｝中肖特基分位错的形核及其传播。
- 孪晶开始并通过变形区域/体积传播。
- 大多数原子的配位数减少到 8 左右。
- 晶面取向从（111）面转变到（100）面，这涉及大量的滑移。
- 沿（111）的易滑动面的滑移发生，导致就像卡片的滑动面一样的变形。请注意，在此阶段，只有最简单的滑动平面处于活动状态。

当长度应变进一步增加约 14% 时，所有变形机制都会激活，产生以下变化：

- 变形结构［图 3-12（c）］成为孪晶、层错、位错和肖特基分位错的混合物。
- 表面原子主要在（100）面上重新排列，但在菱形条的边缘和表面上发现了一些非晶态原子排列。

目前，研究人员已经在实验上观察到 Au（100）纳米薄膜自发转变为（111）纳米薄膜[21]。我们的分子动力学模拟研究表明，金纳米线在张力下也可能发生（111）到（100）的转变，最近的实验研究表明，这种转变的发生与模拟研究非常接近。计算的屈服应力在 2.2～2.6GPa 范围内，远高于正常块体金（约 0.12GPa）。

3.6.7　石墨烯纳米带包裹的水纳米液滴

在这一示例中，我们将模拟石墨烯纳米带和水纳米液滴之间的相互作用，作为一个代表性示例，演示具有不同化学键的原子如何相互作用。考虑了三种化学相互作用：碳原子之间的共价键、碳原子与水分子之间的范德瓦耳斯力相互作用以及水分子之间的电荷相关库仑相互作用。通过原子间势的杂化，本练习演示了水纳米液滴如何触发平面石墨烯纳米带的折叠，以及如何通过折叠过程中势能的变化获得水的表面张力。

- 执行的程序：LAMMPS。
- 石墨烯纳米带：7200 个 C 原子（六边形蜂窝状晶格结构，纳米带宽 7nm，长 25nm）。
- 纳米水滴：由 3604 个氧原子和 7208 个氢原子组成的水分子簇（密度 $\rho = 0.98 \text{g/cm}^3$）。
- 结构：Zigzag 型（弯曲方向）和 Armchair 型（垂直于弯曲方向）结构。
- 势函数：C—C 相互作用的 AIREBO 势，H_2O 的 TIP4P 势，以及 C 和 H_2O 相互作用的 LJ 型两体势。
- 温度：300K。

（1）输入文件（结构部分）

```
# The header part, it typically contains a description of the file #
LAMMPS readable position file (atom style: full)
# Define number of atoms, types, bonds, and angles #
# The header part, it typically contains a description of the file #
LAMMPS readable position file (atom style: full)
# Define number of atoms, types, bonds, and angles #
# System size in Angstrom #
Atoms
# Position information: atom-ID molecule-ID atom-type q x y z #
Bonds
# Position information: ID type atom1 atom2 #
Angles
# Angle information: ID type atom1 atom2 atom3 #
# End #
```

除了结构之外，输入文件由三部分组成：使用位置文件（data.C-H_2O）进行系统识别，建立混合型原子间势，以及分子动力学计算，包括通过共轭梯度能量最小化进行结构弛豫。

```
# Nanodroplet of water on the graphene nanoribbon #
units metal
boundary P P P
atom_style full
bond_style harmonic
angle_style harmonic


# Loading position and angle, bond information #
# Interatomic potential for hybrid-type #
# Wedging part #
region r_fix block INF 22.4 INF INF 9.0 11.0 units box
```

```
# Grouping #
# Structure relaxation using energy minimization #
# Saving a log. lammps file with timestep, T, potential energy for Carbon #
# and water #
velocity g_MD create 300 790316 dist gaussian
timestep 0.002                              # 2 femto – second (10⁻¹⁵ second)

fix 1 all nve
fix2 g_fixsetforce 0 0 0
fix 3 g_MD temp/rescale 10 300.0 300.0 5.0 0.8

dump mydump all cfg 5000 dump_ * .cfg id type xsyszsc_mype
dump_modifymydump element C O H

restart 10000 restart. C – H20_ *
# Start MD calculation #
run 500000
# End #
```

（2）模拟结果

图 3-13 显示了石墨烯纳米带与水纳米液滴相互作用之间的势能演变，插图还显示了四个不同时刻的原子构型。由于石墨烯是疏水性的，水分子倾向于避免润湿石墨烯结构，并与其他水分子结合形成球体，其形状如图 3-13 的最下方插图所示。根据水滴的大小（直径 6.0nm）和水滴中 H_2O 分子的数量（3604 H_2O）进行估算，该阶段水的密度为 $0.98g/cm^3$。

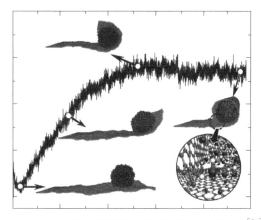

图 3-13　石墨烯纳米带对水纳米液滴的自发包裹[20]

结构弛豫后，石墨烯纳米带逐渐弯曲，直到它包裹住水滴。尽管石墨烯纳米带和水分子之间的相互作用由弱范德瓦耳斯力控制，但这些力足以弯曲石墨烯纳米带，因为在弯曲曲率范围内，弯曲石墨烯所需的能量相当小。石墨烯纳米带包裹的驱动力是液滴的表面张力被替换成了较小的石墨烯-液滴（固液）界面能。如图 3-13 所示，石墨烯纳米带的势能随着水滴自由表面积的减小而增加。超过 0.6ns，表面能等于石墨烯纳米带的弯曲能，石墨烯纳米带的势能饱和。从能量平衡，我们得到：

$$\gamma_{H_2O} = \frac{\Delta E_{GNR}^{tot}}{S_w} \tag{3-45}$$

其中，γ_{H_2O} 是水滴的表面张力；ΔE_{GNR}^{tot} 表示石墨烯纳米带总势能的变化；S_w 是石墨烯纳米带覆盖的表面积。

根据图 3-13 中的结果，ΔE_{GNR}^{tot} 和 S_w 分别计算为 51eV 和 92nm^2。根据方程（3-45），水的表面张力计算为 88.64mN/m（或 0.554eV/nm^2），这与 75mN/m 的实验值基本一致。

前面几个例子表明，分子动力学模拟是一个十分重要的工具，可以在一个更好的控制环境中模拟真实的实验。随着计算机能力的不断提高，加上原子间相互作用势的准确性不断提高，分子动力学已经可以用于许多实际材料的模拟。尽管分子动力学在模拟时间和空间尺度上仍有局限性，但它将会成为联系宏观实验现象和微观本质的重要桥梁。最后提醒一点，LAMMPS 程序一直在不断升级，有一些输入参数和格式发生变化，因此如果使用较新版本 LAMMPS 进行模拟，可能需要修改相应输入文件的某些命令。

习题

[3-1]　利用分子动力学方法计算体心立方结构 Fe 的结合能（势函数选用 EAM 势）。

[3-2]　利用分子动力学方法计算体心立方结构 Fe 的空位形成能。

[3-3]　利用分子动力学方法计算面心立方结构 Cu 的（111）、（110）和（100）面的表面能。

参考文献

[1]　Alder B J，Wainwright T E. Phase Transition for a Hard Sphere System[J]. The Journal of Chemical Physics，1957，27(5)：1208-1209.

[2]　Kadau K，Germann T C，Lomdahl P S. Molecular-dynamics comes of age：320 billion atom simulation on BlueGene/L[J]. International Journal of Modern Physics C，2006，17（12）：1755-1761.

[3]　Mie G. Zur kinetischen Theorie der einatomigen Körper[J]. Annalen der Physik，1903，316(8)：657-697.

[4]　Jones J E. On the determination of molecular fields：I. From the variation of the viscosity of a gas with temperature[J]. Proceedings of the Royal Society A，1924，106(738)：441-462.

[5]　Jones J E. On the determination of molecular fields：II. From the equation of state of a gas[J]. Proceedings of the Royal Society A，1924，106(738)：463-477.

[6] Buckingham R A. The classical equation of state of gaseous helium, neon and argon[J]. Proceedings of the Royal Society A, 1938, 168(933): 264-283.

[7] Morse P M. Diatomic Molecules According to the Wave Mechanics: II. Vibrational Levels[J]. Physical Review, 1933, 1(9): 643-646.

[8] Huggins M L. Interatomic Distances in Crystals of the Alkali Halides[J]. The Journal of Chemical Physics, 1933, 1(4): 270-279.

[9] Mayer J E. Dispersion and Polarizability and the van der Waals Potential in the Alkali Halides[J]. The Journal of Chemical Physics, 1933, 1(4): 270-279.

[10] Nørskov J K, Lang N D. Effective-medium theory of chemical binding: Application to chemisorption[J]. Physical Review B, 1980, 21(6): 2131-2136.

[11] Daw M S, Baskes M I. Embedded-atom method: Derivation and application to impurities, surfaces, and other defects in metals[J]. Physical Review B, 1984, 29(12): 6443-6453.

[12] Finnis M W, Sinclair J E. A simple empirical N-body potential for transition metals [J]. Philosophical Magazine A, 1984, 50(1): 45-55.

[13] Baskes M I. Application of the Embedded-Atom Method to Covalent Materials: A Semiempirical Potential for Silicon[J]. Physical Review Letters, 1987, 59(23): 2666-2669.

[14] Stillinger F H, Weber T A. Computer simulation of local order in condensed phases of silicon[J]. Physical Review B, 1985, 31(8): 5262-5271.

[15] Tersoff J. New empirical model for the structural properties of silicon[J]. Physical Review Letters, 1986, 56(6): 632-635.

[16] Brenner D W. Empirical potential for hydrocarbons for use in simulating the chemical vapor deposition of diamond films[J]. Physical Review B, 1990, 42(15): 9458-9471.

[17] Shan T R, Devine B D, Kemper T W, et al. Charge-optimized many-body potential for the hafnium/hafnium oxide system[J]. Physical Review B, 2010, 81(12): 125328.

[18] van Duin A C T, Dasgupta S, Lorant F, et al. ReaxFF: A Reactive Force Field for Hydrocarbons[J]. The Journal of Physical Chemistry A, 2001, 105(41): 9396-9409.

[19] Verlet L. Computer "Experiments" on Classical Fluids: I. Thermodynamical Properties of Lennard-Jones Molecules[J]. Physical Review, 1967, 159(1): 98-103.

[20] Lee J G. Computational Materials Science: An introduction: 2nd edition[M]. London: CRC Press, 2016.

[21] Kondo Y, Takayanagi K. Gold nanobridge stabilized by surface structure[J]. Physical Review Letters, 1997, 79(18): 3455-3458.

第4章

蒙特卡罗方法

自然界和社会现象中广泛存在非确定性的随机现象或随机过程，蒙特卡罗（Monte Carlo，MC）方法是处理这种随机现象的一种数学方法，它通过随机变量的统计实验来求解物理、数学、化学、天文和地理等自然科学或社会科学中的随机问题，主要目的是研究相应随机变量的分布规律。蒙特卡罗方法现已广泛应用于自然科学和社会科学领域。

4.1 蒙特卡罗方法概述

在自然科学和社会科学中，都存在"确定性问题"和"随机性问题"。确定性问题是在一定条件下必然产生的结果，或在自然规律下一定出现的结果。随机性问题是微观粒子在运动中出现的随机过程，具有概率特征。此外，宏观观察量是大量微观粒子相应微观量的统计平均结果，宏观物理规律有其必然性，但宏观量和微观量密切相关，因此从本质上讲，材料科学问题和随机性密切相关。

确定性问题在一定条件下有确定的解答，可采用传统的数学方法处理，称为"确定性数学"。而另一类数学方法是对随机事件进行数学模拟，揭示客观规律，称为"非确定性数学"。"非确定性数学"用来处理随机性问题，或者处理在确定性问题中近似条件减弱或减少，研究的问题越来越接近真实环境时的实际问题。在材料科学中，一方面，研究的问题越来越复杂，传统的确定性数学方法将遇到困难或无能为力，这就需要采用其他适当的数学方法对具有随机性的物理化学现象和过程进行数学模拟和统计，以获得和实验一致的过程和结果；另一方面，材料科学的许多问题需要对大量作为随机变量的测量数据进行处理，这也需要使用"非确定性数学"。"非确定性数学"方法处理的是随机现象的随机过程。

我们先看一个著名的随机现象的例子。1977 年，法国著名科学家蒲丰发现了随机投针的概率与无理数 π 之间的关系[1-4]。假设平面上有一系列距离为 $2a$ 的平行线，向平面上投掷长为 $2l$（$l<a$）的针，如图 4-1 所示，试求针与平行线相交的概率。

假设 x 是针的中点到最近一平行线的距离，θ 是针与平行线之间的夹角。x 和 θ 满足以下关系：

$$0 \leqslant x \leqslant a, 0 \leqslant \theta \leqslant \pi$$

为使针和平行线相交，充分必要条件是 x 和 θ 满足：$x \leqslant l\sin\theta$。因此针和平行线相交的概率

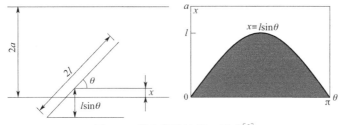

图 4-1　蒲丰投针计算 π 示意[2]

是曲线 $x = l\sin\theta$ 下面阴影部分面积与矩形面积 $a\pi$ 之比，即：

$$P = \frac{\int_0^\pi l\sin\theta}{a\pi} = \frac{2l}{a\pi}$$

蒲丰提出的模型把随机投针与平行线相交的概率和圆周率 π 联系起来。利用该方法可以通过投针实验求得针与平行线相交的概率 P，然后求得 π 的数值：

$$\pi = \frac{2l}{Pa}$$

如果投针次数为 m，针与平行线相交的次数为 n，那么 $P = n/m$，即：

$$\pi = \frac{2lm}{an}$$

表 4-1 列举了历史上若干投针实验计算 π 值的结果。

表 4-1　投针实验计算 π 值的结果[2-4]

实验者	年份	投针次数	π 的计算值
沃尔弗（Wolf）	1850	5000	3.1596
史密思（Smith）	1855	3204	3.1553
福克斯（Fox）	1894	1120	3.1419
拉查里尼（Lazzarini）	1901	3408	3.1415929

另一个随机现象的例子是打靶问题（打靶游戏）。假设 r 为运动员射击的弹着点与靶心的距离，$g(r)$ 表示弹着点 r 的环数，$f(r)$ 是弹着点为 r 的子弹数目，即弹着点的分布密度函数。该运动员的射击成绩为：

$$<g> = \int_0^\infty g(r)f(r)\mathrm{d}r \tag{4-1}$$

用概率语言来表述，$<g>$ 是随机变量 $g(r)$ 的数学期望值。假如该运动员射击了 N 次，每次的弹着点和对应的环数是 $r_1, g(r_1), r_2, g(r_2), \cdots, r_N, g(r_N)$。那么 N 次射击的平均成绩是：

$$\bar{g} = \frac{1}{N}\sum_1^N g(r_i) \tag{4-2}$$

该平均值就是该运动员的成绩。换言之，我们可以用 N 次实验所得成绩的统计平均值作为数学期望 $<g>$ 的估计值。如果射击运动员射击环数的统计分布数据如表 4-2 所示，并按照图 4-2 所示方法选择随机数 ξ，得到成绩。这样进行一次随机试验就得到一次成绩 $g(r)$，作 N 次试验后，就得到该运动员射击成绩的近似值，可以用式（4-2）来计算。

表 4-2　射击运动员的弹着点分布情况

环数	7	8	9	10
概率	0.1	0.1	0.3	0.5

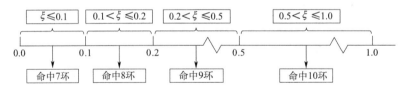

图 4-2　运动员射击成绩的随机数选择

4.2　随机变量

常用的随机变量有离散型随机变量和连续型随机变量。离散型随机变量 ξ 可以用分布列表示：

$$\begin{cases} x_1, x_2, \cdots, x_n \\ p_1, p_2, \cdots, p_n \end{cases}$$

它表示 ξ 取值为 x_i 的概率为 $p_i(i=1,2,\cdots,n)$，即 $p_i = p(\xi=x_i)$。分布列描述了离散型变量的概率分布。

连续型随机变量的可取值是不可分的，不能用分布列来表示它的概率分布，而要用概率分布密度来描述。考虑连续型随机变量 ξ 落在区间 $[x, x+\Delta x)$ 内的概率为 $p(x \leqslant \xi < x + \Delta x)$，如果存在极限：

$$\lim_{\Delta x \to 0} \frac{p(x \leqslant \xi < x + \Delta x)}{\Delta x} = f(x) \tag{4-3}$$

则函数 $f(x)$ 表示 ξ 在点 x 的概率密度，$f(x)$ 称为随机变量 ξ 的概率分布密度，简称分布密度或者密度函数。随机变量 ξ 落在 $[a,b)$ 内的概率可写为：

$$p(a \leqslant \xi < b) = \int_a^b f(x) \, \mathrm{d}x \tag{4-4}$$

上式当 $f(x)$ 可积时才有意义。连续型随机变量及其分布密度的定义：若对随机变量 ξ，存在区间 $[a,b]$ 内的非负可积函数 $f(x)$，使式（4-4）成立，则称 $f(x)$ 为连续随机变量 ξ 的分布密度。

分布函数用来表示随机变量的概率分布规律。对于离散型随机变量 ξ，分布函数 $F(x)$ 为阶梯函数（分段常值函数）：

$$F(x) = p(\xi \leqslant x) = \sum_{x_i \leqslant x} p_i \tag{4-5}$$

连续型随机变量的分布函数 $F(x)$ 与分布密度 $f(x)$ 满足如下关系：

$$F(x) = \int_{-\infty}^{x} f(x)\,\mathrm{d}x \tag{4-6}$$

上式中分布密度 $f(x)$ 即为分布函数 $F(x)$ 的导函数：

$$f(x) = \frac{\mathrm{d}F(x)}{\mathrm{d}x} \tag{4-7}$$

引入数学期望和方差可更好地描述随机变量的特征。数学期望是实验中每次可能的结果乘以其概率的总和。方差是在概率论中衡量随机变量或一组数据离散程度的量。概率论中方差用来度量随机变量和其数学期望（即均值）之间的偏离程度。

离散型随机变量 ξ 取值 x_i 的概率为 $p_i(i=1,2,\cdots,n)$，则其数学期望定义为：

$$E\xi = \sum_{i=1}^{n} x_i p_i \tag{4-8}$$

方差 $D\xi$ 可定义如下：

$$D\xi = \sum_{i=1}^{n} p_i (x_i - E\xi)^2 \tag{4-9}$$

连续型随机变量 ξ 的分布密度为 $f(x)$，则数学期望和方差分布为：

$$E\xi = \int_{-\infty}^{\infty} x f(x)\,\mathrm{d}x \tag{4-10}$$

$$D\xi = \int_{-\infty}^{\infty} (x - E\xi)^2 f(x)\,\mathrm{d}x \tag{4-11}$$

我们将方差 $D\xi$ 表示为：

$$D\xi = \delta^2 \tag{4-12}$$

方差的平方根 δ 称为标准误差。标准误差 δ 与其真值有相同的量纲，它比方差用得更多。

4.3 大数定理和中心极限定理

概率论中的大数定理和中心极限定理是蒙特卡罗方法的基础。

大数定理：设 $\xi_1,\xi_2,\cdots,\xi_n,\cdots$ 为一随机变量序列，独立同分布（相互独立并满足同一分布），数学期望值 $E\xi = a$ 存在，则对任意 $\varepsilon > 0$，有：

$$\lim_{n \to \infty} p\left\{ \left| \frac{1}{n} \sum_{i=1}^{n} \xi_i - a \right| < \varepsilon \right\} = 1 \tag{4-13}$$

根据大数定理，当 n 趋向无穷大时，算术平均收敛到数学期望。如果做误差分析，需要用到中心极限定理。

中心极限定理：设 $\xi_1,\xi_2,\cdots,\xi_n,\cdots$ 为一随机变量序列，独立同分布，数学期望 $E\xi = a$，方差 $D\xi = \sigma^2$，则当 n 趋向无穷大时，这一随机数列满足参数为 a 和 σ^2 的正态分布 $N(a,\sigma^2)$，即：

$$p\left\{\frac{\dfrac{1}{n}\sum_{i=1}^{n}\xi_i-a}{\dfrac{\sigma}{\sqrt{n}}}<X_a\right\}=\frac{1}{\sqrt{2\pi}}\int_{-\infty}^{X_a}\mathrm{e}^{-\left(\frac{x^2}{2}\right)}\,\mathrm{d}x \tag{4-14}$$

根据中心极限定理，当 n 无穷大时，可得到：

$$p\left\{-X_a<\frac{\dfrac{1}{n}\sum_{i=1}^{n}\xi_i-a}{\dfrac{\sigma}{\sqrt{n}}}<X_a\right\}$$

$$=p\left\{\frac{\dfrac{1}{n}\sum_{i=1}^{n}\xi_i-a}{\dfrac{\sigma}{\sqrt{n}}}<X_a\right\}-p\left\{\frac{\dfrac{1}{n}\sum_{i=1}^{n}\xi_i-a}{\dfrac{\sigma}{\sqrt{n}}}<-X_a\right\}$$

$$=\frac{1}{\sqrt{2\pi}}\int_{-\infty}^{X_a}\mathrm{e}^{-\left(\frac{x^2}{2}\right)}\,\mathrm{d}x-\frac{1}{\sqrt{2\pi}}\int_{-\infty}^{-X_a}\mathrm{e}^{-\left(\frac{x^2}{2}\right)}\,\mathrm{d}x=\frac{2}{\sqrt{2\pi}}\int_{0}^{X_a}\mathrm{e}^{-\left(\frac{x^2}{2}\right)}\,\mathrm{d}x$$

有：

$$p\left\{\left|\frac{1}{n}\sum_{i=1}^{n}\xi_i-a\right|<\frac{X_a\sigma}{\sqrt{n}}\right\}\rightarrow\frac{2}{\sqrt{2\pi}}\int_{0}^{X_a}\mathrm{e}^{-\left(\frac{x^2}{2}\right)}\,\mathrm{d}x<1 \tag{4-15}$$

如果记：

$$\frac{2}{\sqrt{2\pi}}\int_{0}^{X_a}\mathrm{e}^{-\left(\frac{x^2}{2}\right)}\,\mathrm{d}x=1-a \tag{4-16}$$

则 n 无穷大时：

$$p\left\{\left|\frac{1}{n}\sum_{i=1}^{n}\xi_i-a\right|<\frac{X_a\sigma}{\sqrt{n}}\right\}\approx1-a$$

表示当 n 很大时，不等式：

$$\left|\frac{1}{n}\sum_{i=1}^{n}\xi_i-a\right|<\frac{X_a\sigma}{\sqrt{n}} \tag{4-17}$$

成立的概率为 $1-a$，通常将 a 称为置信度，$1-a$ 为置信水平。X_a 为正态量，$\dfrac{X_a\sigma}{\sqrt{n}}$ 是用算术平均值逼近带权平均值（数学期望）的误差。

如果 $X=\dfrac{1}{n}\sum_{i=1}^{n}x_i$，以 $E(X)$ 表示 X 的平均值，考虑其相对误差：

$$\frac{X-E(X)}{E(X)}\leqslant\frac{\lambda\sigma}{\sqrt{n}E(X)}=\varepsilon_n$$

$E(X)$，σ 都是未知量，作为近似，以 $\sqrt{\dfrac{1}{n}\sum_{i=1}^{n}(x_i-X)^2}$ 代替 σ，以 X 代替 $E(X)$，有：

$$\varepsilon_n = \frac{\lambda \sqrt{\dfrac{1}{n} \sum\limits_{i=1}^{n} (x_i - X)^2}}{X \sqrt{n}}$$

所以给定置信度后，误差 ε 由 σ 和 $\sqrt{n}$ 决定。

a 和 X_a 的关系可以在正态分布的积分表中查到。表 4-3 给出常用的几组 a 和 X_a 的值。从式（4-17）可知，算术平均值 $\dfrac{1}{n} \sum\limits_{i=1}^{n} \xi_i$ 收敛到数学期望 a 的阶为 $O\left(\dfrac{1}{\sqrt{n}}\right)$。当 $a = 0.5$ 时，误差 $\varepsilon = 0.6754\sigma/\sqrt{n}$ 称为概率误差。该例子说明蒙特卡罗方法收敛的阶很低，收敛速度很慢，误差 ε 由 σ 和 $\sqrt{n}$ 决定。在固定 σ 的情况下，要提高 1 位精确度，就要增加 100 倍试验次数。因此，控制方差是蒙特卡罗方法应用中很重要的一点。

表 4-3 a 和 X_a 的值[2,4]

a	0.5	0.05	0.02	0.01
X_a	0.6745	1.9600	2.3263	2.5758

4.4 随机数和随机抽样

4.4.1 随机数

在使用蒙特卡罗方法模拟实验的过程中，需要产生大量具有概率分布的随机变量。这些随机变量的抽样值称为随机数，一般默认的随机数是指 $[0,1]$ 区间上均匀分布的随机变量的抽样值，其他分布的随机数都可在此基础上得到。随机数的产生有一定方法，并且需要检验随机数的好坏。常用产生随机数的方法有三种：

第一种，编列随机数表方法。编列一张由 $0 \sim 9$ 十个数字随机排列组成的随机数表，表中任意位置每个数字出现的概率为 1/10，且与近邻的数字没有相关性。假如把近邻的 4 个数字组合除以 10^4，就可产生一系列 $[0,1]$ 区间均匀分布的随机数。

第二种，物理方法。一些物理现象的测量结果带有随机性，通过随机数发生器将测量结果转换成数字信号来产生随机数。如电子器件的热噪声、随机脉冲信号源等。

第三种，数学方法。通过确定递推公式来获得，即前一个数通过递推公式产生下一个数，其数值完全由初始值决定，这种方法容易出现周期性重复，不满足真正随机数的要求，因此这种随机数一般称为伪随机数。在实际应用中，伪随机数在大多数情况下是可以使用的。

一般程序语言的数学库中都有产生随机数的函数，对随机数的基本要求有随机性（均匀性、独立性）好、易实现、周期足够长。下面介绍的方法可以产生接近均匀分布的伪随机数。

① 平方取中法。平方取中法是把一个 m 位的十进制数自平方后，去头截尾只保留中间 m 个数字，然后用 10^m 来除，这样就得到在 $[0,1]$ 上均匀分布的伪随机数序列。设 ξ_{n-1} 为 m 位十进制数，$0 < \xi_{n-1} < 1$，使：

$$x_{n+1} = \left[\frac{x_n^2}{10^{\frac{m}{2}}} \right] \mathrm{mod}(10^m) \tag{4-18}$$

$$\xi_{n+1} = 10^{-m} x_{n+1}$$

式中，$[x]$ 表示取整，即不超过 x 的最大整数；"mod" 是一种运算：$A \bmod B$ 表示正整数 A 被正整数 B 整除后的余数。例如，设十进制数的 $m=4$，并取 $x_1 = 6406$，则有：$x_1 = 6406$，$x_1^2 = 41036836$；$x_2 = 0368$，$x_2^2 = 00135424$；$x_3 = 1354$，$x_3^2 = 01833316$；$x_4 = 8333$，$x_4^2 = 69438889$。相应的伪随机数序列是 0.6406，0.0368，0.1354，0.8333，0.4388 等。

② 乘同余法。乘同余法是目前常用的一种方法，其迭代公式为：

$$x_{n+1} = \lambda x_n (\bmod M) \tag{4-19}$$

$$\xi_{n+1} = x_{n+1}/M$$

其中，λ，M 和初值 x_0 可以有不同的取法。如 $M = 10^8 + 1$，$\lambda = 23$，$x_0 = 47594118$，得到 8 位十进制的伪随机数序列。$\xi_{n+1} = x_{n+1}/M$ 即可作为 $[0,1]$ 区间上均匀分布的伪随机数。

③ 混同余法。混同余法也称为乘加同余法，其迭代公式为：

$$x_{n+1} = (\lambda x_n + C)(\bmod M)$$

$$\xi_{n+1} = x_{n+1}/M$$

取 $M = 2^s$，$\lambda = 8 \times \left[\frac{M}{64} \times \pi \right] + 5$，$C = 2 \times \left[\frac{M}{2} \times 0.211324865 \right] + 1$。该方法产生随机数的周期较长，为 2^s。对于大规模蒙特卡罗模拟，可以选用 $M = 2^{48}$，$\lambda = 25214903917$，$C = 11$（均表示为 64 位整数）。

以上乘同余法和混合同余法都源自线性同余发生器（linear congruence generator，LCG）。以上方法产生的伪随机数还需要检验，看是否满足所需的要求。随机数检验包含均匀性、独立性等，属于专业的数学范畴，在这里不做详细叙述。

4.4.2 离散型直接抽样法

在实际问题中遇到的随机数都是具有一定分布的，有了均匀分布的随机数后，下一步就是如何用均匀分布的随机数产生所要求分布的随机数，该问题就是随机抽样。在实际的抽样问题中，不仅要考虑计算量，即所谓的"抽样费用"，还要考虑不同实际问题应采用不同的抽样方法。一般地，对于随机变量抽样而言，只要其所用的随机数序列满足均匀和相互独立的要求，那么由它所产生的简单子样就严格满足具有相同的总体分布且相互独立。

对于可以取两个值的随机变量 x，如果 x_1、x_2 的取值概率分别为 p_1 和 p_2（这时应当有 $p_1 = 1 - p_2$），显然，可以在区间 $[0,1]$ 取一个均匀分布的随机数 r，若 r 满足 $r \leqslant p_1$，则变量 $x = x_1$；反之，变量 $x = x_2$。

一般地，对于离散型随机变量抽样，已知可以有限取值的随机变量 x，如果其 x_i 取值的概率为 $p_i (i = 1, 2, \cdots; \sum_i p_i = 1)$，则其分布函数可表示为：

$$F(x) = \sum_{x_i \leqslant x} p_i \tag{4-20}$$

该随机变量的直接抽样方法可按下面的步骤进行：

① 选取 $[0,1]$ 区间上的均匀分布的随机数 r；

② 选出符合不等式 $F(x_{i-1}) \leqslant r < F(x_i)$ 的 i 值；

③ 与 i 对应的 x_i 就是所求的抽样值，该子样具有分布函数 $F(x_i)$。

实际上：

$$p(x=x_i) = \sum_{x_{i-1} \leqslant x} p_i \leqslant r < \sum_{x_i \leqslant x} p_i = \sum_{x_i \leqslant x} p_i - \sum_{x_{i-1} \leqslant x} p_i = p_i \qquad (4\text{-}21)$$

如果和式 $l_i = \sum_{x_i \leqslant x} p_i$，$r$ 满足 $l_{i-1} \leqslant r < l_i$，则抽样值为 $x = x_i$。下面我们看两个例子。

【例 4-1】随机变量 x 可取三个值 x_1、x_2、x_3，它们出现的概率分别为 $\frac{1}{7}$、$\frac{2}{7}$ 和 $\frac{4}{7}$。可以在区间 $[0,1]$ 取一个均匀分布的随机数为 r，$r \leqslant \frac{1}{7}$ 则 x 取值 x_1。如果 $r \in (\frac{1}{7}, \frac{3}{7}]$，则 x 取值 x_2，如果 r 大于 $\frac{3}{7}$，x 取值为 x_3。

【例 4-2】γ 光子与物质相互作用类型的抽样问题可作为离散型直接抽样法的一个具体物理实例。众所周知，γ 光子与物质相互作用有三种类型，分别是光电效应、康普顿散射和电子对效应。其中，光电效应和电子对效应对应着光子的吸收过程。设光电效应、康普顿散射、电子对效应三种过程的微分截面分别为 σ_e、σ_s 和 σ_p，其总的微分散射截面为：

$$\sigma_T = \sigma_e + \sigma_s + \sigma_p$$

可采用如下抽样方法：

① 产生一个均匀分布 $[0,1]$ 区间上的随机数 r；

② 若满足不等式 $r < \sigma_e/\sigma_T$，则发生光电效应；

③ 如果不满足②，且满足不等式 $r < (\sigma_e+\sigma_s)/\sigma_T$，则发生康普顿散射；

④ 若 $r \geqslant (\sigma_e+\sigma_s)/\sigma_T$，则产生电子对效应。

4.4.3　连续型直接抽样法

对于连续型分布，可将上述离散型分布情况推广，取极限，则上述概率求和变成积分。已知分布在 $[a,b]$ 区间上的连续随机变量 x 具有归一化的密度分布 $\rho(x)$，该连续型变量的分布函数可表示为：

$$F(\eta) = \int_a^\eta \rho(x)\,\mathrm{d}x \qquad (4\text{-}22)$$

其中，$F(\eta)$ 为单调增函数，且存在反函数。根据前面离散型分布函数 $F(x)$ 的定义，$F(\eta)$ 表示随机变量取值小于等于 η 的概率。设随机数 r 均匀分布且等于分布函数 $F(\eta)$，即 $r = F(\eta)$。由于 $F(\eta)$ 为单调增函数，则存在反函数 $\eta = F^{-1}(r)$，就是具有分布密度 $\rho(x)$ 的连续型随机变量的一个抽样。

设 $\rho(x)$ 是在区间 $[a,b]$ 上的已归一化的概率密度分布函数，其定义为：

$$\int_a^b \rho(x)\,\mathrm{d}x = 1$$
$$\mathrm{d}P(x \to x+\mathrm{d}x) = \rho(x)\,\mathrm{d}x \qquad (4\text{-}23)$$

式中，P 是无量纲概率。因此概率密度分布函数 $\rho(x)$ 的量纲是自变量量纲的倒数：$[\rho(x)]=1/[x]$，这和离散情况不同。在区间 $[a,b]$ 上均匀分布的概率密度分布函数为 $\rho(x)=1/(b-a)$。

一般而言，$F(\eta)$ 可以数值计算。对每一个 η 值求相应的 r，然后列表，当给定某一随机数后可从表中插值得到 η。但此方法很烦琐，最好是由上式解析出反函数 $\eta=F^{-1}(r)$ 的表达式，这对一些简单的概率密度分布函数是可以做到的。因此，有时又把连续型直接抽样法称为反函数法[4-6]。

对于连续型直接抽样法的抽样步骤，可采取如下形式：

① 给定分布密度 $\rho(x)$；

② 计算其分布函数 $F(\eta)$；

③ 产生随机数 r；

④ 计算反函数 $F^{-1}(r)$，令 $\eta=F^{-1}(r)$；

⑤ 重复步骤③和④。

下面我们看几个例子。

【例 4-3】β 分布是指一组定义在 $(0,1)$ 区间的连续型分布，有两个母数 $\alpha,\beta>0$，其概率密度分布函数可表示为：

$$f(x,\alpha,\beta)=\frac{x^{\alpha-1}(1-x)^{\beta-1}}{\int_0^1 u^{\alpha-1}(1-u)^{\beta-1}\mathrm{d}u}=\frac{\Gamma(\alpha+\beta)}{\Gamma(\alpha)\Gamma(\beta)}x^{\alpha-1}(1-x)^{\beta-1}=\frac{1}{B(\alpha+\beta)}x^{\alpha-1}(1-x)^{\beta-1}$$

作为它的一个特殊情况是：

$$f(x)=2x,0\leqslant x\leqslant 1$$

根据上述连续型直接抽样法的一般步骤（反函数法），选取在区间 $[0,1]$ 上均匀分布的随机数 r：

$$r=F(\eta)=\int_0^\eta \rho(x)\mathrm{d}x=\int_0^\eta 2x\mathrm{d}x=\int_0^\eta \mathrm{d}x^2=\eta^2$$

求其反函数（取正值），此分布的直接抽样法如下：

$$\eta=\sqrt{r}$$

【例 4-4】电子元器件的稳定时间、系统的可靠性以及粒子随机运动的自由程等通常用指数密度分布描述。求按下列指数密度分布的随机抽样：

$$\rho(x)=\begin{cases}\dfrac{1}{\lambda}\mathrm{e}^{-\frac{x}{\lambda}}, & x>0,\lambda>0 \\ 0, x\leqslant 0\end{cases}$$

选取在区间 $[0,1]$ 上均匀分布的随机数 r，令：

$$r=F(\eta)=\int_0^\eta \rho(x)\mathrm{d}x=\int_0^\eta \frac{1}{\lambda}\mathrm{e}^{-\frac{x}{\lambda}}\mathrm{d}x=\int_\eta^0 \mathrm{d}\mathrm{e}^{-\frac{x}{\lambda}}=1-\mathrm{e}^{-\frac{\eta}{\lambda}}$$

求其反函数可得：

$$\eta = -\lambda \ln(1-r)$$

考虑到在区间 $[0,1]$ 上，$1-r$ 和 r 是均匀同分布的伪随机数，则：

$$\eta = -\lambda \ln r$$

【例 4-5】对于如下分布密度函数抽样：

$$\rho(x) = \left(\frac{\gamma-1}{x_0^{\gamma-1}}\right) x^{-\gamma}, \, x_0 \leqslant x, \gamma > 1$$

上式分布密度函数对应的分布函数为：

$$r = F(\eta) = \frac{\int_{x_0}^{\eta} \rho(x)\,\mathrm{d}x}{\int_{x_0}^{\infty} \rho(x)\,\mathrm{d}x} = 1 - \left(\frac{x_0}{\eta}\right)^{\gamma-1}$$

上式中除以 $\int_{x_0}^{\infty} \rho(x)\,\mathrm{d}x$ 是为了对 r 进行归一化处理。由于在区间 $[0,1]$ 上 $1-r$ 和 r 同分布，故有：

$$\eta = x_0 r^{-\frac{1}{\gamma-1}}$$

【例 4-6】在粒子输运问题中，其散射方位角为余弦分布：

$$\rho(x) = \frac{1}{\pi\sqrt{1-x^2}}, \, -1 \leqslant x \leqslant 1$$

对应的分布函数为：

$$r = F(\eta) = \int_{-1}^{\eta} \rho(x)\,\mathrm{d}x = \int_{-1}^{\eta} \frac{1}{\pi\sqrt{1-x^2}}\,\mathrm{d}x = \int_{-\frac{\pi}{2}}^{\arcsin\eta} \frac{1}{\pi}\,\mathrm{d}t = \frac{\arcsin\eta}{\pi} + \frac{1}{2}$$

由反函数法可得其抽样函数为：

$$\eta = \sin\left(\pi r - \frac{\pi}{2}\right)$$

实际问题中连续型分布是很复杂的，有的只能给出分布函数的解析表达式，而不能给出其反函数的解析表达式；有的连分布函数的解析表达式都不能给出，如正态分布只有分布函数密度，而没有分布函数的解析表达式。因此，对于相当多的连续型分布难以采用连续型直接抽样法进行随机变量抽样。

4.4.4 变换抽样法

首先我们介绍变换抽样法的一般形式。变换抽样法的基本思想是将一个比较复杂的分布抽样，变换为一个已知的且比较简单的分布抽样。例如，要对满足分布密度函数 $f(x)$ 的随机变量 η 抽样，如果对它直接抽样比较困难，这时如果存在另一个随机变量 δ，它的分布密度函数为 $\phi(y)$，其抽样方法已经掌握，并且比较简单，那么就可以设法寻找一个适当的变换关系 $x = g(y)$，如果 $g(y)$ 的反函数也存在，记为 $g^{-1}(x) = h(x)$，并且该反函数具有连续

的一阶导数 $h'(x)$，根据概率论的知识，概率密度守恒要求这时 x 满足的分布密度函数为 $\phi(h(x)) \cdot |h'(x)|$ [$|h'(x)|$ 表示 $h'(x)$ 的绝对值]，如果函数 $g(y)$ 选择适当，使得满足：

$$f(x) = \phi(h(x)) \cdot |h'(x)| \qquad (4\text{-}24)$$

则首先对分布密度函数 $\phi(y)$ 抽样得到 δ，通过变换 $\eta = g(\delta)$ 就可得到满足分布密度函数 $f(x)$ 的抽样值。前面介绍的连续型直接抽样法是 $\phi(y)$ 为在区间 $[a, b]$ 上的均匀分布密度函数的特殊情况下，$g(y) = F^{-1}(x)$ 时的变换抽样，因而它是变换抽样法的特殊情况。

实际上，如果 $g(y)$ 取区间 $[0, 1]$ 上的均匀分布：

$$g(y) = \begin{cases} 1, & y \in [0, 1] \\ 0, & 其他 \end{cases} \qquad (4\text{-}25)$$

而 $y = g^{-1}(x) = h(x) = \displaystyle\int_{-\infty}^{x} f(t)\, dt$，$|h'(x)| = f(x)$，其中 $x = g(y)$ 就是满足密度分布 $f(x)$ 的抽样关系。

对于两个随机变量情况下的变换抽样法，与上述随机变量的情况完全类似。设随机变量 η 和 δ 的联合分布密度函数为 $f(x, y)$，如果我们已经掌握了满足联合分布密度函数 $g(u, v)$ 的随机变量 η' 和 δ' 的抽样方法，则可以寻找一个适当的变换：

$$\begin{cases} x = g_1(u, v) \\ y = g_2(u, v) \end{cases} \qquad (4\text{-}26)$$

g_1，g_2 函数的反函数存在，记为：

$$\begin{cases} u = h_1(x, y) \\ v = h_2(x, y) \end{cases} \qquad (4\text{-}27)$$

该变换满足如下条件：

$$f(x, y) = g(h_1(x, y), h_2(x, y)) \cdot |J| \qquad (4\text{-}28)$$

其中，$|J|$ 表示函数变化的雅可比（Jacobi）行列式：

$$|J| = \begin{vmatrix} \dfrac{\partial u}{\partial x} & \dfrac{\partial u}{\partial y} \\[2mm] \dfrac{\partial v}{\partial x} & \dfrac{\partial v}{\partial y} \end{vmatrix} \qquad (4\text{-}29)$$

这样就可以通过变换式 (4-26)，由满足联合分布密度函数 $g(u, v)$ 的抽样值 η' 和 δ' 得到待求的满足联合分布密度函数 $f(x, y)$ 的抽样值 η 和 δ。

由上面的讨论可知，变换函数 g_1 和 g_2 的反函数 h_1 和 h_2 要求连续且具有非零的一阶导数。上述方法很容易推广到多个随机变量的抽样情况。然而变换抽样法的不足之处在于，对具体问题要找到所需的变换关系往往比较困难。

以下以正态分布的抽样为例，介绍变换抽样法的具体应用。

【例 4-7】 设随机变量 η 满足正态分布，其分布密度函数如下：

$$f(x) = \frac{1}{\sqrt{2\pi}} \times \frac{1}{\sigma} \exp\left[-\frac{(x - \mu)^2}{2\sigma^2} \right] \qquad (4\text{-}30)$$

其中，$f(x)$ 通常记为 $N(\mu,\sigma^2)$；μ 是 η 的随机变量的数学期望值；σ^2 是 η 的方差，即 $E\{\eta\}=\mu$，$V\{\eta\}=\sigma^2$。标准正态分布 $[N(0,1)]$ 为 $\mu=0$，$\sigma^2=1$，此时的分布密度函数表示为：

$$f(x)=\frac{1}{\sqrt{2\pi}}\exp\left(-\frac{x^2}{2}\right) \tag{4-31}$$

而在实际应用过程中，往往只需要知道标准正态分布的抽样方法即可。如果随机变量 η 满足一般正态分布而随机变量 δ 满足标准正态分布，可作如下变换：

$$\delta=\frac{\eta-\mu}{\sigma} \tag{4-32}$$

因此，只要考虑标准正态分布的抽样方法便可通过变换关系得到一般正态分布的抽样。通常，标准正态分布密度函数不能用一般函数解析积分求出，因而不能直接从均匀分布的抽样值变换到标准正态分布的抽样值。这时可以采用一个巧妙的方法：通过二维联合分布的抽样来获得该一维分布的抽样。令极坐标系下的角度 θ 为 $2\pi v$，半径 ρ 为 $\sqrt{-2\ln u}$，u 和 v 都是 $[0,1]$ 区间中的均匀分布的随机抽样，则变换关系式为：

$$\left.\begin{array}{l} x=\rho\cos\theta=\sqrt{-2\ln u}\,\cos(2\pi v) \\ y=\rho\sin\theta=\sqrt{-2\ln u}\,\sin(2\pi v) \end{array}\right\} \tag{4-33}$$

由上可得：

$$\left.\begin{array}{l} u=\exp\left[-\frac{1}{2}(x^2+y^2)\right]\equiv h_1(x,y) \\ v=\frac{1}{2\pi}\arctan\left(\frac{y}{x}\right)\equiv h_1(x,y) \end{array}\right\} \tag{4-34}$$

由于 u 和 v 是独立的均匀分布的随机变量，其联合分布密度函数 $g(u,v)=1$。利用式 (4-28)，经过简单计算得到：

$$f(x,y)=\frac{1}{2\pi}\exp\left[-\frac{1}{2}(x^2+y^2)\right]=f(x)\cdot f(y) \tag{4-35}$$

其中：

$$f(x)=\frac{1}{\sqrt{2\pi}}\exp\left(-\frac{x^2}{2}\right);f(y)=\frac{1}{\sqrt{2\pi}}\exp\left(-\frac{y^2}{2}\right)$$

因此式 (4-33) 中的任意一式给出的抽样值都满足标准正态分布。可见，为了得到满足一个复杂分布的随机抽样，这里用了两个满足简单分布的随机数。上述方法也称 Box-Muller 法。

在实际应用中经常会遇到圆环（二维）或球面（高维）上均匀分布的抽样问题。最简单的是用极坐标或球坐标对角度进行抽样，然后再用坐标变换变到直角坐标。上述二维正态分布的抽样正是这种情况，首先取极角 $\theta\in[0,2\pi]$ 的均匀分布抽样，再计算 $x=\cos\theta$ 和 $y=\sin\theta$。由于三角函数的计算耗时比较大，一般很少会采用这样的抽样方式。Maraglia 方法对上述方法做出改进，其抽样的过程由下面的三个步骤组成[5]：

① 随机抽样一对均匀分布的随机数，$(u,v)\in[-1,1]$；

② 计算 $r^2 = u^2 + v^2$，如果 $r^2 > 1$ 则重新抽样直至 $r^2 \leqslant 1$；

③ 由上得到 $x = u/r$，$y = v/r$。

该抽样方法可以由图 4-3 直观理解。按此方式需要 2 个均匀随机数抽样，且在第②步中舍去不符要求的抽样，抽样效率为 $\pi/4$。即使这样，该方法的计算效率仍比三角函数高。还可将该抽样步骤应用到上述正态分布抽样的 Box-Muller 法中，以取代三角函数运算。

对于更高维度的情况，如求三维球面上分布的 Maraglia 方法，只需修改第③步即可：$x = 2u\sqrt{1-r^2}$，$y = 2v\sqrt{1-r^2}$，$z = 1 - 2r^2$。

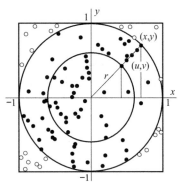

图 4-3　Maraglia 方法示意［圆环上均匀抽样，实心圆点是有效点，空心圆点不符合要求被舍弃。对一个有效实心圆点 (u, v)，内圆环半径为 r，抽样得到圆环上的实心方点 (x, y)］

四维超球面上分布的 Maraglia 方法可按如下步骤进行：

① 随机抽样一对均匀分布的随机数 $(u_1, v_1) \in [-1, 1]$，计算 $r_1^2 = u_1^2 + v_1^2$，如果 $r_1^2 > 1$ 则重新抽样直至 $r_1^2 \leqslant 1$；

② 随机抽样一对均匀分布的随机数 $(u_2, v_2) \in [-1, 1]$，计算 $r_2^2 = u_2^2 + v_2^2$，如果 $r_2^2 > 1$ 则重新抽样直至 $r_2^2 \leqslant 1$；

③ 由上最后得到：

$$x_1 = u_1, y_1 = v_1, x_2 = (u_2/r_2)\sqrt{1-r_1^2}, y_2 = (v_2/r_2)\sqrt{1-r_1^2}$$

下面介绍随机变量的和、差、积、商分布[3,4]。两个随机变量的和、差、积、商产生新的随机变量是变换抽样法的特殊情况。由于和、差、积、商运算是数学中最基本的运算，在计算机中有相应的指令，计算速度快，因此在实际问题中有着广泛的应用。

设 x、y 服从分布 $f(x, y)$，则由它们的和所产生的新的随机变量 $z = x + y$ 服从分布：

$$h(z) = \int_{-\infty}^{+\infty} f(x, z-x) \, \mathrm{d}x \tag{4-36}$$

由它们的差所产生的新的随机变量 $z = y - x$ 服从分布：

$$h(z) = \int_{-\infty}^{+\infty} f(x, z+x) \, \mathrm{d}x \tag{4-37}$$

由它们的乘积所产生的新的随机变量 $z = x \times y$ 服从分布：

$$h(z) = \int_{-\infty}^{+\infty} \frac{1}{|x|} f\left(x, \frac{z}{x}\right) \mathrm{d}x \tag{4-38}$$

由它们的商所产生的新的随机变量 $z = y \div x$ 服从分布：

$$h(z) = \int_{-\infty}^{+\infty} |x| f(x, xz) \, \mathrm{d}x \tag{4-39}$$

【例 4-8】中子非弹性散射后的能量服从 Γ 分布的一个特殊情况：

$$f(x) = a^2 x \mathrm{e}^{-ax}, 0 \leqslant x, a > 0$$

引入新的二维分布如下：

$$f(x,y) = a^2 x \mathrm{e}^{-a(x+y)}, 0 \leqslant x, 0 \leqslant y$$

则有如下等式：

$$h(z) = \int_{-\infty}^{+\infty} f(x, z-x)\,\mathrm{d}x = a^2 z \mathrm{e}^{-az}, z \geqslant 0$$

因此有该分布的变换抽样方法：

$$\eta = -a \ln r_1 - a \ln r_2 = -a \ln(r_1 \cdot r_2)$$

最后介绍随机变量的最大和最小值[3,4]。除了和、差、积、商运算外，对两个或两个以上随机变量进行最大或最小选取的运算，在计算机上也非常容易实现，且运算速度比和、差、积、商运算更快。因此，对于用最大选取和最小选取产生新的随机变量的方法同样受到了广泛关注。

设随机变量 x 和 y 相互独立，所服从的分布依次为 $f(x)$ 和 $g(y)$，则不难证明，由最大选取所确定的新的随机变量 z：

$$z = \max(x, y)$$

服从如下分布：

$$h(z) = f(z)G(z) + F(z)g(z)$$

其中，F 和 G 分别为随机变量 x 和 y 的分布函数。

类似地，由最小选取所确定的新的随机变量 z：

$$z = \min(x, y)$$

服从如下分布：

$$h(z) = f(z) + g(z) - f(z)G(z) - F(z)g(z)$$

【例 4-9】β 分布的两个特殊情况是（β 分布的定义见例 4-3）：

$$f_1(x) = nx^{n-1}, 0 \leqslant x \leqslant 1$$
$$f_2(x) = n(1-x)^{n-1}, 0 \leqslant x \leqslant 1$$

根据最大选取和最小选取的结果，有 β 分布的变换抽样方法依次如下：

$$\eta_{f_1} = \max(r_1, r_2, \cdots, r_n)$$
$$\eta_{f_2} = \min(r_1, r_2, \cdots, r_n)$$

4.4.5　重要抽样法

重要抽样法是蒙特卡罗模拟中最基本和常用的技巧之一，它无论是在提高计算速度还是在增加数值结果的稳定性方面都有很大的作用。重要性抽样利用与目标分布具有相似形状的分布函数来减小方差，其特点在于它是从修改的概率分布抽样，而不是从给定过程的概率分布抽样，让对模拟结果有重要作用的事件更多出现，提高抽样效率，减少了在对模拟结果无关紧要事件上的计算时间。

重要抽样法的原理起源于数学上的变量代换，即：

$$\int_a^b f(x)\,\mathrm{d}x = \int_a^b \frac{f(x)}{g(x)} g(x)\,\mathrm{d}x = \int_a^b \frac{f(x)}{g(x)}\,\mathrm{d}G(x) \tag{4-40}$$

经过代换，随机样本以函数 $G(x)$ 分布，不再均匀。新的被积函数为 $f(x)$ 乘以权重因子 $g(x)^{-1}$，其倒数 $g(x)=\mathrm{d}G(x)/\mathrm{d}x$，称之为偏倚分布密度函数。该方法使得原本对 $f(x)$ 的抽样变成由另一个分布密度函数 $f^*(x)\equiv f(x)/g(x)$ 中产生简单子样的抽样，并附带了一个权重 $g(x)$。换言之，由分布 $f^*(x)$ 抽出的一个简单子样，不代表一个个体，而是代表 $g(x)$。这种方法也称为偏倚抽样法。

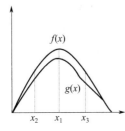

图 4-4　重要抽样法[5]

例如在图 4-4 对 $f(x)$ 求积分值的问题中，x_1 的贡献比 x_2 和 x_3 都大。显然，如果采取均匀抽样，贡献不同的 x_i 出现概率是均等的，其抽样效率并不高。若将抽样概率分布修改为 $g(x)$，使得 $g(x)$ 与 $f(x)$ 的形状相接近，就可保证对 x_i 贡献较大的抽样值出现的概率大于贡献量较小的那些抽样值，从而显著提高抽样效率。这正是重要抽样法的基本概念。

由上可知，重要抽样法十分关键的一步就是分布密度函数 $g(x)$ 的选取，它应当满足如下条件：

① 在积分区域内 $f(x)/g(x)$ 不应有太大起伏，应使之尽量等于常数以保证其方差比 $f(x)$ 小；

② 分布密度函数 $g(x)$ 所对应的分布函数 $G(x)$ 能够比较方便地解析出来；

③ 能方便地产生在积分区域内满足分布函数 $G(x)$ 分布的随机点。

如果能按照上述条件找到函数 $g(x)$，就可以依据下列步骤求出积分：

① 根据分布密度函数 $g(x)$ 产生随机点 x，可以采用反函数法；

② 求出各抽样点 x 的函数值 $f(x)/g(x)$，把所有点的该函数值累加再除以抽样点总数 N 就得到了积分结果。

由上述重要抽样法得到的式（4-40）的积分值可表示为：

$$\int_a^b f(x)\,\mathrm{d}x = \frac{1}{N}\sum_{i=1}^{N} \frac{f(x_i)}{g(x_i)} \tag{4-41}$$

注意概率分布应该满足式（4-23），即有：

$$\int_a^b g(x)\,\mathrm{d}x = 1, g(x) > 0 \tag{4-42}$$
$$\mathrm{d}P(x \to x+\mathrm{d}x) = g(x)\,\mathrm{d}x$$

而对于区间 $[a,b]$ 内的均匀分布，显然有 $g(x)=1/(b-a)$。

【例 4-10】用重要抽样法计算下列积分的估值：

$$I = \int_0^1 f(x)\,\mathrm{d}x = \int_0^1 \mathrm{e}^x\,\mathrm{d}x$$

当然，直接求解很容易就解出该积分的准确值为 $\mathrm{e}-1$。由于：

$$\mathrm{e}^x = \sum_{n=0}^{\infty} \frac{x^n}{n!} = 1 + x + \frac{x^2}{2!} + \frac{x^3}{3!} + \cdots$$

取与之密度相似的函数：

$$g(x) = \frac{2}{3}(1+x)$$

显然在区间 $[0,1]$ 上，该函数的积分值为 1。由式（4-40）得到：

$$Y = \frac{f(x)}{g(x)} = \frac{3e^x}{2(1+x)}$$

则根据式（4-41）有：

$$Y = \frac{1}{N}\sum_{i=1}^{N}\frac{f(x_i)}{g(x_i)} = \frac{3}{2N}\sum_{i=1}^{N}\frac{e^{x_i}}{1+x_i}$$

其中方差为：

$$V_Y = \left\{ \frac{1}{N(N-1)}\sum_{i=1}^{N}\left[\frac{f(x_i)}{g(x_i)} - Y\right]^2 \right\}^{\frac{1}{2}}$$

式中，x_i 是分布密度函数 $g(x)$ 的随机数。按反函数法（见 4.4.3 节）：

$$F(x) = \int_0^x g(x)\,\mathrm{d}x = \frac{(x+1)^2 - 1}{3}$$

$$x_i = F^{-1}(x) = \sqrt{3r_i + 1} - 1$$

其中，r_i 是区间 $[0,1]$ 上的均匀分布的随机数。利用 r_i 得到 x_i，代入 Y 和 V_Y，最后可得如下积分的估值：

$$I = Y \pm V_Y$$

4.5 蒙特卡罗方法的应用

4.5.1 数值积分

蒙特卡罗方法可以很好地应用在数值积分上。首先介绍使用投点法求解单重定积分。蒙特卡罗方法求解积分最直接的方法可能是利用定积分的几何意义，即非负、连续函数的定积分数值等于函数曲线与 x 轴围成的曲边梯形面积。方便起见，我们考虑有界区间上非负函数的积分 $\int_a^b f(x)\,\mathrm{d}x$，其中 $0 \leqslant f(x) \leqslant M$，$\forall x \in [a,b]$。对于一般的函数，可通过加上一个常数的方法，使得其函数值非负。在 $a \leqslant x \leqslant b$，$0 \leqslant y \leqslant M$ 的区域内简单随机抽取一系列点 $(x_i, y_i)(i=1,2,\cdots,N)$，所取点落在几何区域内的概率正比于其面积。设 N 个点中有 t 个点落在曲线 $y=f(x)$ 与 x 轴围成的曲边梯形内，则所求积分：

$$\int_a^b f(x)\,\mathrm{d}x \approx M(b-a) \times \frac{t}{N} \tag{4-43}$$

下面的程序展示了如何计算积分 $\int_0^\pi \sin x \, dx$ 。显然，在积分区域内，$0 \leqslant \sin x \leqslant 1$。

```cpp
# include <random>
# include <iostream>
# include <cmath>
constexpr double PI = 3.141592653589793;
bool includes(double x,double y)
{
  return y < = std::sin(x);
}


int main()
{
  std::default_random_engine gen;
  std::uniform_real_distribution<> dist_x(0,PI), dist_y(0,1);

  constexpr int N = 100000000;
  int t = 0;
  for(int i = 0; i < N; i++){
    if(includes(dist_x(gen), dist_y(gen))){
      t++;
    }
  }
  double res = static_cast<double>(t)/ N * PI * 1;
  std::cout<<"result: "<< res <<std::endl;
}
```

这里采用 C++11 的 <random> 来产生伪随机数。其中，std::default _ random _ engine 定义由平台决定的默认伪随机数生成器，std::uniform _ real _ distribution<>是所给区间上的（浮点型）均匀分布伪随机数生成器，这里对 x 和 y 分别采用两个生成器以生成所需范围内的抽样点。进行 10^8 次抽样，结果为 2.00026。此积分的准确值为 2。

除了投点法求解单重定积分，还可以使用平均值法求解单重定积分。考虑有界实函数在有界区间上的积分问题 $\left[\int_a^b f(x) \, dx \right]$，变为 $[a,b]$ 区间内均匀分布的连续型随机变量，对 ξ 进行 N 次简单随机抽样，并定义变量：

$$I_N = \frac{b-a}{N} \sum_{i=1}^{N} \sum_{i=1}^{N} f(\xi_i) \tag{4-44}$$

注意到一维定积分数值计算的复化矩形公式：

$$\int_a^b f(x)\,\mathrm{d}x \approx \frac{b-a}{N}\sum_{i=1}^{N} f(x_i) \tag{4-45}$$

其中：

$$x_i = a + \frac{i(b-a)}{N} \tag{4-46}$$

两式比较，可知 I_N 是原积分的一个无偏估计值。只要在区间 $[a,b]$ 内对 ξ_i 进行充分多的抽样，就可以估计原积分。

下面的程序给出蒙特卡罗平均值法计算积分 $\int_0^\pi \sin x\,\mathrm{d}x$：

```cpp
#include <random>
#include <iostream>
#include <cmath>

constexpr double PI = 3.141592653589793;

double f(double x)
{
  return std::sin(x);
}


int main()
{
  double left = 0, right = PI;
  std::default_random_engine gen;
  std::uniform_real_distribution<> dist(left, right);

  constexpr int N = 100000000;
  double cum = 0;
  for(int i = 0; i < N; i++){
    cum += f(dist(gen));
  }
  cum *= (right - left)/ N;
  std::cout<<"result: "<< cum <<std::endl;
}
```

当 $N=10^8$ 时，积分值的结果为 2.00006。从上面的示例来看，在同样抽样量的情况下，平均值法的结果似乎更加接近精确值。事实上可以证明，平均值法求解定积分的方差总是不大于投点法，因此具有更好的收敛性。

原则上，上面用于求解单重定积分的算法可以推广到多重积分的情形，对于 d 重积分，

只需将 x 轴上的随机抽样改为在定义域内抽取 d 维的随机向量。考虑 d 维函数 $f(x_1, x_2, \cdots, x_d)$，简单起见，假定函数在求解积分之前已经进行了归一化处理，使得积分范围为 $0 \leqslant x_i \leqslant 1 (i=1,2,\cdots,d)$，且函数值 $0 \leqslant f(x_1, x_2, \cdots, x_d) \leqslant 1$，则只要在 d 维空间棱长为 1 的超立方体 $0 \leqslant x_i \leqslant 1$ 内进行 N 次简单随机抽样，积分值就可以估计为：

$$I_N = \frac{1}{N} f(x_{j1}, x_{j2}, \cdots, x_{jd}) \quad (j=1,2,\cdots,N) \tag{4-47}$$

式中，j 为采样点的指标。

在高维积分情况下，由于函数本身性质的原因，可能很大一部分抽样点贡献很小，而只有极少数点具有显著值。这种情况下，简单抽样将导致较大的误差，可以考虑进行变换抽样，在抽样时，使得样本分布与函数值分布有一定的相似性，以提高精度。考虑一个具有较简单形式的分布密度函数 $g(x_1, x_2, \cdots, x_d)$，定义函数：

$$f^*(x_1, x_2, \cdots, x_d) = \begin{cases} \dfrac{f(x_1, x_2, \cdots, x_d)}{g(x_1, x_2, \cdots, x_d)}, & g(x_1, x_2, \cdots, x_d) \neq 0 \\ 0, & g(x_1, x_2, \cdots, x_d) = 0 \end{cases} \tag{4-48}$$

按照偏倚密度函数 $g(x_1, x_2, \cdots, x_d)$ 的分布，在空间中抽取 N 个样本 $(x_{j1}, x_{j2}, \cdots, x_{jd})$，$j=1,2,\cdots,N$，则积分值可以估计为：

$$I_N = \frac{1}{N} f^*(x_{j1}, x_{j2}, \cdots, x_{jd}) \quad (j=1,2,\cdots,N) \tag{4-49}$$

4.5.2 Metropolis 算法

考虑平衡态热力学系统的位形由 x' 描述，位形的所有可能取值构成相空间 Ω，则系统的任意可观测物理量 X 的统计平均为：

$$\langle X \rangle = \mathbb{Z}^{-1} \int_\Omega X(x') f(x') \, \mathrm{d}x' \tag{4-50}$$

其中，$f(x')$ 为系统的（未归一化的）分布密度函数；$\mathbb{Z}$ 为配分函数，定义为：

$$\mathbb{Z} = \int_\Omega f(x') \, \mathrm{d}x' \tag{4-51}$$

考虑经典粒子体系，若有 N 个粒子，坐标分别为 $x_1, x_2 \cdots x_N$，共轭动量为 $p_1, p_2 \cdots p_N$，则系统的哈密顿量可以写成：

$$H(x') = \sum_i \frac{p_i^2}{2m_i} + V(x') \tag{4-52}$$

其中，m_i 为粒子质量。第一项为动能，第二项为势能。如果势能与动量 p_i 无关，则积分中关于 p_i 的积分为常数，可以略去。根据统计力学，在正则系综下，系统的平衡态分布为玻尔兹曼分布，则有：

$$\mathbb{Z} = \int_\Omega \exp\left(\frac{-V(x)}{k_B T}\right) \mathrm{d}x \tag{4-53}$$

以及：

$$\langle X(T) \rangle = \mathbb{Z}^{-1} \int_{\Omega} X(\boldsymbol{x}') \exp\left(\frac{-V(\boldsymbol{x})}{k_{\mathrm{B}}T}\right) \mathrm{d}\boldsymbol{x} \tag{4-54}$$

式中，$\boldsymbol{x} = \{\boldsymbol{x}_1, \boldsymbol{x}_2, \cdots, \boldsymbol{x}_N\}$ 是略去了动量自由度后的位形矢量；k_{B} 为玻尔兹曼常数；T 为温度；$V(\boldsymbol{x})$ 是势能。形式上只要求解上述积分，就能计算体系可观测量的平均值。

在三维空间中，上述积分是 $3N$ 重的积分。对于宏观体系而言，N 大约具有阿伏伽德罗常数的量级（10^{23}）。虽然理论上可以用上一节所述的方法求解高维定积分，但若采用简单抽样，则绝大多数抽样点的权重 $\exp\left(\frac{-V(\boldsymbol{x})}{k_{\mathrm{B}}T}\right)$ 都极小，难以得到有意义的结果。因此实际计算中通常采用重要抽样的方法，主要对相空间中对配分函数贡献较大的部分进行抽样。

考虑对相空间进行一组离散的抽样 $\{\boldsymbol{x}_l\}$，如果抽样具有分布 $P(\boldsymbol{x}_l)$，则有：

$$\mathbb{Z} = \sum_l \frac{\exp\left(\dfrac{-V(\boldsymbol{x}_l)}{k_{\mathrm{B}}T}\right)}{P(\boldsymbol{x}_l)} \tag{4-55}$$

$$\langle X(T) \rangle = \mathbb{Z}^{-1} \sum_l \frac{X(\boldsymbol{x}') \exp\left(\dfrac{-V(\boldsymbol{x}_l)}{k_{\mathrm{B}}T}\right)}{P(\boldsymbol{x}_l)} \tag{4-56}$$

在此基础上，如果使得抽样的分布满足：

$$P(\boldsymbol{x}_l) \propto \exp\left(\frac{-V(\boldsymbol{x}_l)}{k_{\mathrm{B}}T}\right) \tag{4-57}$$

则抽样的分布与玻尔兹曼因子相消，可观测量的平均值就具有简单的形式：

$$\langle X(T) \rangle = \frac{1}{M} \sum_{l=1}^{M} X(\boldsymbol{x}_l) \tag{4-58}$$

我们现在希望找到一种算法，在相空间抽取一组符合上述分布的位形。

考虑随机游走过程，从相空间某一点 $\boldsymbol{x}_0$ 出发，每次在相空间移动一个随机步长 $\boldsymbol{\delta}_i$，由此在相空间得到一条链（chain）。如果每一步的游走仅与当前相空间点以及特定的概率分布有关，而与历史经过的轨迹无关，这称为 Markov 过程。显然在 Markov 过程中，可能经过一个位形不止一次。

Metropolis 等人指出[7]，对于确定的位形 $\boldsymbol{x}_i$ 和 $\boldsymbol{x}_j$，如果以如下的概率接受从 $\boldsymbol{x}_i$ 到 $\boldsymbol{x}_j$ 的游走：

$$w_{ij} = \mathrm{P}(\boldsymbol{x}_j \mid \boldsymbol{x}_i) = \min\left(1, \frac{p(\boldsymbol{x}_j)}{p(\boldsymbol{x}_i)}\right) \tag{4-59}$$

其中，$p(\boldsymbol{x})$ 是系统的平衡分布，在正则系综中可以取为：

$$p(\boldsymbol{x}) = \exp\left(-\frac{V(\boldsymbol{x})}{k_{\mathrm{B}}T}\right) \tag{4-60}$$

则产生的 Markov 链 $\{\boldsymbol{x}_l\}$ 满足平衡分布 $p(\boldsymbol{x})$。下面给出证明。

设产生的 Markov 链中，处在 $\boldsymbol{x}_l$ 位形的比例为 v_l。我们要证明的是，对于任意的 $\boldsymbol{x}_l$ 都有

下式成立：

$$v_l \propto p(\boldsymbol{x}_l) \tag{4-61}$$

在不使用概率分布约束随机游走（即不考虑随机游走过程能量变化）的前提下，任意两个状态之间跃迁的"先验概率"（priori probability）显然是对称的：

$$P_{ij} = P_{ji} \tag{4-62}$$

也即从位形 $\boldsymbol{x}_i$ 游走到 $\boldsymbol{x}_j$ 的概率和从位形 $\boldsymbol{x}_j$ 游走到 $\boldsymbol{x}_i$ 的概率是相等的。不失一般性，设 $p(\boldsymbol{x}_i) < p(\boldsymbol{x}_j)$，在正则综综下，这对应于 $H(\boldsymbol{x}_i) > H(\boldsymbol{x}_j)$。于是有 $w_{ij} = 1$，发生位形 $\boldsymbol{x}_i$ 到 $\boldsymbol{x}_j$ 游走的概率为 $v_i P_{ij}$；反之，发生位形 $\boldsymbol{x}_j$ 到位形 $\boldsymbol{x}_i$ 游走的概率为：

$$v_j P_{ji} \frac{p(\boldsymbol{x}_i)}{p(\boldsymbol{x}_j)} \tag{4-63}$$

于是从 $\boldsymbol{x}_i$ 到 $\boldsymbol{x}_j$ 游走的总概率为：

$$P_{ij}\left(v_i - v_j \frac{p(\boldsymbol{x}_i)}{p(\boldsymbol{x}_j)}\right) \tag{4-64}$$

注意 $P_{ij} = P_{ji} \geqslant 0$。将上式变形可知，若：

$$\frac{v_i}{v_j} > \frac{p(\boldsymbol{x}_i)}{p(\boldsymbol{x}_j)} \tag{4-65}$$

则从 $\boldsymbol{x}_i$ 位形过渡到 $\boldsymbol{x}_j$ 的总概率大于 0，平均来说有位形从 $\boldsymbol{x}_i$ 过渡到 $\boldsymbol{x}_j$，使得 v_i/v_j 减小；反之亦然。由此可见，v_i/v_j 将收敛于 $p(\boldsymbol{x}_i)/p(\boldsymbol{x}_j)$，原命题得证。

具体来说，Metropolis 中从 $\boldsymbol{x}_k$ 到 $\boldsymbol{x}_{k+1}$ 的一步随机游走按下述步骤进行。

① 在相空间位形 $\boldsymbol{x}_k$ 附近的一定步长范围内随机选取一试探位形 $\boldsymbol{x}'$。

② 按平衡态分布，计算 $r = \dfrac{p(\boldsymbol{x}')}{p(\boldsymbol{x})}$。在正则分布下，$r = \exp\left(-\dfrac{H(\boldsymbol{x}') - H(\boldsymbol{x}_k)}{k_B T}\right)$。

③ 如果 $r \geqslant 1$，则接受试探位形，并令 $\boldsymbol{x}_{k+1} = \boldsymbol{x}'$。

④ 否则产生一个 $[0,1]$ 区间上均匀分布的随机数 t。若 $t \leqslant r$，则接受试探位形，$\boldsymbol{x}_{k+1} = \boldsymbol{x}'$；否则拒绝这一游走，$\boldsymbol{x}_{k+1} = \boldsymbol{x}_k$。

由于 Markov 链中每一步游走只与当前位形以及分布有关，而与系统所处的历史位形无关，因此经过足够长的游走后系统就会"遗忘"初始状态。在系统遍历（ergodic）的假设下，从相空间任意一个试探位形 $\boldsymbol{x}_0$ 出发，按上述算法经过足够长的随机游走，最终产生的分布总能收敛到所预期的平衡态分布 $p(\boldsymbol{x})$。需要说明，在上面的过程中由于初始位形的选取可以是任意的，所以最开始的一部分 Markov 链很可能并不满足平衡分布。因此在实际工作中通常先进行一定步数的随机游走，待 Markov 链抽取的位形达到平衡分布后，再采样计算平均值。

在位形空间是连续的情况下，上述第①步中的步长选择成为一个重要的问题。过大或过小的步长将导致随机游走被接受的概率过小或过大，这都不利于快速收敛。经验表明，通常选择步长使得大约 $1/3 \sim 1/2$ 的试探位形被接受。在实际工作中，可以先取一个初始步长，在模拟过程中进行自适应的调整，当试探位形被接受概率过小（过大）时，相应减小（增大）步长。

按照 Markov 链的概念，上述游走算法中的每一步都应该算是一次采样，应当累加一次均值（注意，这里无论试探位形是否被接受，都应当计算一次采样。如果试探位形被接受，则将新的位形记为一个采样；如果被拒绝，则将原有位形再次记为一次采样）。该算法下，相邻位形采样之间的相关性很强。如果每一次采样的计算量相对较大，则这样采样的效率较低。在通常的程序实现中，并不是在每一步尝试更新位形后都采样计算物理量的值，而是在一个或多个蒙特卡罗步（Monte Carlo sweep，MCS）后才进行一次采样。通常一个蒙特卡罗步包含对系统中所有自由度依次进行一次更新尝试，或者每次随机抽取一个自由度进行更新尝试，并且平均来讲在每个蒙特卡罗步中，每个自由度被尝试更新一次。以顺序更新为例，蒙特卡罗步的一般算法如下。

```
void mc_sweep()
{          //顺序访问每个自由度
    for each (freedom fi : freedoms){
        df = random() * step;// 在限定步长内生成一个随机位移
        dE = calculate_energy_change(fi + df, fi);// 计算更新能量变化
        if(dE<0|| random()< exp(- dE/kB * T)){
            // 接受试探位形,更新自由度
            fi += df;
        }
    }
}
```

一次蒙特卡罗模拟过程由若干蒙特卡罗步组成。通常预设一定步数用于平衡而不进行平均值采样，当模拟达到指定步数后，再进行平均值的采样。典型的蒙特卡罗模拟算法可以描述为：

```
void mc_simulation()
{
    init_state();      // 初始化位形
    for(int i = 0; i<num_of_sweeps; i ++ ){
        mc_sweep();      // 进行一个蒙特卡罗步,尝试更新所有自由度
        if(i>equal_sweeps){
            // 完成预设的用于达到平衡态的 MCS 后,累积物理量以计算平均值
            cumulate_status();
        }
    }
    calculate_average();// 计算平均值
}
```

4.5.3 Ising 模型

在上一节中，我们一般性地说明了 Metropolis 算法用于解决统计力学问题的理论以及实现。本节将以著名的 Ising 模型[8] 为例，具体讲解蒙特卡罗模拟的实现。

Ising 模型是用于解释铁磁性的物理模型。考虑一个具有 N 个格点的 d 维体系，每个格点具有一个自旋变量 S_i。每个自旋只能取两个可能的值：

$$S_i = \begin{cases} +1, & \text{自旋向上} \\ -1, & \text{自旋向下} \end{cases} \quad (i = 1, 2, \cdots, N) \tag{4-66}$$

格点之间通过交换关联系数 J 耦合。若作最近邻近似，仅考虑最近格点之间的互作用，并考虑外磁场 B，则系统的哈密顿量可以写为：

$$H = -\frac{J}{2} \sum_{i=1}^{N} S_i \sum_{\langle i,j \rangle} S_j - \mu B \sum_{i=1}^{N} S_i \tag{4-67}$$

其中，$\langle i, j \rangle$ 表示仅对 i 周围的最近邻格点 j 求和；μ 为单个自旋的磁矩。该系统共有 N 个自由度，N 维向量 $\boldsymbol{x} = \{S_1, S_2, \cdots, S_N\}$ 描述了系统的位形。根据统计力学，在正则系综下，系统的配分函数：

$$\mathbb{Z} = \sum_{\boldsymbol{x}} \exp(-\beta H(\boldsymbol{x})) \tag{4-68}$$

式中，$\beta = 1/(k_B T)$。每个位形下，系统的磁化强度定义为：

$$M(\boldsymbol{x}) \equiv \sum_{i=1}^{N} S_i \tag{4-69}$$

其统计平均为：

$$\langle M \rangle = \mathbb{Z}^{-1} \sum_{\boldsymbol{x}} M(\boldsymbol{x}) \exp(-\beta H(\boldsymbol{x})) \tag{4-70}$$

根据 Metropolis 算法重要抽样的特性，在蒙特卡罗模拟中，上式可以变为对采样的简单算术平均：

$$\langle M \rangle = \frac{1}{N_{samp}} \sum_{l=1}^{N_{samp}} M(\boldsymbol{x}_l) \tag{4-71}$$

式中，N_{samp} 为采样次数；$\boldsymbol{x}_l$ 为采样的位形。类似可计算 $\langle M^2 \rangle$，从而可以得到磁化强度的涨落 $\langle M^2 \rangle - \langle M \rangle^2$。

为简单起见，这里考虑一个二维正方晶格。为了一定程度上去除边界的影响，这里采用周期边界条件（periodic boundary condition，PBC），即对于晶格内任一点 $\boldsymbol{r}$ 的任意物理性质 $A(\boldsymbol{r})$，都满足：

$$A(\boldsymbol{r} + L) = A(\boldsymbol{r}) \tag{4-72}$$

其中，L 是二维正方形晶格的边长（格点数）。

在这个简单例程中，编译时直接指定 L 的大小，然后采用 $L \times L$ 的二维数组给出格点自

旋 S，即 S[i][j] 表示位于二维空间 (i,j) 位置点的自旋：

```
constexpr int L = 20;        // 晶体线度
int S[L][L];
```

在 Ising 模型中，由于每个格点的自旋只能是 +1，-1 两个数值之一，每一步随机游走的试探位形只能是对某一格点 i 的自旋尝试进行翻转，因此程序中只需要计算格点 i 翻转导致的能量变化。简单起见，程序不考虑外加磁场。考虑与格点 i 有关的能量项：

$$H(S_i) = -JS_i \sum_{(i,j)} S_j \tag{4-73}$$

注意与原始的哈密顿量表达式相比，上式多了一个 2 倍的系数，这是因为交换关联能为两个自旋所共有，S_i 的翻转会同时影响以 S_i 和 S_j 两个格点为中心的求和项。于是 S_i 翻转引起的能量变化为：

$$\Delta E(S_i) = H(-S_i) - H(S_i) = 2JS_i \sum_{(i,j)} S_j \tag{4-74}$$

在程序中，因为只有 J 这一个参数涉及能量单位，所以我们以 J 为能量单位，其数值直接取为 1，温度采用 $k_B T$ 描述，亦具有能量量纲，以 J 为单位。这样，翻转 (i,j) 位置的自旋所致的能量变化实现为（注意其中使用了周期边界条件）：

```
double energy_change(int i,int j)
{
    return 2 * (S[i][j]) * (S[i ? (i - 1):(L - 1)][j] + S[(i + 1) % L][j] + S[i][j
? (j - 1):(L - 1)] + S[i][(j + 1) % L]);
}
```

在每一个蒙特卡罗步中，我们顺序地遍历每一个格点，并尝试对其进行翻转。程序实现如下：

```
void mc_sweep(double t_inv,std::mt19937& gen)
{
    static std::uniform_real_distribution<> dist(0,1);
    for(int i = 0;i<L;i + +){
        for(int j = 0;j<L;j + +){
            double de = energy_change(i,j);
            if(de<0|| dist(gen)<std::exp( - de * t_inv)){
                // 接受新位形
                S[i][j] = - S[i][j];
            }
        }
    }
}
```

其中 t_inv 是温度的倒数 $1/T$，dist(gen) 产生 $[0,1]$ 区间上均匀分布的伪随机数。一次蒙特卡罗模拟由若干蒙特卡罗步的随机游走以及一些采样操作构成：

```
void mc_simulation_nvt(double temp,std::mt19937 &gen,std::FILE * fp)
{
    const double t_inv = 1.0/ temp;
    constexpr int TOTAL_SWEEPS = 1000000;
    constexpr int AVE_STEPS = 500000;
    constexpr int SAMP_FREQ = 1000;

    double m_ave = 0, m2_ave = 0;
    int avg_count = 0;
    for(int i = 0; i < TOTAL_SWEEPS; i++)
    {
        mc_sweep(t_inv, gen);
        if(i >= AVE_STEPS && i % SAMP_FREQ == 0)
        {
            double mi = samp();
            m_ave += mi;
            m2_ave += mi * mi;
            avg_count++;
        }
    }
    m_ave/ = avg_count;// <m>
    m2_ave / = avg_count;// <m^2>
    std::printf("T = %12.6lf, <m> = %12.6lf, <m^2> = %12.6lf\n", temp,m_ave, m2_ave);
    std::fprintf(fp," %12.6lf %12.6lf %12.6lf\n", temp,m_ave, m2_ave);
}
```

上述的一次模拟在正则系综下进行，整个过程温度为一常数，模拟结束得到的物理量统计平均是该温度下的值。如果在一次初始化系统后，多次改变温度运行程序，就能得到物理量随温度变化的情况，进而观察系统随温度的相变。在上面的程序中，我们主要关注的变量是平均到每个格点的磁矩：

$$m = \frac{M}{L^2} \tag{4-75}$$

若 m 具有显著非零的数值，则表明在没有外加磁场的情况下，格点磁矩倾向于平行排列，具有铁磁性；反之则不具有铁磁性。

首先在低温下模拟，设定 $T = 0.1$（单位为 J/k_B），系统磁矩初始化为随机排列。经过 1000000 蒙特卡罗步的模拟，程序最终给出：

```
T = 0.100000, <m> = 1.000000, <|m|> = 1.000000, <m^2> = 1.000000
```

所有格点磁矩都为 +1，系统最终进入铁磁相。这表明模拟中的随机游走过程已经充分收敛，不受到初始化随机排列的影响。

从 $T=1$ 出发，以 0.1 为步长逐步升高温度，在每个温度下都重复上述的模拟，得到的相变情况如图 4-5 所示。在低温下，磁矩接近 1，是铁磁相；在高温下，磁矩平均值接近于 0，不属于铁磁相。在 $T=2.1\sim2.5$ 的范围内，平均磁矩发生突变，表明此温度区内发生相变。需要说明，在不加外磁场的情况下，从任何位形 $\boldsymbol{x}_0$ 出发，将所有格点磁矩反转（1 变为 -1，或 -1 变为 1）得到的位形 $\boldsymbol{x}_0'$ 与原构形是简并的，它们具有相同的能量 $[H(\boldsymbol{x}_0)=H(\boldsymbol{x}_0')]$，并以相同的概率被取到 $[p(\boldsymbol{x}_0)=p(\boldsymbol{x}_0')]$。因此，如果随机游走过程中抽样的位形先后取了 $\boldsymbol{x}_0$ 和 $\boldsymbol{x}_0'$ 位形，其数值就可能在累计过程中被抵消。从 $\langle m\rangle$ 与 $\langle|m|\rangle$ 的对比来看，在相变温度附近，这种情况尤为明显。

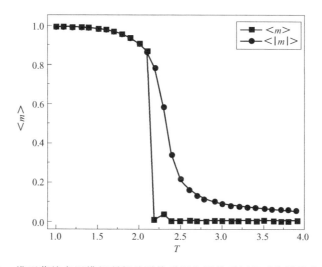

图 4-5　Ising 模型蒙特卡罗模拟所得的平均磁矩和平均磁矩绝对值随温度的变化情况

除了平均磁化率 m，在模拟过程中还可以采样计算其他的物理量。根据统计力学，可以计算系统的热容：

$$C_V = \frac{\langle E^2\rangle - \langle E\rangle^2}{k_B T^2} \tag{4-76}$$

其中，E 为系统的能量。系统的磁化率：

$$\chi = \lim_{H\to 0}\frac{\partial M}{\partial H} = \frac{\langle M^2\rangle - \langle M\rangle^2}{k_B T} \tag{4-77}$$

其中，H 为磁场强度。按照 Metropolis 重要抽样算法，上面的 $\langle\cdot\rangle$ 都是在 Markov 链上抽样的算术平均值，简化了计算。

4.5.4　铁电相变模拟

上一节以 Ising 模型为例，说明了 Metropolis 算法的实现。理论上，只要有系统的哈密顿量表达式，就能在 Metropolis 算法的框架下对系统进行蒙特卡罗模拟，得到系统的平衡态信息。

铁电体（ferroelectric）是一类在无外加电场下，具有自发极化（spontaneous polarization）的材料。自铁电体被发现以来，铁电相变的机制一直是学界较为关注的话题。目前广为接受的铁电相变微观理论是软模（soft mode）相变理论。根据软模理论，在铁电相变温度以下，晶体振动模式中的某一光学支频率显著降低，称为"软化"。当频率降低至 0 时，该模式被"冻结"，即原子位移变为了静态位移，原子不能回到原位置。光学模式包含正负离子的相对运动，如果该模式位于布里渊区中心，其冻结就导致均匀铁电极化。

钛酸钡（BaTiO$_3$）是一种发现较早、研究较为充分的铁电体，它具有钙钛矿结构，高温下呈宏观的立方顺电相，具有 $Pm\bar{3}m$ 空间群。在实验上，随着温度降低，BaTiO$_3$ 依次进入四方、正交、菱方三个不同的铁电相。20 世纪 90 年代，Zhong 等人通过对钙钛矿结构化合物进行建模，采用对原子位移进行 Taylor 展开的方式，构建了 BaTiO$_3$ 的有效哈密顿量解析表达式，采用第一性原理计算获得模型参数的数值，然后利用蒙特卡罗模拟，成功模拟了 BaTiO$_3$ 的相变[9,10]。下面简要介绍这项工作。

BaTiO$_3$ 的初基元胞含有 5 个原子，考虑对相变影响较大的软模模式和声学模式（原子平动模式）的位移，由于立方对称性的要求，软模模式和声学模式都是三重简并的。分别以三维向量 u 和 v 表示元胞内的局域软模模式和声学模式的振幅，其中，软模 u 与极化直接相关，声学模式 v 与晶格的应变直接相关。在 $N=L\times L\times L$ 个初基元胞的超胞上，采用周期边界条件，并且以对称张量 η_H 描述超胞的均匀应变。这样，整个体系具有 $6N+6$ 个自由度。体系的总能量由五项给出：

$$E_{\text{tot}} = E_{\text{self}} + E_{\text{dpl}} + E_{\text{short}} + E_{\text{elas}} + E_{\text{int}} \tag{4-78}$$

其中，E_{self} 是软模的自作用能量，由 Taylor 展开至四阶，κ_2、α、γ 为模型参数：

$$E_{\text{self}}(\{u\}) = \sum_i \left[\kappa_2 u_i^2 + \alpha u_i^4 + \gamma (u_{ix}^2 u_{iy}^2 + u_{iy}^2 u_{iz}^2 + u_{iz}^2 u_{ix}^2) \right] \tag{4-79}$$

E_{dpl} 是软模的长程偶极作用，展开至软模位移的二阶，Z^* 和 ε_∞ 为软模式的波恩有效电荷和材料的光频介电常数：

$$E_{\text{dpl}}(\{u\}) = \frac{Z^*}{\varepsilon_\infty} \sum_{i<j} \frac{u_i \cdot u_j - 3(\hat{R}_{ij} \cdot u_i)(\hat{R}_{ij} \cdot u_j)}{R_{ij}^3} \tag{4-80}$$

其中，$\hat{R}_{ij}$ 为由元胞 i 指向元胞 j 的单位矢量。E_{short} 为软模式的短程互作用，展开至二阶。由于立方对称性的作用，软模互作用矩阵 $J_{ij\alpha\beta}$ 只有 7 个独立元素：

$$E_{\text{short}}(\{u\}) = \frac{1}{2} \sum_{i\neq j} \sum_{\alpha\beta} J_{ij\alpha\beta} u_{i\alpha} u_{j\beta} \tag{4-81}$$

E_{elas} 是弹性应变能，分为均匀应变和非均匀应变两部分：

$$E_{\text{elas}}(\eta_H, \{v\}) = E_{\text{elas,H}}(\eta_H) + E_{\text{elas,I}}(\{v\}) \tag{4-82}$$

E_{int} 是软模与应变的相互作用，其中 $B_{l\alpha\beta}$ 为模型参数，由于立方对称性，只有三个独立元素：

$$E_{\text{int}}(\{\boldsymbol{u}\},\{\boldsymbol{\eta}_l\}) = \frac{1}{2}\sum_i\sum_{l\alpha\beta}B_{l\alpha\beta}\eta_{il}u_{i\alpha}u_{i\beta} \tag{4-83}$$

注意其中 η_{il} 包含均匀和非均匀应变两部分：

$$\eta_{il} = \eta_{\text{H},l} + \eta_{\text{I},l}(\{\boldsymbol{v}\}) \tag{4-84}$$

其中，$l = 1,2,\cdots,6$ 为 Voigt 标记；$i,j = 1,2,\cdots,N$ 为元胞指标。上面表达式中的参数都由第一性原理计算确定。

在蒙特卡罗模拟中，每一个蒙特卡罗步包含对每个元胞软模位移、声学支位移进行一次更新尝试，以及对超胞的均匀应变进行若干次更新尝试。通过动态调整尝试位移的步长，使得更新尝试被接受的概率在 20% 左右。模拟从高温的立方顺电相出发，从高到低依次在若干个温度下模拟，每个温度下进行约 10^4 蒙特卡罗步的随机游走，其中前面一部分的游走使体系趋向平衡，后一部分每个蒙特卡罗步后对平均软模位移：

$$\boldsymbol{u} = \frac{1}{N}\sum_i\boldsymbol{u}_i \tag{4-85}$$

进行采样，以得到该温度下的平均软模位移。考虑到随机游走过程中有可能进入等价的方向（例如，在四方相中，沿 [100] 方向和沿 [010] 方向的软模位移显然是等价的）而对平均值结果造成干扰，这里计算统计平均值时，将每个蒙特卡罗步后 $\boldsymbol{u}$ 的三个分量绝对值从大到小排序（记作 u_1、u_2、u_3）后，再计入平均值。

图 4-6 给出了平均软模位移 u_1、u_2、u_3 随温度的变化情况。在 300K 以上，平均软模位移约为 0，表明没有自发极化，系统宏观成立方顺电相；随温度下降至 295K 以下，u_1 出现显著的数值而 u_2、u_3 仍约为 0，表明系统具有沿赝立方 $\langle 100 \rangle$ 方向的极化，系统处在四方相；随温度降至约 230K 和 190K 以下，分别进入正交相和菱方相。这个相变序列与实验上观测到的一致。关于此工作的更多信息，可以参阅文献 [9,10]。

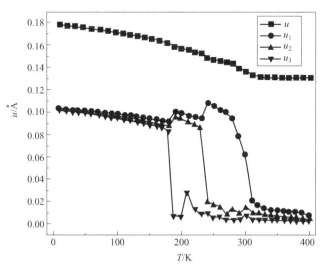

图 4-6　蒙特卡罗模拟所得 BaTiO₃ 中软模位移的三个分量 u_1、u_2、u_3 以及平均软模振幅 u 随温度的变化情况

4.5.5 有限尺寸效应

宏观物体通常具有 10^{23} 量级的微观粒子，而现有的计算机无法直接处理这么大的体系。在上面的 Ising 模型的例子中，我们在较小的 $L \times L$（二维）点阵中进行模拟，虽然通过周期边界条件使得模拟形式上是描述无限大的（二维）材料，但周期边界条件同样引入了平移对称性，而这在真实的材料中显然是不存在的，因此模拟空间的线度 L 仍然对结果有影响，即有限尺寸效应。有限尺寸带来的影响与具体的模型及其所涉及的相变类型等有关，需要具体问题具体分析。这里仅以 Ising 模型为例，给出不同模拟空间线度带来的影响。图 4-7 给出了 $L=20$ 至 $L=50$ 的模拟所得的 $\langle |m| \rangle$ 随温度的变化情况。随体系尺寸的增大，高温区的平均磁矩绝对值有所减小，相变范围内的曲线变得更陡峭，但低温铁磁相没有明显差异。

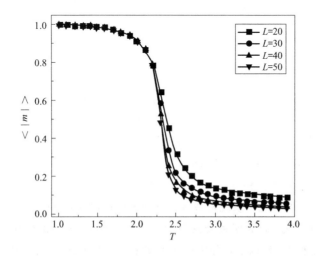

图 4-7　不同尺寸二维 Ising 模型蒙特卡罗模拟所得的平均磁矩绝对值与温度的关系

习题

[4-1]　利用乘同余法产生随机数：令 $x_0 = 13$，用 $x_n = [889 x_{n-1} (\mathrm{mod}\ 32768)]/32767$。并分析伪随机数的均匀性和独立性。

[4-2]　利用给出的表 4-4，分别用直接抽样法和重要抽样法计算下列积分值。

$$\int_0^1 \frac{e^x - 1}{e - 1} dx$$

表 4-4　随机数表

I	1	2	3	4	5	6	7	8	9	10
r_i	0.96	0.94	0.73	0.40	0.83	0.18	0.08	0.34	0.33	0.21

I	11	12	13	14	15	16
r_i	0.52	0.25	0.10	0.50	0.35	0.28

[4-3] 利用蒙特卡罗方法求半径为 1 的圆的面积（计算 π）。

[4-4] 编写二维 Ising 模型的蒙特卡罗程序，求出温度分别是 1.0，1.2，1.4，…，3.0 时的平均磁矩和平均能量，并画出平均磁矩与温度、平均能量与温度的关系曲线。

[4-5] 利用二维 Ising 模型蒙特卡罗程序，得到不同尺寸下磁化率（$\chi = \dfrac{\langle M^2 \rangle - \langle M \rangle^2}{k_B T}$）、黏合比（Binder ratio）（$Q = \dfrac{\langle m^2 \rangle}{\langle \mid m \mid \rangle^2}$）与温度的关系曲线，并分析尺寸效应。

参考文献

[1] 马文淦. 计算物理学[M]. 北京：科学出版社，2005.

[2] 刘金远，段萍，鄂鹏. 计算物理学[M]. 北京：科学出版社，2012.

[3] 徐钟济. 蒙特卡罗方法[M]. 上海：上海科学技术出版社，1985.

[4] 朱本仁. 蒙特卡罗方法引论[M]. 济南：山东大学出版社，1987.

[5] 方再根. 计算机模拟和蒙特卡洛方法[M]. 北京：北京工业学院出版社，1988.

[6] 杨耀臣. 蒙特卡罗方法与人口仿真学[M]. 合肥：中国科学技术大学出版社，1999.

[7] Metropolis N，Rosenbluth A W，Rosenbluth M N，et al. Equation of state calculations by fast computing machines[J]. The Journal of Chemical Physics，1953，21(6)：1087-1092.

[8] Binder K，Heermann D W. Monte Carlo Simulation in Statistical Physics[M]. Springer，2010.

[9] Zhong W，Vanderbilt D，Rabe K M. Phase Transitions in $BaTiO_3$ from First Principles[J]. Physical Review Letters，1994，73(13)：1861-1864.

[10] Zhong W，Vanderbilt D，Rabe K M. First-principles theory of ferroelectric phase transitions for perovskites：the case of $BaTiO_3$[J]. Physical Review B，1995，52(9)：6301-6312.

第 5 章

相场模拟

材料的物理性能通常由材料微观组织形貌决定，而微观组织形貌演化包括通过相界面移动的相变。本章介绍了利用相场模拟方法预测各种固态相变过程中的微观结构演化，包括铁弹性和铁电转变、有序-无序转变。重点介绍相场方程的建立与求解，抓住相场问题的核心和脉络。

5.1 相场模拟的基本原理

随着电子信息技术的快速发展，计算机的计算效率不断提高，使得一些原本比较复杂的物理问题可以借助计算机来解决。得益于此，计算材料学成为材料科学领域的一个重要分支，通过对材料微观组织演化的模拟以及对材料宏观性能的设计和预测，计算材料学推动了材料科学的发展。尤其是在凝固和相变领域，实际过程中存在大量影响过程和结果的参数，单纯通过控制变量——试验的手段进行研究的周期长、效率低，因而高效、便捷的计算材料科学吸引了大量的材料学家。当下，科学家和工程师希望能将计算材料学中的微观组织模拟进一步运用到工业生产当中，这也正是材料科研人员所面对的挑战。

相场法起源于 20 世纪 70 年代，其最初目的是解决凝固过程中液固界面难以追踪的困境。在相场法中，通过引入序参量和描述体系的自由能函数，建立各式各样的数学模型，从而可以模拟不同条件下微观组织结构的演化和发展。相场法在介观层面分析、明锐界面规避等方面的独特优势使其在模拟材料内部组织演变中占得一席之地。

相场法以 Ginzburg-Landau（金兹堡-朗道）相变理论为基础，通过偏微分方程描述凝固、晶粒粗化、相变等微观结构演变过程。不同于其他模拟方法，相场法引入在体系内连续变化的序参量 η，结合温度场、浓度场等场量对不连续的界面进行追踪，对于多晶多相情况可以采用一系列不同的序参量 η_n（$n=1,2,3\cdots$）来描绘这些不同的晶粒取向或不同相。其中，序参量 η 在体系中并非守恒，而相场法中重要参数之一浓度则是守恒量。这些重要的参数可以确定体系在每个时间节点中的具体状态，微分方程则可以将不同的参数之间关联起来，描述各个参数随时间的变化，从而模拟整个体系的演化过程。

用来描述整个体系微观结构的序参量 η 可以是守恒的，也可以是非守恒的，这取决于它们是否符合局部守恒定律：$\partial \eta / \partial t = -\nabla \cdot J$，这里 η 是序参量，J 是相对应的通量。守恒场的序参量一般与组分有关，例如浓度、温度等；而非守恒场的序参量一般与晶体结构或者取向有关，例如铁电极化、铁磁极化等。

在相场法中，界面模型不再是没有厚度的明锐界面，而是具有小尺寸有限厚度的弥散界面，如图 5-1 所示，序参量 η 在界面处连续且在界面区域内 η 值梯度较大。弥散界面模型以及序参量的引入使得相场法可以不用考虑界面追踪的问题。除此之外，相场法还考虑了自由能函数 F，该函数统一描述了体系中各处的能量，是相场法中相变过程的热力学依据，也是所有相场法模型搭建的基石。

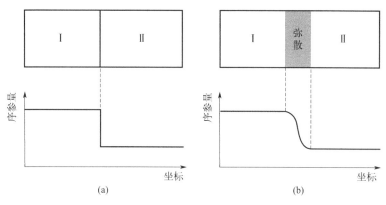

图 5-1　计算建模中的界面
(a) 明锐界面；(b) 弥散界面

使用相场方法来求解材料体系微观结构的演化问题时，要用到相场的动力学方程，即 Cahn-Hilliard 非线性扩散方程[1]和 Allen-Cahn 动力学方程[2]：

$$\frac{\partial c(\boldsymbol{r},t)}{\partial t} = \nabla M \nabla \frac{\delta F}{\delta c(\boldsymbol{r},t)} \tag{5-1}$$

$$\frac{\partial \eta(\boldsymbol{r},t)}{\partial t} = -L \frac{\delta F}{\delta \eta(\boldsymbol{r},t)} \tag{5-2}$$

其中，M 和 L 都是与界面迁移有关的动力学系数；$c(\boldsymbol{r},t)$ 代表保守场序参量；$\eta(\boldsymbol{r},t)$ 代表非保守场序参量。

近年来，相场方法已成为一种强大的建模和计算方法，人们用它来预测介观尺度材料的形态和微观结构演化[3,4]。相场法基于朗道理论，考虑有序化势与热力学驱动力的综合作用，并通过建立相场方程描述体系的演化动力学。随着研究的不断深入，相场方法也日趋成熟[5]。科研工作者利用该方法模拟了铁电畴的形成以及在外场作用下发生翻转的过程，铁电相场模型不仅能够模拟电滞回线和蝶形回线，还能够探究外场作用对材料介电性能的影响，更进一步，相场方法还能够模拟涡旋畴的形成。

5.2　相场模拟的物理与数学基础

5.2.1　朗道相变理论

朗道将对称破缺引入相变理论，同时将其与序参量的变化联系起来。相变的特征之一是体系对称性的变化。一般地，高温相对称性较高，而低温相对称性较低。因此从高温相变为低温相时，某些对称元素在相变过程中消失了，这就是对称破缺。整个体系对称性的破缺反映了体系内部有序化程度的变化，而用来描述有序化程度的变量即为序参量，它是表征相变过程的基本参量，高对称相的序参量为零，低对称相的序参量为有限值。在不同相变过程中，序参量的选取是不同的，如铁电相变的序参量是自发极化，铁磁相变的序参量为磁化矢量，铁弹相变的序参量为自发应变等。

在相变过程中，序参量可以连续变化的相变为连续相变（包括二级相变和更高级相变）。相反，序参量不连续变化的相变为一级相变。朗道相变理论起初针对连续相变，根据朗道相变理论，自由能可以按照序参量 η 幂展开，其中由于连续相变的朗道判据，我们可以得到自由能 G：

$$G = G_0 + A\eta^2 + B\eta^4 + \cdots \tag{5-3}$$

式中，G_0 为高对称相的能量。经过一系列的推广，朗道相变理论也可以适用于一级相变（即非连续相变）。

5.2.2 弹性理论基础

弹性理论就是把固体作为连续介质来进行研究的一种力学理论，在作用力的影响下，固体将发生不同程度的形变，即改变原先的形状和体积。而应变张量 ε_{ij} 是描述物体各部分线段长度或线段夹角改变程度的参量，按照定义，应变张量为对称张量，即 $\varepsilon_{ij} = \varepsilon_{ji}$，其表达式为 $\varepsilon_{ij} = (u_{i,j} + u_{j,i})/2$，这里的 u_i 是位移分量，$u_{i,j}$ 为位移分量 u_i 的空间导数，即 $u_{i,j} = \partial u_i / \partial x_j$，这就是弹性力学中的几何方程。

在未发生变形的物体中，物体内部所有部分彼此之间都处于力学平衡。而当物体发生形变时，物体离开了原先所处的力学平衡状态，从而产生了使物体恢复平衡的力，这时产生的内力统称为应力，即应力张量 σ_{ij}，一般认为，前一个坐标角码表明作用面垂直于 x_i 轴，后一个坐标角码表明作用力方向沿 x_j 轴（i、j、k 可取 1、2、3）。

弹性力学中的平衡微分方程为：

$$\frac{\partial \sigma_{11}}{\partial x_1} + \frac{\partial \sigma_{21}}{\partial x_2} + \frac{\partial \sigma_{31}}{\partial x_3} + f_1 = 0$$

$$\frac{\partial \sigma_{22}}{\partial x_2} + \frac{\partial \sigma_{12}}{\partial x_1} + \frac{\partial \sigma_{32}}{\partial x_3} + f_2 = 0 \tag{5-4}$$

$$\frac{\partial \sigma_{33}}{\partial x_3} + \frac{\partial \sigma_{13}}{\partial x_1} + \frac{\partial \sigma_{23}}{\partial x_2} + f_3 = 0$$

式中，f_i 为物体受到的外力。

考虑应变张量与应力张量之间的关系，也就是物理方程：$\sigma_{ij} = C_{ijkl}\varepsilon_{kl}$，这里 C_{ijkl} 是物体的弹性张量。采用张量的 Voigt 标记，上式可简化为 $\sigma_i = C_{ij}\varepsilon_j$。接下来采用爱因斯坦求和约定，可展开为：

$$\sigma_i = C_{i1}\varepsilon_1 + C_{i2}\varepsilon_2 + C_{i3}\varepsilon_3 + C_{i4}\varepsilon_4 + C_{i5}\varepsilon_5 + C_{i6}\varepsilon_6 \tag{5-5}$$

式中，ε_1、ε_2、ε_3、ε_4、ε_5 和 ε_6 分别代表应变分量 ε_{11}、ε_{22}、ε_{33}、ε_{23}、ε_{13} 和 ε_{12}。

而弹性张量 $C_{ij} = C_{ji}$，极端各向异性材料的弹性矩阵包含 21 个独立的常数，即：

$$\begin{bmatrix} \sigma_1 \\ \sigma_2 \\ \sigma_3 \\ \sigma_4 \\ \sigma_5 \\ \sigma_6 \end{bmatrix} = \begin{bmatrix} C_{11} & C_{12} & C_{13} & C_{14} & C_{15} & C_{16} \\ & C_{22} & C_{23} & C_{24} & C_{25} & C_{26} \\ & & C_{33} & C_{34} & C_{35} & C_{36} \\ & & & C_{44} & C_{45} & C_{46} \\ & \text{对称} & & & C_{55} & C_{56} \\ & & & & & C_{66} \end{bmatrix} \begin{bmatrix} \varepsilon_1 \\ \varepsilon_2 \\ \varepsilon_3 \\ \varepsilon_4 \\ \varepsilon_5 \\ \varepsilon_6 \end{bmatrix} \tag{5-6}$$

当物体具有一个弹性对称面时，弹性矩阵包含的独立常数将下降到 13 个；当物体具有三个弹性对称面时，弹性矩阵包含的独立常数将下降到 9 个，此时材料被称为正交各向异性材料；当物体具有三个弹性对称面，且其中一个弹性对称面内具有各向同性时，弹性矩阵包含的独立常数将下降到 5 个，此时材料被称为宏观各向同性材料；当物体为各向同性材料，即材料任意方向的材料属性都相同时，弹性矩阵包含的独立常数为 2 个：C_{11} 和 C_{12}，可以与拉梅常数或杨氏模量和泊松比进行转化。

晶体在等温变形时，体系弹性能的变化和各向同性物体一样，也是应变张量的二次函数，其一般形式为：

$$F = \frac{1}{2} C_{ij} \varepsilon_i \varepsilon_j = \frac{1}{2} \sigma_j \varepsilon_j = \frac{1}{2} S_{ij} \sigma_i \sigma_j \tag{5-7}$$

式中，$S_{ij}(i,j=1,2,3,4,5,6)$ 为弹性柔顺系数 S_{ijkl} 的 Vigot 标记简写。

5.2.3 变分问题

在了解变分问题之前，要引出泛函（functional）的概念。泛函通常是指定义域为函数集，而值域为实数或者复数的映射，可以简单认为是"函数的函数"，而求解泛函的极值问题称为变分问题，如最速降线问题、费马原理、分析力学中的哈密顿原理都使用了变分法。

下面给出变分的定义：对于任意给定区间 $x \in [\alpha, \beta]$，可取函数 $y(x)$ 与另一可取函数 $y_0(x)$ 之差 $y(x) - y_0(x)$ 称为函数 $y(x)$ 在 $y_0(x)$ 处的变分，记作 δy。

变分法的核心定理是欧拉-拉格朗日（Euler-Lagrange）方程，设 $f(x, y, y')$ 是三个独立变量 x、$y(x)$、$y'(x)$ 的函数，且二阶连续可微，其中 $y(x)$、$y'(x)$ 是 x 的函数，则有

泛函：
$$I = \int_{\alpha}^{\beta} f(x, y, y') \mathrm{d}x$$

欧拉-拉格朗日方程：
$$\frac{\partial f}{\partial y} - \frac{\mathrm{d}}{\mathrm{d}x} \left(\frac{\partial f}{\partial y'} \right) = 0 \tag{5-8}$$

它对应于泛函的临界点，即在寻找泛函的极大和极小值时，在一个解附近的微小变化的分析给出一阶的一个近似，我们可以运用欧拉-拉格朗日方程找到泛函 I 的驻点（stationary point），即 $\delta I = 0$ 的点。

5.3 铁电材料的相场模型

按照热力学理论，在序参量选定之后，只需构建一个热力学函数（即特征函数）就可以把整个均匀系统的平衡性质完全确定。均匀的弹性电介质系统的热力学状态可以用温度 T、熵 S、应力 σ_{ij}、应变 ε_{ij}、电场 E_i 和电位移 D_i（或极化 P_i）来表征[6]。在三对变量热学量 T 和 S、力学量 σ_{ij} 和 ε_{ij} 与电学量 E_i 和 D_i（或 P_i）中分别选择一个变量作为独立变量，就可以构成电介质系统的热力学函数。依照热力学第一和第二定律，可以确定系统内能 U 的全微分形式为（这里采用张量的爱因斯坦求和约定）：

$$\mathrm{d}U = T\mathrm{d}S + \sigma_{ij}\mathrm{d}\varepsilon_{ij} + E_i\mathrm{d}D_i \qquad (5\text{-}9)$$

对于三维体系来说，i 和 j 可取 $1\sim3$。

在大多数实验测量中，使用除内能外的热力学函数更为方便，如选取 T、σ_{ij} 和 E_i 作为热力学函数的独立变量，可以得到吉布斯自由能的微分形式：

$$\mathrm{d}G = -S\mathrm{d}T - \varepsilon_{ij}\mathrm{d}\sigma_{ij} - D_i\mathrm{d}E_i \qquad (5\text{-}10)$$

对于铁电材料，居里温度以上属于顺电相，其自发极化为零，居里温度以下属于铁电相，具有非零的自发极化，因此选择自发极化 $\boldsymbol{P} = (P_1, P_2, P_3)$ 作为研究铁电相变的序参量，自发极化 $\boldsymbol{P}$ 在铁电相的空间分布描述体系的铁电畴结构。铁电材料中电位移 $\boldsymbol{D}$ 等于总极化 $\boldsymbol{P}_{\mathrm{T}}$ 加上真空介电常数 ε_0 与电场 $\boldsymbol{E}$ 乘积之和。总的极化 $\boldsymbol{P}_{\mathrm{T}}$ 等于自发极化 $\boldsymbol{P}$ 加上电场导致铁电材料内部电子位移和离子正负电荷分离产生的极化 $\boldsymbol{P}_{\mathrm{E}}$，而电场产生的极化大小与电场呈线性关系。此时电位移可以由电场和自发极化强度表示：

$$\boldsymbol{D} = \boldsymbol{P}_{\mathrm{T}} + \varepsilon_0\boldsymbol{E} = \boldsymbol{P} + \boldsymbol{P}_{\mathrm{E}} + \varepsilon_0\boldsymbol{E} = \boldsymbol{P} + \chi_{\mathrm{b}}\boldsymbol{E} + \varepsilon_0\boldsymbol{E} = \boldsymbol{P} + \varepsilon_{\mathrm{b}}\boldsymbol{E} \qquad (5\text{-}11)$$

式中，χ_{b} 为总极化率中的线性部分；ε_{b} 为铁电材料顺电相时的介电常数张量。本文中所考虑的铁电材料顺电相时都为立方晶系，其背景介电常数只有一个分量，其余的分量为零，即 $\varepsilon_{11\mathrm{b}} = \varepsilon_{22\mathrm{b}} = \varepsilon_{33\mathrm{b}} = \varepsilon_{\mathrm{b}}$。

当铁电材料达到纳米尺度时，表面附近的原子所处的环境与体内原子的环境不同，因而电子态和性能也不同，且尺寸越小，表面效应越明显。尺寸效应和表面效应的交互作用，导致纳米尺度铁电材料表现出比块体铁电材料更加丰富的性质。因此纳米尺度铁电材料总的吉布斯自由能需要考虑朗道自由能 F_{Land}（Landau free energy）、梯度能 F_{grad}（gradient energy）、静电能 F_{elec}（electrostatic energy）、弹性能 F_{elas}（elastic energy）和表面能 F_{surf}（surface energy），即：

$$\begin{aligned} F &= F_{\mathrm{Land}} + F_{\mathrm{grad}} + F_{\mathrm{elec}} + F_{\mathrm{elas}} + F_{\mathrm{surf}} \\ &= \iiint_V (f_{\mathrm{land}} + f_{\mathrm{grad}} + f_{\mathrm{elec}} + f_{\mathrm{elas}})\mathrm{d}V + \iint_S (f_{\mathrm{surf}})\mathrm{d}S \end{aligned} \qquad (5\text{-}12)$$

式中，f_{Land} 为朗道自由能密度；f_{grad} 为梯度能密度；f_{elec} 为静电能密度；f_{elas} 为弹性能密度；f_{surf} 为表面能密度；V 为纳米尺度铁电材料的体积；S 为纳米尺度铁电材料的表面积。

在本章节模拟工作中，我们忽略任何可能存在的表面和界面对于自由能的贡献，假定薄膜的表面用自由电荷来补偿，因此退极化场能被忽略了。

基于 Landau-Devonshire 唯象理论，相变的发生伴随着晶体对称性的降低。如钛酸钡（BaTiO$_3$）顺电相时属于立方晶系 $m3m$ 点群，伴随着温度降低发生相变，转变成四方晶系 $4mm$ 点群。根据朗道相变理论，得出体自由能密度的表达式为：

$$
\begin{aligned}
f_{\text{Land}} =& \alpha_1(P_1^2+P_2^2+P_3^2)+\alpha_{11}(P_1^4+P_2^4+P_3^4)+\alpha_{12}(P_1^2P_2^2+P_2^2P_3^2 \\
&+P_1^2P_3^2)+\alpha_{111}(P_1^6+P_2^6+P_3^6)+\alpha_{112}\big[(P_1^2(P_2^4+P_3^4) \\
&+P_2^2(P_1^4+P_3^4)+P_3^2(P_1^4+P_2^4)\big]+\alpha_{123}P_1^2P_2^2P_3^2 \\
&+\alpha_{1111}(P_1^8+P_2^8+P_3^8)+\alpha_{1112}\big[(P_1^6(P_2^2+P_3^2)+P_3^6(P_1^2+P_2^2)\big] \\
&+\alpha_{1122}(P_1^4P_2^4+P_2^4P_3^4+P_1^4P_3^4)+\alpha_{1123}(P_1^4P_2^2P_3^2 \\
&+P_2^4P_1^2P_3^2+P_3^4P_1^2P_2^2)
\end{aligned}
\tag{5-13}
$$

式中，α_1、α_{11}、α_{12}、α_{111}、α_{112}、α_{123}、α_{1111}、α_{1112}、α_{1122} 和 α_{1123} 为铁电材料的高阶刚度系数。

这些系数决定了块体材料在顺电相和铁电相下的热力学行为和铁电特性，如居里温度、原顺电相的稳定性和亚稳定性、自发极化和极化率（作为温度的函数）以及介电系数等。一般铁电材料的体自由能可以展开至六阶项，而钛酸钡自由能中的八阶项是由 Li 等[7]提出来的，可以预测钛酸钡在较大应变下的铁电相变。如果将体系的朗道自由能用函数图像的形式表示出来（这里为了简单，只讨论一维情况），当温度低于居里温度（如果是一级铁电相变，温度低于居里-外斯温度）时，函数图像是双势阱（double-well）形式，如图 5-2 所示。这时，自由能最低的点分别是当极化为 $\pm P$ 的时候，这表示系统处于铁电相，并且有两个可能的等值反号的自发极化状态。

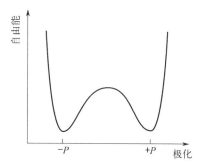

图 5-2　一维情况下朗道自由能的双势阱图像

铁电材料中极化的不均匀分布将会导致出现梯度能，梯度能密度是关于极化梯度的多项式，其表达式也与铁电材料顺电相的晶系有关。对于顺电相为立方晶系的铁电体系，其梯度能密度的表达式为：

$$
\begin{aligned}
f_{\text{grad}} =& \frac{1}{2}G_{11}(P_{1,1}^2+P_{2,2}^2+P_{3,3}^2)+G_{12}(P_{1,1}P_{2,2}+P_{1,1}P_{3,3}+P_{2,2}P_{3,3}) \\
&+\frac{1}{2}G_{44}\big[(P_{1,2}+P_{2,1})^2+(P_{1,3}+P_{3,1})^2+(P_{2,3}+P_{3,2})^2\big] \\
&+\frac{1}{2}G_{44}'\big[(P_{1,2}-P_{2,1})^2+(P_{1,3}-P_{3,1})^2+(P_{2,3}-P_{3,2})^2\big]
\end{aligned}
\tag{5-14}
$$

式中，G_{11}、G_{12}、G_{44} 和 G_{44}' 都是梯度能系数；下标中的逗号表示空间导数，即 $P_{i,j}=\partial P_i/\partial x_j$。

铁电相变是一种结构相变，伴随着自发应变的产生。在不受应力状态下，这些应力称为本征应变。对于钙钛矿立方晶系的铁电材料，其本征应变可以表示为：

$$\varepsilon_{11}^0 = Q_{11}P_1^2 + Q_{12}(P_2^2 + P_3^2)$$

$$\varepsilon_{22}^0 = Q_{11}P_2^2 + Q_{12}(P_1^2 + P_3^2)$$

$$\varepsilon_{33}^0 = Q_{11}P_3^2 + Q_{12}(P_1^2 + P_2^2)$$

$$\varepsilon_{12}^0 = Q_{44}P_1P_2 \tag{5-15}$$

$$\varepsilon_{13}^0 = Q_{44}P_1P_3$$

$$\varepsilon_{23}^0 = Q_{44}P_2P_3$$

式中，Q_{ij} 为电致伸缩系数。

当铁电材料极化发生变化时，产生弹性应变 $e_{ij} = \varepsilon_{ij} - \varepsilon_{ij}^0$，其中 $\varepsilon_{ij} = (u_{i,j} + u_{j,i})/2$ 是总应变，为了保持体系连续性，导致弹性能的产生，对于立方晶系的铁电材料，弹性能密度可以表示为：

$$f_{elas} = \frac{1}{2}C_{1111}(e_{11}^2 + e_{22}^2 + e_{33}^2) + C_{1122}(e_{11}e_{22} + e_{22}e_{33} + e_{11}e_{33})$$

$$+ 2C_{1212}(e_{12}^2 + e_{13}^2 + e_{23}^2) \tag{5-16}$$

式中，C_{ijkl} $(i,j=1,2,3)$ 为四阶弹性系数；e_{ij} 为应变，属于二阶张量。

因为铁电材料的顺电相属于立方晶系，根据晶体对称性计算，只有 C_{1111}、C_{1122} 和 C_{1212} 三个独立分量。对于铁电材料，由于内部的极化往往是非均匀分布，应力状态也是非均匀的。在没有外力作用下，为了保持铁电材料的连续介质性，应力需要满足力学平衡方程：

$$\sigma_{ij,i} = 0 \tag{5-17}$$

以及其铁电材料的力学边界条件：

$$u_i = \bar{u}_i \qquad \text{on} \quad S_u$$

$$\sigma_{ij}n_i = \tau_j \qquad \text{on} \quad S_\sigma \tag{5-18}$$

式中，u_i 为位移分量；$\bar{u}_i$ 为具体的位移分量，是一个常数；S_u 为位移边界；n_i 为表面法向量单位矢量的分量；τ_j 为表面应力的分量；S_σ 为应力边界。

在没有外加电场时，铁电材料受到的总电场就是退极化场，主要来源于表面没有屏蔽的束缚电荷和体内分布不均匀的极化。退极化场和外加电场构成的静电能密度表示为：

$$f_{elec} = -P_1E_1 - P_2E_2 - P_3E_3 - \frac{1}{2}\varepsilon_b(E_1^2 + E_2^2 + E_3^2) \tag{5-19}$$

式中，E_i 为静电场分量。

电场分量能够由静电平衡方程进行求解：

$$D_{i,i} = (\boldsymbol{P} + \varepsilon_b\boldsymbol{E})_{i,i} = 0 \tag{5-20}$$

其中，$D_{i,i}$ 为电位移矢量，第一个下标 i 表示分量，第二个下标 i 表示梯度。短路或开路边界条件可表示为：

$$\varphi = \bar{\varphi} \quad \text{on} \ S_\varphi$$

$$D_in_i = -\omega \quad \text{on} \quad S_\omega \tag{5-21}$$

式中，φ 为电势；$\overline{\varphi}$ 为具体的电势，是一个常数；S_{φ} 为电势边界；ω 为表面电荷密度；S_{ω} 为电荷密度边界。

静电平衡方程表示电位移分量沿着其分量方向的梯度为零。短路边界条件表示电势为定值，开路边界条件表示表面法向方向电位移为定值。

对于铁电纳米材料，由于表面处的截断导致表面极化与内部极化存在很大的差异，因此需要引入表面能来考虑其表面作用。表面能密度[8,9]可以表示为：

$$f_{surf} = \frac{D_{11}P_1^2}{2\delta_1^{eff}} + \frac{D_{22}P_2^2}{2\delta_2^{eff}} + \frac{D_{44}P_3^2}{2\delta_3^{eff}} \tag{5-22}$$

式中，δ_i^{eff} 为外推长度；D_{ii} 为与梯度能系数相关的表面能系数。

当外推长度大于零时，表示铁电材料表面极化小于内部极化。当外推长度小于零时，表示铁电材料表面极化大于内部极化。当外推长度等于零时，表示表面极化为零。当外推长度等于无穷大时，表示表面极化与内部极化相等。外推长度的大小可以由实验测量和第一性原理计算获得。

将上述总的自由能代入极化的时间依赖的金兹堡-朗道方程中，即：

$$\frac{\partial P_i(\boldsymbol{r},t)}{\partial t} = -L\frac{\delta F}{\delta P_i(\boldsymbol{r},t)} \tag{5-23}$$

式中，L 为动力学系数；F 为系统总的自由能；$\delta F/\delta P_i(\boldsymbol{r},t)$ 为 $P_i(\boldsymbol{r},t)$ 的时空演化热力学驱动力。

式（5-23）可以描述极化场的时间演化和畴结构的演化过程。再结合极化的边界条件：

$$\frac{d\boldsymbol{P}}{dn} = -\frac{\boldsymbol{P}}{\delta^{eff}} \tag{5-24}$$

式中，n 为表面法向单位矢量的分量。最终求解极化演化方程得到平衡的极化场。

5.4　相场方程的求解

相场方程是偏微分方程，一般很少有解析解，所以通常使用数值计算的方法来进行求解。求解偏微分方程的常见数值方法包括有限差分法、傅里叶谱方法、有限单元法和有限体积法等，而编程语言也可以使用 MATLAB、Fortran、C/C++和 Python 等，这里主要介绍使用 MATLAB 语言编写相场方程的有限差分法，其他求解方式读者可以自行研究。

5.4.1　有限差分法介绍

有限差分法的基本思想是用离散的、只含有限个未知量的差分方程组去近似代替具有连续变量的偏微分方程和定解条件，然后把差分方程组所得到的解作为偏微分方程定解问题的近似解。这种方法求解偏微分方程的过程主要分为以下三个步骤：

① 求解域离散化，即把所要求解的偏微分方程的求解区域细分为由有限格点组成的网格，这些离散格点叫作网格的节点。

② 进行近似替代，即用有限差分公式替代每一个节点的导数。

③ 无限逼近，即用一个插值多项式及其微分来代替偏微分方程的解。

理论上，用有限差分法可以达到任意的计算精度，这是因为方程的连续数值解可以通过减小离散节点取值的间隔或通过离散点上的函数值进行插值计算来近似得到。

5.4.2 相场方程的有限差分格式

下面我们通过有限差分法求解 Allen-Cahn 方程：

$$\frac{\partial \eta_i(\boldsymbol{r},t)}{\partial t} = -L\,\frac{\delta F}{\delta \eta_i(\boldsymbol{r},t)} \tag{5-25}$$

这里相场的序参量为 $\eta_i(\boldsymbol{r},t)$。其中自由能 F 为 $\eta_i(\boldsymbol{r},t)$ 的多项式：

$$F = \iiint_V \left[f(\eta_i) + \frac{g_i}{2}(\nabla \eta_i)^2 \right] \mathrm{d}V \tag{5-26}$$

式中，g_i 为梯度能系数。与序参量有关的朗道能量密度可以展开为双势阱函数：

$$f(\eta) = \alpha(\eta + 0.5)^2(0.5 - \eta)^2 \tag{5-27}$$

式中，α 为朗道系数。该双势阱函数如图 5-3 所示。

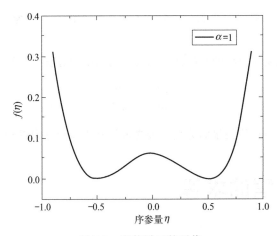

图 5-3　双势阱函数图像

我们将式（5-26）和式（5-27）代入式（5-25），同时利用欧拉-拉格朗日方程，可以得到演化方程：

$$\frac{\partial \eta_i(\boldsymbol{r},t)}{\partial t} = -L\left[2\alpha(\eta_i + 0.5)(0.5 - \eta_i)^2 - 2\alpha(\eta_i + 0.5)^2(0.5 - \eta_i) - g_i\,\nabla^2\eta_i \right] \tag{5-28}$$

接下来可以使用有限差分的欧拉显式格式或欧拉隐式格式，其迭代格式可写成：

$$\frac{\eta_i^{k+1} - \eta_i^k}{\tau} = -L\left[2\alpha(\eta_i^k + 0.5)(0.5 - \eta_i^k)^2 - 2\alpha(\eta_i^k + 0.5)^2(0.5 - \eta_i^k) - g_i(\nabla^2\eta_i^k) \right]$$

$$\frac{\eta_i^{k+1} - \eta_i^k}{\tau} = -L \left[2\alpha (\eta_i^{k+1} + 0.5)(0.5 - \eta_i^{k+1})^2 - 2\alpha (\eta_i^{k+1} + 0.5)^2 (0.5 - \eta_i^{k+1}) - g_i (\nabla^2 \eta_i^{k+1}) \right]$$

$$(5\text{-}29)$$

式中，k 为时间步序数；τ 为 k 步到 $k+1$ 步之间的时间步长。

$$\nabla^2 \eta_{i,j}^k = \frac{\eta_{i+1,j}^k + \eta_{i-1,j}^k + \eta_{i,j+1}^k + \eta_{i,j-1}^k - 4\eta_{i,j}^k}{h^2}$$

$$(5\text{-}30)$$

式中，h 为空间步长。

结合适定的初始条件与边界条件，通过迭代即可求出式（5-29）的数值解。

5.4.3 有限差分法求解相场方程的案例

下面我们令上节中的参数 $\alpha = 1$，$L = 1$，$g_i = 0.4$，计算二维情况下相场方程的解。其中求解区域为 $100\Delta x \times 100\Delta y$，$\Delta x = 0.5$，时间步进为 $\Delta t = 0.005$，沿着 x、y 方向的边界条件均为周期性边界条件，初始序参量为如图 5-4（a）所示的随机分布。图 5-4（b）为演化 20000 步后的序参量空间分布，此时序参量的空间分布表明自由能最低态是序参量为 ± 0.5 的两个状态，这与图 5-3 双势阱函数图所表现的结果相吻合。

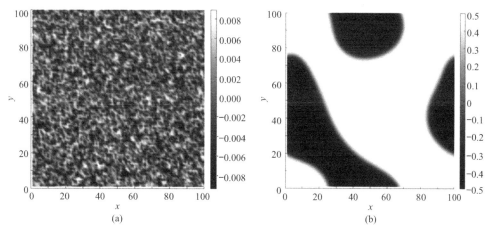

图 5-4　有限差分法求解 Allen-Cahn 相场方程得到的序参量的空间分布

（a）初始分布情况；（b）模拟 20000 步后的分布情况

下面是 MATLAB 程序代码，供读者参考：首先是 MATLAB 主代码。这个程序通过五点差分格式的有限差分法求解非守恒场 Allen-Cahn 相场方程，时间迭代通过欧拉显式形式，同时调用用来赋予初始值的 micro_init 函数以及表达朗道自由能微分的 free_energy 函数。

```
% % % % % % % % % % % % % % % % % % % % % % % %
% 有限差分法(显式格式)求解 Allen-Cahn 方程 %
% % % % % % % % % % % % % % % % % % % % % % % %
clear;clc;close;
% 空间参数
```

```
format long;
Nx = 100;% x 方向网格数目
Ny = 100;% y 方向网格数目
NxNy = Nx * Ny;
dx = 0.5;% x 方向空间步长
dy = 0.5; % y 方向空间步长
% 时间参数
nstep = 20000;% 时间步数
nprint = 100;
dt = 0.005; % 时间步长,可依据计算精度进行修改
ttime = 0.0;
% 模型参数
p0 = 0.0;% 初始序参量幅值常数,详细见赋予随机初始值的 micro_init 函数
mobility = 1.0;% 演化动力学系数
grad_coefficient = 0.4;% 梯度能系数
% 初始畴
iflag = 1;% 选择初始畴类型
[Polar] = micro_init(Nx,Ny,p0,iflag);
% 微结构演化
for istep = 1:nstep
    ttime = ttime + dt;
    % 五点差分格式
    for i = 1:Nx
        for j = 1:Ny
            jh = j + 1;
            jq = j - 1;
            ih = i + 1;
            iq = i - 1;
            if(iq == 0) iq = Nx;
            end
            if(ih == (Nx + 1)) ih = 1;
            end
            if(jq == 0) jq = Ny;
            end
            if(jh == (Ny + 1)) jh = 1;
            end
            hne = Polar(ih,j);
            hnw = Polar(iq,j);
            hns = Polar(i,jq);
```

```
            hnn = Polar(i,jh);

            hnc = Polar(i,j);

            laplace_Polar(i,j) = (hnw + hne + hns + hnn - 4.0 * hnc)/(dx * dx);

            % 这里空间步长 dx = dy 自由能的微分形式

            [dfdpolar] = free_energy(i,j,Polar);

            % 显式格式迭代

            Polar(i,j) = Polar(i,j) - dt * mobility * (dfdpolar -
grad_coefficient * laplace_Polar(i,j));

        end   % j

    end   % i

    % 输出步数
if((mod(istep,nprint) == 0) || (istep == 1))

fprintf('done step: %5d\n',istep);

end

end

X = 1:1:Nx;

Y = 1:1:Ny;

surf(X,Y,Polar(:,:));

shading interp % 对真彩色值进行插值平滑处理

colormap gray; % 用 map 矩阵映射当前图形的色图

view(2) % 设置视点的函数

grid off % 关闭网格线

axis square % 将当前坐标系图形设置为方形,且横轴及纵轴比例是 1:1
```

其次是赋予随机初始值的 micro_init 函数。

```
function [Polar] = micro_init(Nx,Ny,p0,iflag)

format long;

NxNy = Nx * Ny;

noise = 0.01;

if(iflag == 1) % 初始畴类型 1 为极小量的随机分布

    for i = 1:Nx

        for j = 1:Ny

            Polar(i,j) = p0 + noise * (-1 + (1+1). * rand);

        end

    end

end

end
```

最后是朗道自由能微分形式的 free _ energy 函数。

```
function [dfdpolar] = free_energy(i,j,Polar)
format long;
a = 1.0;
dfdpolar = 2.0 * a * ((Polar(i,j) + 0.5) * (0.5 − Polar(i,j))^2 − (Polar(i,j) + 0.5)^
2 * (0.5 − Polar(i,j)));
end
```

5.5 相场模拟铁电畴结构演化

到目前为止，相场方法被广泛应用于材料的凝固、固态相变、晶粒生长与粗化、薄膜中微观结构演化、裂纹扩展、位错动力学与电荷迁移等过程中微观结构演化的模拟计算。在凝固领域，相场模拟已经发展出多个成熟的相场模型，如应用在合金凝固方面的 KKS 模型、求解多晶凝固问题的多晶相场模型以及在共晶凝固中的多相场模型等。在铁磁领域，相场模拟同样有着广泛的应用，基于微磁学理论建立相场模型，可以实现对不同形状铁磁畴结构[10]、磁畴运动与翻转[11]等的模拟计算。随着相场模拟的不断发展，其在铁电领域中的应用也越来越广，包括对微纳结构[12-16]、宏观性能[17-21]等的理论支持。从最初的作为实验结果验证的模拟手段，相场方法渐渐地在新奇畴结构和实验结果的预测与发现的过程中起引导作用。

5.5.1 相场模拟验证实验结果

从早期铁电材料微观结构受外场的调控到最近新兴的铁性拓扑结构的发现，相场模拟数据一直为实验观测结果提供相应的理论验证与解释。例如，Li 等人[22]通过相场模拟研究了从立方到四方本征铁电相变过程中的畴结构演化，并分析了衬底约束和温度对畴变体的体积分数、畴壁取向和畴形状的影响。Yadav 等人[23]在 $DyScO_3$（DSO）基底上制备出 $(PbTiO_3)_n$/$(SrTiO_3)_n[(PTO)_n/(STO)_n]$ 超晶格（PTO 层约为 4nm 厚），并在其中观测到稳定的涡旋畴结构。同时，他们使用相场模拟手段，很好地验证了实验所得到的结果，如图 5-5（a）所示。接着，Hong 等人[24]为了更清楚地研究 $(PTO)_n$/$(STO)_n$ 超晶格中拓扑结构的形成和稳定性机制，对在 DSO 基底上生长的 $(PTO)_n$/$(STO)_n$ 超晶格进行了系统性的相场模拟研究，同时和实验结果进行对比，如图 5-5（b）所示。Das 等人[25]在由 STO 基底上制备出的 $(PTO)_n$/$(STO)_n$ 超晶格体系中发现类似于磁性斯格明子的铁电极性斯格明子（polar skyrmions）结构，并进行了相应的相场模拟，如图 5-5（c）、图 5-5（d）所示。Vasudevan 等人[26]通过压电响应应力显微镜在三方相 $BiFeO_3$（BFO）薄膜极化翻转过程中观测到铁弹性畴壁附近的中心型拓扑畴结构，同时使用相场模拟手段验证了这种观测结果，如图 5-5（e）、图 5-5（f）所示。

在新型的非本征铁电体系，如 $Ca_3Ti_2O_7$ 和六角锰氧化物 h-$RMnO_3$（R＝Y，Ho，Lu，Sc 等）中，相场模拟也能够很好地验证实验结果。Oh 等人[27]首次在 $Ca_3Ti_2O_7$ 块状晶体和锶（Sr）

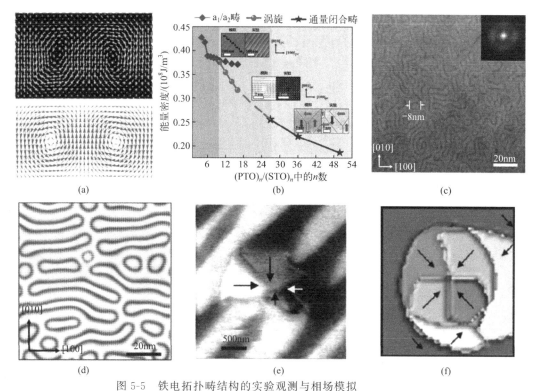

图 5-5　铁电拓扑畴结构的实验观测与相场模拟

（a）$(PTO)_n/(STO)_n$ 超晶格横截面上单个涡旋与反涡旋结构的 HR-STEM 成像图与相场模拟图[23]；
（b）通过相场模拟计算了在 DSO 基底上生长的 $(PTO)_n/(STO)_n$ 超晶格的相图和总能量密度图[24]；
（c）$(STO)_4/(PTO)_{11}/(STO)_{11}$ 三层超晶格的面内暗场 STEM 成像图；　（d）$(STO)_{16}/(PTO)_{16}/$
$(STO)_{16}$ 三层超晶格的拓扑极性结构的相场模拟平面图[25]；（e）BFO 薄膜中心型拓扑畴的 PFM 成像
图；（f）BFO 薄膜中心汇聚型拓扑畴的相场模拟图[26]

掺杂 $Ca_3Ti_2O_7$ 晶体中进行了室温可翻转极化的实验演示，并观测到（Ca，Sr）$_3Ti_2O_7$ 表现出一种有趣的铁电畴结构，该平面畴结构具有丰富的带电畴壁（CDWs），具有头对头（H-H）和尾对尾（T-T）的绝缘结构，导电差异达两个数量级。接着，Huang 等人[28]通过相场模拟手段进一步验证了这种具有丰富带电畴壁的铁电畴结构，并揭示了这种畴结构的成因。

在六角锰氧化物体系中，当材料冷却到居里温度以下时，会诱导出具有三类反相畴的三聚结构（α，β，γ），同时每类反相畴沿 z 方向表现出两种可能的铁电极化方向，因此六角锰氧化物体系中总共有六种类型的反相和铁电畴（α+，β+，γ+，α−，β−，γ−），进而形成拓扑涡旋畴结构，如图 5-6（a）、图 5-6（b）所示。Artyukhin 等人[29]以朗道理论为基础，根据第一性原理计算确定了 $YMnO_3$（YMO）的朗道参数，并对体系中的拓扑缺陷进行了理论研究。Xue 等人[30]、Shi 等人[31]和 Yang 等人[32]分别通过相场模拟的手段验证了这种新奇拓扑畴结构的存在与形成机制，并通过外加应变与外加电场研究了外场对这种拓扑结构的影响，如图 5-6 所示。

在相场模拟中，所得计算结果的准确性一定程度上取决于使用的模拟参数。模拟参数可以通过第一性原理计算获得，很多情况下也可以由实验给出，一定程度上保证了模拟计算的准确性。

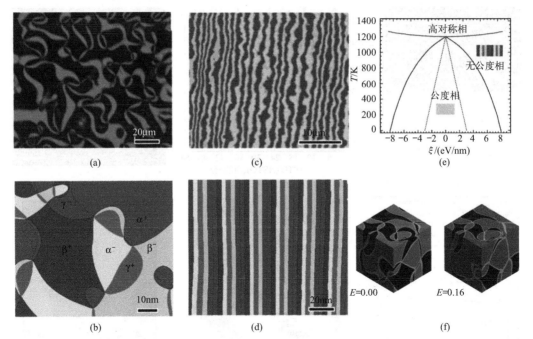

图 5-6　六角锰氧化物 YMO 的实验观测与相场模拟

（a）光学显微镜观测；（b）相场模拟的拓扑涡旋畴；（c）原子力显微镜观测；（d）相场模拟的条纹畴；（e）YMO 的温度-Lifshitz 系数 ξ（ξ 与外加应变成正比）相图[30]；（f）施加电场（E）下 YMO 畴结构演化的相场模拟[32]

5.5.2　相场模拟引导实验方向

通过对铁电体系相场模型进行完善与创新，用相场模拟来预测和调控铁电材料的性能已渐渐成为近几年模拟的重心。Pan 等人[33]在相场模拟的指导下，构思并成功合成了无铅 BiFeO$_3$-BaTiO$_3$-SrTiO$_3$（BFO-BTO-STO）固溶薄膜，通过在立方基体中嵌入三方相与四方相纳米畴，实现了在保持高极化的同时获得最小的电滞回线，使固溶薄膜材料具有高的能量密度和能量效率。Li 等人[34,35]基于相场方法与唯象理论，提出了一种新的提高材料压电性能的设计策略，即通过引入局部异质结构来操纵界面能来改变铁电材料的平均自由能势阱平面，从而进一步提升材料的压电性能。并且他们成功合成了稀土元素钐（Sm）掺杂的 Pb（Mg，Nb）O$_3$-PbTiO$_3$（Sm-PMN-PT）压电单晶，其压电系数最高达 4000 pC/N，比未掺杂 Sm 的 PMN-PT 单晶性能高一倍左右，如图 5-7（a）～图 5-7（c）所示。Li 等人[36]又通过相场模拟和实验手段相结合，展示了一种相对简单的使压电材料透明化的方法。该方法使用交流电场来极化 PMN-PT 晶体，从而有效地消除对光有散射作用的 71°畴壁，进而获得兼具高压电性能（＞2100pC/N）和高电光系数（约 220pm/V）的近乎透明的压电材料，如图 5-7（d）～（f）所示。

相场模拟在揭示铁电材料等材料体系中驱动和导致微观结构演化的热力学和动力学机制中发挥了关键作用，现有的工作主要集中于利用和开发新的相场模型，研究和分析更多的微观结构演化过程。

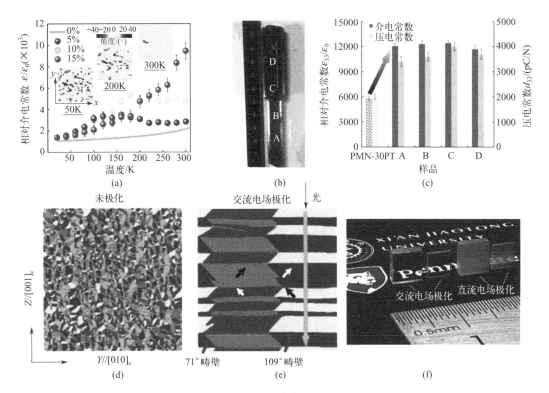

图 5-7 （a）非均匀系统相对介电常数的相场模拟[34]；（b）生长的 [001] 取向 Sm-PMN-PT 单晶图像；（c）图（b）中 Sm-PMN-PT 四个样品和 PMN-30PT 晶体的压电和介电性能[35]；（d）、（e）未极化和通过交流电场极化的 [001] 取向三方 PMN-28PT 单晶的畴结构演化的相场模拟；（f）通过交流和直流电场极化过的 PMN-28PT 的照片，晶体厚度分别为 0.5mm 和 1.8mm[36]

习题

[5-1] 结合弹性力学知识，试分别推导具有 1 个弹性对称面材料、正交各向异性材料、横观各向同性材料以及各向同性材料的弹性矩阵。

[5-2] 基于欧拉-拉格朗日方程 [式（5-8）]，将自由能表达式 [式（5-12）~式（5-22）] 代入求解铁电问题的相场方程 [式（5-23）] 中，列出可进行数值模拟编程的偏微分方程组。

[5-3] 了解常见的求解偏微分方程的数值方法，包括有限差分法、傅里叶谱方法、有限单元法和有限体积法等，通过调研 3 种以上商业软件或者开源程序包，判断其数值方法是哪种类型。

[5-4] 将 5.4 节 MATLAB 程序主代码中初始模型参数 p_0 更改为 0.5 或者 −0.5，重新进行迭代求解，输出最终结果，是否与原先结果相同？如果不同，请结合图 5-3，思考具体原因。

[5-5] 试写出其他类型的初始序参量分布，如将随机分布改为固定值分布，进行迭代求解，理解初始值对结果的影响作用。

[5-6] 结合 5.4 节求解 Allen-Cahn 方程［式（5-2）］的 MATLAB 程序，试编写求解 Cahn-Hilliard 方程［式（5-1）］的代码。

参考文献

[1] Cahn J W. On spinodal decomposition[J]. Acta Metallurgica，1961，9(9)：795-801.

[2] Cahn J W，Allen S M. A microscopic theory for domain wall motion and its experimental verification in Fe-Al alloy domain growth kinetics[J]. Journal de Physique Colloques，1977，38(C7)：51-54.

[3] Chen L Q. Phase-Field Models for Microstructure Evolution［J］. Annual Review of Materials Research，2002，32(1)：113-140.

[4] Wang J，Shi S Q，Chen L Q, et al. Phase-field simulations of ferroelectric/ferroelastic polarization switching[J]. Acta Materialia，2004，52(3)：749-764.

[5] Wang J J，Wang B，Chen L Q. Understanding，Predicting，and Designing Ferroelectric Domain Structures and Switching Guided by the Phase-Field Method［J］. Annual Review of Materials Research，2019，49(1)：127-152.

[6] 钟维烈. 铁电体物理学[M].北京:科学出版社，1996.

[7] Li Y L，Cross L E，Chen L Q. A phenomenological thermodynamic potential for $BaTiO_3$ single crystals[J]. Journal of Applied Physics，2005，98(6)：064101.

[8] Kretschmer R，Binder K. Surface effects on phase transitions in ferroelectrics and dipolar magnets ［J］. Physical Review B，1979，20(3)：1065-1076.

[9] Chen W J，Zheng Y，Wang B. Phase field simulations of stress controlling the vortex domain structures in ferroelectric nanosheets[J]. Applied Physics Letters，2012，100(6)：062901.

[10] Wang J，Shi Y，Kamlah M. Uniaxial strain modulation of the skyrmion phase transition in ferromagnetic thin films[J]. Physical Review B，2018，97(2)：024429.

[11] Yi M，Xu B X. A constraint-free phase field model for ferromagnetic domain evolution［J］. Proceedings of the Royal Society A：Mathematical，Physical and Engineering Sciences，2014，470 (2171)：20140517.

[12] Guo C，Dong G，Zhou Z，et al. Domain evolution in bended freestanding $BaTiO_3$ ultrathin films：A phase-field simulation[J]. Applied Physics Letters，2020，116(15)：152903.

[13] Guo M，Guo C，Han J，et al. Toroidal polar topology in strained ferroelectric polymer［J］. Science，2021，371(6533)：1050-1056.

[14] Dong G，Hu Y，Guo C，et al. Self-Assembled Epitaxial Ferroelectric Oxide Nanospring with Super-Scalability[J]. Advanced Materials，2022，34(13)：2108419.

[15] Zhou Y，Guo C，Dong G，et al. Tip-Induced In-Plane Ferroelectric Superstructure in Zigzag-Wrinkled $BaTiO_3$ Thin Films[J]. Nano Letters，2022，22(7)：2859-2866.

[16] Zhang Y，Li Q，Huang H，et al. Strain manipulation of ferroelectric skyrmion bubbles in a freestanding $PbTiO_3$ film：A phase field simulation ［J］. Physical Review B，2022，105

(22): 224101.

[17] Gao R, Shi X, Wang J, et al. Designed Giant Room-Temperature Electrocaloric Effects in Metal-Free Organic Perovskite [MDABCO](NH$_4$)I$_3$ by Phase-Field Simulations[J]. Advanced Functional Materials, 2021, 31(38): 2104393.

[18] Pan H, Lan S, Xu S, et al. Ultrahigh energy storage in superparaelectric relaxor ferroelectrics[J]. Science, 2021, 374(6563): 100-104.

[19] Qian X, Han D, Zheng L, et al. High-entropy polymer produces a giant electrocaloric effect at low fields[J]. Nature, 2021, 600(7890): 664-669.

[20] Liu D, Wang J, Jafri H M, et al. Phase-field simulations of vortex chirality manipulation in ferroelectric thin films[J]. npj Quantum Materials, 2022, 7(1): 1-8.

[21] Xu K, Shi X, Dong S, et al. Antiferroelectric Phase Diagram Enhancing Energy-Storage Performance by Phase-Field Simulations[J]. ACS Applied Materials & Interfaces, 2022, 14(22): 25770-25780.

[22] Li Y L, Hu S Y, Liu Z K, et al. Effect of substrate constraint on the stability and evolution of ferroelectric domain structures in thin films[J]. Acta Materialia, 2002, 50(2): 395-411.

[23] Yadav A K, Nelson C T, Hsu S L, et al. Observation of polar vortices in oxide superlattices[J]. Nature, 2016, 530(7589): 198-201.

[24] Hong Z, Damodaran A R, Xue F, et al. Stability of polar vortex lattice in ferroelectric superlattices [J]. Nano Letters, 2017, 17(4): 2246-2252.

[25] Das S, Tang Y L, Hong Z, et al. Observation of room-temperature polar skyrmions[J]. Nature, 2019, 568(7752): 368-372.

[26] Vasudevan R K, Chen Y C, Tai H H, et al. Exploring topological defects in epitaxial BiFeO$_3$ thin films[J]. ACS Nano, 2011, 5(2): 879-887.

[27] Oh Y S, Luo X, Huang F T, et al. Experimental demonstration of hybrid improper ferroelectricity and the presence of abundant charged walls in (Ca,Sr)$_3$Ti$_2$O$_7$ crystals[J]. Nature Materials, 2015, 14(4): 407-413.

[28] Huang F T, Xue F, Gao B, et al. Domain topology and domain switching kinetics in a hybrid improper ferroelectric[J]. Nature Communications, 2016, 7(1): 11602.

[29] Artyukhin S, Delaney K T, Spaldin N A, et al. Landau theory of topological defects in multiferroic hexagonal manganites[J]. Nature Materials, 2014, 13(1): 42-49.

[30] Xue F, Wang X, Shi Y, et al. Strain-induced incommensurate phases in hexagonal manganites[J]. Physical Review B, 2017, 96(10): 104109.

[31] Shi X, Huang H, Wang X. Phase-field simulation of strain-induced ferroelectric domain evolution in hexagonal manganites[J]. Journal of Alloys and Compounds, 2017, 719: 455-459.

[32] Yang K L, Zhang Y, Zheng S H, et al. Electric field driven evolution of topological domain structure in hexagonal manganites[J]. Physical Review B, 2017, 96(14): 144103.

[33] Pan H, Li F, Liu Y, et al. Ultrahigh-energy density lead-free dielectric films via polymorphic nanodomain design[J]. Science, 2019, 365(6453): 578.

[34] Li F, Lin D, Chen Z, et al. Ultrahigh piezoelectricity in ferroelectric ceramics by design[J]. Nature Materials, 2018, 17(4): 349-354.

［35］ Li F，Cabral M J，Xu B，et al. Giant piezoelectricity of Sm-doped $Pb(Mg_{1/3}Nb_{2/3})O_3$-$PbTiO_3$ single crystals[J]. Science，2019，364(6437)：264.

［36］ Qiu C，Wang B，Zhang N，et al. Transparent ferroelectric crystals with ultrahigh piezoelectricity [J]. Nature，2020，577(7790)：350-354.

## 第 6 章

光学超晶格材料设计

狭义的材料设计对应的特征尺度通常在原子、分子尺度，而广义的材料设计还包括人工微结构材料设计，其特征尺度通常在微米尺度。不同尺度下研究者所关注的物理内容也有很大不同。在纳米尺度下，电子性质占主导，需要考虑原子的不连续性和晶格结构调制的作用；而在微米尺度，光子和声子性质占主导，并与微结构之间存在相互作用。光学超晶格就是一种微米尺度的人工微结构材料，在非线性光学领域具有广泛的应用。通过微结构设计，人们可以对光学超晶格的物理性质进行人工裁剪，实现多种光学功能的集成。本章中，我们将对光学超晶格的原理、设计和应用进行概括性的介绍。

6.1 非线性光学与非线性晶体材料

光是一种高频电磁波，当光通过介质时，介质会受到光的电场作用而发生极化。通常情况下，极化产生的极化场和外电场呈简单的线性关系，且极化场所激发产生的次波与入射光的频率相同。同时，光与物质的相互作用与光强无关，如果同时有多束入射光，互相之间并不会发生作用，各光波之间可以互相穿透，满足简单叠加原理。但是当光强达到一定强度以后，情况会发生变化，会出现所谓非线性光学效应。

在激光发明以前，人们所使用的光源不足以产生明显的非线性光学效应。激光器的问世使得实验室能达到的光强与过去相比有了数量级的提高。强激光中的电场强度已经可以和电子内部的电场强度相比拟，此时介质的极化场强度与入射光场之间将偏离线性关系，从而产生非线性效应。同时材料的一些光学参数如折射率、吸收系数等将可能不再是常数，而是和光强有关的变量。多个光波之间的线性叠加规律也不再满足，不同光波之间将发生作用而产生混频现象，出现倍频、和频及差频等非线性光学效应。

1961 年，Franken 等人首次在实验上观测到光波的二次谐波产生[1]。他们使用的光源是一台波长为 694.3nm 的红宝石激光器，激光器发出的基波经过聚焦后通过一块石英晶体，结果发现出射光中除了 694.3nm 的红光外，还有少量波长为 347.15nm 的近紫外光，也即光波在石英晶体中发生了倍频现象。他们还测量了不同入射角下倍频光强的变化，发现倍频强度随着入射光角度成周期性变化。由于石英晶体的双折射率比较小，且实验中没有实现相位匹配，基波和谐波的相速不一致，因此倍频效率很低，只有大约 10^{-8} 量级。1963 年，该研究组发表的一篇综述性文章对此问题进行了探讨[2]，提出了利用非线性光学晶体的双折射效应以及人工周期调制结构实现相位匹配的可能性。

相位匹配是非线性光学中一个十分重要的概念。非线性参量过程只有在满足一定的相位匹配条件下才能有效发生。常见的光学材料或多或少都存在色散效应，即材料的折射率会随着波长的不同而发生变化。因此基波和谐波的相速度通常不一致，这样在材料不同区域产生的谐波相位也不一致，而出射谐波是材料各处产生谐波的矢量叠加，所以总效果往往是相互削弱。对倍频过程来说，存在一个相干长度，在这个相干长度以内产生的谐波才是相干加强的，超过相干长度后由于相位失配，谐波强度开始下降，在 2 倍相干长度处谐波强度将降为 0。

相干长度通常用 l_C 表示。对于倍频过程，其表达式可以写作：

$$l_C = \frac{\lambda_1}{4(n_2 - n_1)} \tag{6-1}$$

其中，λ_1 是真空中的基波波长；n_1 和 n_2 分别是基波和倍频波的折射率。

相干长度 l_C 的大小与材料的色散有关，色散大则相干长度就会比较小，反之色散小则相干长度就会比较大。在没有采取相位匹配措施的情况下，对于 $LiNbO_3$ 和 $LiTaO_3$ 等常见非线性材料，相干长度通常在几个微米的量级。而相位匹配就是要设法使得基波和谐波的相速保持一致，此时的相干长度将趋向于无穷大。在相位匹配的情况下，材料各处所产生的谐波都是相干加强的，从而可以获得高的谐波转换效率。目前常用的相位匹配方法主要有基于材料双折射效应的双折射相位匹配和基于人工微结构调制的准相位匹配。

下面简单介绍双折射相位匹配。双折射相位匹配通常需要让基波和谐波处于不同的偏振态，一个是 o 光，另一个是 e 光，然后通过调节入射光和晶体晶轴的夹角，使得双折射率和材料色散相等，从而基波和谐波相速刚好相等。对于某一特定的材料，在特定温度下，对应有一个特定的相位匹配角，可以通过理论计算获得。在工艺上，需要将晶体沿特殊角度切割。双折射相位匹配需要材料具有一定的双折射率。我们可以看到，如果基波和倍频波处在相同的偏振态，即都是 o 光或者都是 e 光，那么一般来说是不能实现双折射相位匹配的，而准相位匹配则不存在这样的限制。关于准相位匹配的基本原理我们将在下一节进行介绍。

各种非线性光学效应都需要在一定的非线性光学材料中才能产生，对新型非线性光学材料的探索从 20 世纪 60 年代起就成为材料领域和非线性光学领域中的热点问题。非线性光学材料是一种功能材料，其主要用途之一就是通过非线性光学效应实现激光的频率转换，产生新的激光频率。对于通常强度的激光，其电场强度远小于原子内部电场，因此我们可以对介质中的极化场作级数展开，若保留级数前两项，即有：

$$P = \varepsilon_0 \chi^{(1)} E + \varepsilon_0 \chi^{(2)} : EE \tag{6-2}$$

其中，P 是介质的极化场；ε_0 是真空介电常数；E 是外电场；$\chi^{(1)}$ 是线性极化系数；$\chi^{(2)}$ 是二阶非线性极化系数张量。可以看出极化场 P 包含两部分，前一部分为线性项，后一部分为非线性项。但如果将入射光光强提高到接近甚至超过原子内部场强的程度，那么此时更高阶效应就不能被忽略，会出现阶数很高的高次谐波，波长可达到深紫外甚至软 X 光波段。但通常情况下基波的光强并没有这么高，此时二阶非线性效应占主导，高阶效应可忽略。

所以通常所说的非线性光学材料研究主要也是针对二阶非线性光学效应。

从式（6-2）中极化矢量 P 的表达式可以看出，由于 E 是矢量，$\chi^{(2)}$ 联系两个矢量，所以 $\chi^{(2)}$ 是一个二阶张量。根据晶体物理中的有关定理，凡是具有中心反演对称的晶体的所有偶数阶张量均为 0，因此只有无对称中心的晶体才可能具有不为 0 的二阶非线性系数。因此在非线性光学晶体的探索初期，人们主要把目光放到具有非对称中心的铁电晶体上，很快发现了非线性光学晶体磷酸二氢钾（KH_2PO_4，简称 KDP）。通常认为，具有实用价值的非线性光学晶体应该满足以下几个基本条件，即具有较大的二阶非线性系数、适当的双折射率、较宽的透光范围、较高的抗光损伤能力以及较好的物理化学稳定性和易加工性。KDP 虽然具有较大的二阶非线性光学系数，但它属于磷酸盐晶体，而磷酸盐大多可溶于水，KDP 也不例外。KDP 容易潮解的特性为其实际应用带来了一定的局限性。

1964 年，Miller 提出了一个计算二阶非线性系数的经验规律，即所谓的 Miller 规则：

$$\chi_{jik}^{(2)} = \chi_{ii}^{(1)} \chi_{jj}^{(1)} \chi_{kk}^{(1)} \Delta_{ijk}^{(2)} \tag{6-3}$$

其中，$\chi^{(1)}$ 是材料的线性极化率；$\Delta_{ijk}^{(2)}$ 被称为非线性光学晶体的 Miller 系数。Miller 把当时一些已知的非线性光学材料代入该经验公式中发现，虽然 $\chi_{jik}^{(2)}$ 的值随着材料和角标的不同有很大的变化，但 $\Delta_{ijk}^{(2)}$ 却几乎是一个常数。当然这只是一个近似的经验公式，只对一小类非线性光学材料有效，但该公式仍然具有一定的意义，在 20 世纪 60 年代非线性光学材料的探索过程中发挥了一定的作用。从式（6-3）可以看出，等式的右边是三个线性极化率分量的乘积，因此当时人们把研究重点放在了同时具有大的线性极化率（即大的折射率）和非中心对称结构的材料上面。在这一思想的指导下，人们发现了铌酸锂（$LiNbO_3$，简称 LN）和钽酸锂（$LiTaO_3$，简称 LT）等具有钙钛矿结构的非线性光学材料。LN 和 LT 的优点在于它们具有大的二阶非线性系数，同时物理化学性质稳定，不像 KDP 那样容易潮解。不过这些材料也存在透光范围不够大、紫外区存在吸收等问题，同时这些材料色散比较大而双折射率比较小，难以实现双折射相位匹配。不过后来人们发现可以通过光学超晶格微结构调制进行准相位匹配，从而克服这一问题。

这一时期新型非线性材料的探索总体来说缺乏有效的理论指导。20 世纪 70 年代以后，我国福建物构所的研究小组提出了非线性光学晶体的阴离子基团理论，指出无机晶体的非线性光学效应主要来自阴离子基团的二阶极化率的几何叠加，而与阳离子基本无关。该小组将这一理论运用于多种无机盐化合物的非线性光学性能研究中，取得了很不错的结果。在这一理论的指导下，该研究组于 1984 年首先研制成功了偏硼酸钡晶体（$\beta\text{-}BaB_2O_4$，简称 BBO），被认为是当时最优秀的非线性光学晶体，在国内外学术界引起了巨大反响。随后该研究组又于 1987 年研制出三硼酸锂晶体（LiB_3O_5，简称 LBO）。LBO 在某些非线性光学方面性能比BBO 更优秀，具有宽透光波段、理想的角度调谐半宽度、高损伤阈值以及非常小的离散角等优点。此外，LBO 晶体不会潮解，化学性质十分稳定，在近红外、可见光和紫外波段都具有很高的应用价值，因此一经发现就引起了人们的高度重视，并实现了产业化。

在本节中，我们简单介绍了几种常见非线性光学晶体的发现历程。从下一节开始，我们将主要讨论另外一类重要的非线性光学材料，即光学超晶格材料。光学超晶格的研究方法主要基于连续介质模型，其物理性能和超晶格结构之间的关系较为简单，对某些非线性过程可以做到较为彻底的按需设计。但是光学超晶格也不能完全替代新型非线性光学晶体的研制，因为材料的一些本征性质，如透光范围和物化性能，并不能通过光学超晶格结构进行调控，仍然取决于基底材料本身的性质。

6.2 光学超晶格材料

和寻找新型非线性光学晶体的研究思路不同的是，光学超晶格材料主要通过对现有已知的非线性光学材料的微结构进行光波长尺度（也就是微米尺度）的人工调制，对其非线性光学性质，如等效色散关系、倍频谐振峰的位置等进行某些人工调整和裁剪，把原先不能满足某些特定需求的非线性光学材料改造为能够满足需要的材料。

所谓超晶格，通常指的是把两种或多种材料按一定规律进行人工排列，或者把一种材料的某种物理性质按一定规律进行调制而得到的微结构材料。早在 20 世纪 60 年代初，苏联科学家就已提出了超晶格的初步设想。按调制的尺度量级，超晶格通常可以分为纳米超晶格和微米超晶格，按调制结构则可以分为周期超晶格、准周期超晶格以及更一般的非周期超晶格。值得注意的是，材料具有周期结构或者结构上存在人工调制并非超晶格的充分条件。对于超晶格材料，周期性必须在对应的物理过程中起到作用，周期结构的倒格矢必须起作用。各类复合材料如玻璃钢、增韧陶瓷就不属于超晶格的范畴。

超晶格中微结构的存在必然会对本底材料的物理性质产生影响，人们可以通过设计超晶格结构对材料的某些物理性质进行调控。对于纳米尺度的半导体超晶格，其调制尺度可与电子波长比拟，因此会对材料的电子能带性质产生影响。而微米超晶格的调制尺度可与光波的波长比拟，对于光学超晶格，其微结构会对材料的非线性光学性质产生显著的影响。二十世纪七十年代末到八十年代初，我国科学家在光学超晶格领域做出了开创性的工作，利用提拉法制得聚片多畴 LN 超晶格结构，并将其应用于非线性光学频率转换[3]。

光学超晶格是一种具有特殊非线性光学性能的微结构材料，其二阶非线性系数可进行人工调制，而折射率整体均一[4,5]。从倒空间的观点来看，人工调制的超晶格结构可以提供特定的倒格矢，参与相位匹配过程。在光学超晶格中，除了双折射相位匹配以外，还可以利用所谓的准相位匹配原理（QPM）来对非线性光学过程实现相位匹配。图 6-1 是一个简单的光学超晶格结构示意图，其中箭头方向表示晶畴的自发极化方向。

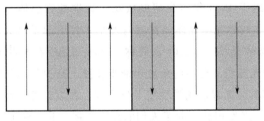

图 6-1　周期光学超晶格结构

LN 和 LT 是光学超晶格常用的两种基底材料，这些材料的二阶非线性系数比较大，但双折射相位匹配范围很小，因此在过去并不认为是好的非线性光学材料。但将这些材料制备成光学超晶格，采用准相位匹配方法则可以充分发挥它们优异的非线性光学性能。我们知道铁电材料存在自发极化，这和铁磁材料存在自发磁化的情况十分类似。LN 和 LT 都属于铁电材料，晶畴具有两种取向相反的自发极化，并且在高压外电场的作用下可以发生反转。两种晶畴奇数阶张量的物理性质（如折射率和三阶非线性系数）完全相同，而偶数阶张量的物理性质（如二阶非线性系数）的对应张量元符号相反。因此通过对两种晶畴排列的人工设计，就可以对材料的二阶非线性光学系数进行人工调制，同时保持整体折射率均一。简单起见，我们把光学超晶格中的两种晶畴分别称作正畴和负畴，同等情况下它们所产生的二次谐波强度相同，但相位差180°。

以上所述的是同质结构的光学超晶格，除此之外还存在异质结构的光学超晶格，其利用两种不同的非线性光学材料，或者一种非线性材料和一种线性材料交替排列而成。这种情况下超晶格的二阶非线性系数和一阶极化率同时受到了调制，涉及的物理效应比前面介绍的第一类情况更为复杂，其中一阶极化率（也就是材料折射率）的调制会产生光子能带结构，并和二阶非线性效应发生耦合，从而加强或者抑制二阶非线性效应的发生，对于这一类光学超晶格本文不做详细讨论。

1962 年，诺贝尔奖得主 Bloembergen 等人首先提出可以利用非线性系数人工调制实现准相位匹配[6]，不过当时并没有在实验中实现。二十世纪六十年代末到七十年代中期，人们利用孪晶、简单胶合的多层薄片材料等方法，对这一理论作了初步的定性实验验证。但当时这些实验方法都比较简陋，例如薄片材料通常只有不到 10 层，还不能称作现代意义上的光学超晶格。到了二十世纪七十年代末和八十年代初，南京大学研究小组系统地发展了光学超晶格的倒空间准相位匹配理论，并通过生长条纹法成功地制备出具有周期结构的 LN 光学超晶格样品。当时人们把这种具有周期畴结构的材料称作聚片多畴，并利用该材料在实验上实现了满足准相位匹配条件的二次谐波产生。

二十世纪八十年代后期到九十年代，光学超晶格的相关研究进入了一个快速发展期，其中一个主要原因来自人们对小型化、全固态蓝光激光器的需求。这一时期实用化的小型近红外半导体激光器技术已经比较成熟，但这些半导体激光器存在一个局限性，就是实用的输出波段大都局限在近红外区和红光区，而技术的发展对不同波段的实用化小型激光器件提出了需求。利用光学超晶格通过非线性光学频率转换对现有的实用波段进行扩展被证明是一种简单有效的解决途径。一些国际大公司和研究机构也纷纷进入这一领域，因此在这一时期非线性光学超晶格的理论和实验制备方法都取得了长足的发展。

光学超晶格结构的特征尺度处于微米量级，常见的纳米超晶格制备方法（如一些外延薄膜生长方法）通常并不适合光学超晶格的制备。对于前面所说的同质光学超晶格，主要有脉冲电场极化方法和生长条纹方法，可以制备的最小周期通常在微米量级。为了实现更小的周期，近年来有人用探针极化等方法制备百纳米尺度的光学超晶格，此外还可以在波导材料上利用质子交换以及电场极化等方法制备波导型的光学超晶格。

二十世纪七十年代末，人们首次利用生长条纹方法成功制备了体块结构的非线性光学超晶格。所谓生长条纹法，简单地讲就是在晶体生长的过程中，通过外界给予温场或者某类杂质的周期性扰动，诱发晶体产生周期性的畴结构。利用生长条纹法，人们成功制备了以 LN 和 LT 等为基底材料的光学超晶格。但同时人们也发现生长条纹法存在不少问题，如通常只能制备周期结构，且成畴质量也不够理想。此外，生长出的晶体材料往往存在大量杂质和缺陷，导致材料的透光性和光学性质的均一性不够理想。因此人们一直在不断探索其他更好的制备方法。

高压外电场极化是一种最直接的方法，但是和一些常见的铁电材料相比，人们发现 LN 和 LT 材料的矫顽场（也就是能使极化方向发生反转的电场）非常高，接近其材料本身的击穿电压，过去曾被称为"冻结"的铁电体，因此难以用普通极化方法进行极化。不过随着极化技术的发展，困难逐渐得到解决。1993 年，有文献报道利用脉冲电场极化的方法成功制备了周期畴结构的 LN 超晶格材料，但为了方便极化，其厚度很薄，只有约 0.2mm。随后，LT 等材料也相继极化成功，可极化的样品厚度也逐步增加。进一步的研究发现，LN 和 LT 矫顽场高的一个主要原因是过去生长所得材料的晶体结构并不符合其化学分子式配比，制得的材料中 Li 含量不足，导致存在锂原子空位。于是人们发展了在富锂环境下生长的新制备方法，获得了理想化学配比的 LN 和 LT 晶体。经测试，理想化学配比晶体的矫顽场果然有了大幅下降，大约可以降至原先的 1/5 到 1/10。小的矫顽场大大降低了极化的难度，从而使得利用电极化方法制备比较厚的超晶格材料成为可能。目前已有文献报道了制备成功厚度为 2mm 甚至 3mm 的 LN 光学超晶格材料，这种较大的厚度对于光学实验应用十分有用。与生长条纹方法相比，脉冲电场极化方法的原理更为直接，因而成畴质量相对要好一些，并且在制备的结构图案方面基本没有限制，可以制备复杂的一维或者二维超晶格结构，而生长条纹方法通常只能制备一维周期结构。因此电场极化方法逐渐成为光学超晶格的主要制备方法，其中 PPLN 和 PPLT（也就是具有周期结构的 LN 和 LT 超晶格）的制备工艺已经比较成熟，在国际市场上已经有商业化的成品出售。

畴极化反转是一个外电场诱导下的晶畴生长过程。电场极化方法的工艺并不复杂，极化时高压电场加在样品两侧的电极上，通过极化电压和脉冲时间的大小可以控制极化过程的反转量。这样通过合适的极化参数，就可以制备出所需要的超晶格结构。

6.3　准相位匹配方法的基本原理

对于非线性光学效应，通常有量子描述和经典描述两类研究方法，其中经典描述更为简单直观，并且在大多数情况下可以满足要求，因此获得了广泛应用。在此观点下，一个非线性光学过程要有效地发生，必须同时满足能量守恒和动量守恒条件。一个和频过程，可以看成是频率为 ω_1 和 ω_2 的两个光子合并成为一个频率为 ω_3 的光子。光子的能量与其频率有关，这一过程的能量守恒要求：

$$\omega_1 + \omega_2 = \omega_3 \tag{6-4}$$

在和频过程中，该条件是自然被满足的。而光子的动量与其波矢有关，介质材料中波矢的大小满足：

$$k_i = \frac{2\pi n_i}{\lambda_i}, i = 1, 2, 3 \tag{6-5}$$

其中，n_i 和 λ_i 分别是折射率和真空中的波长。非线性光学过程的动量守恒条件可表示为：

$$k_1 + k_2 = k_3 \tag{6-6}$$

由于材料存在色散，该条件通常不能被满足。在正常色散材料中，左边总是小于右边，其差值通常被称为波矢失配，用 Δk 表示：

$$\Delta k = k_3 - k_2 - k_1 \tag{6-7}$$

双折射相位匹配需要让基波和谐波处于不同的偏振态，利用材料的双折射率抵消色散失配。而准相位匹配则是利用超晶格结构提供的倒格矢参与该过程，提供准动量，对波矢失配提供补偿。在这里超晶格的倒格矢参与了动量守恒过程，因此在超晶格中能量守恒条件不变，而动量守恒条件则变成了：

$$k_1 + k_2 + G = k_3 \tag{6-8}$$

倒格矢匹配条件为：

$$G = \Delta k = k_3 - k_2 - k_1 \tag{6-9}$$

其中倒格矢 G 仅由超晶格的结构决定，这样我们就可以设计合适的超晶格结构，对给定的非线性光学过程实现动量补偿，从而使得非线性光学过程得以有效的产生。

通常我们使用超晶格结构函数来表示超晶格结构。前面已经提到，光学超晶格由相间的正负晶畴组成。如果用 1 表示正畴，用 -1 表示负畴，一般超晶格的结构函数可以写成：

$$f(x) = \begin{cases} +1, & \text{当 } x \text{ 位于正畴区} \\ -1, & \text{当 } x \text{ 位于负畴区} \end{cases} \tag{6-10}$$

可以看到，这里 $f(x)$ 是一个二值阶跃函数，对于常见的周期结构的超晶格，可以表示成：

$$f(x) = \begin{cases} +1, & mD \leqslant x < (m+0.5)D \\ -1, & (m+0.5)D \leqslant x < (m+1)D \end{cases} \tag{6-11}$$

其中，D 为超晶格周期；m 为整数。

在已知超晶格的结构函数之后，就可以通过傅里叶变换计算结构所对应的倒格矢。对于周期结构，倒格矢的表达式可以写作：

$$G = \frac{2n\pi}{D} \tag{6-12}$$

其中，n 为任意整数。从该式中可以看出，周期超晶格结构具有无数个倒格矢，相邻倒格矢的间距为 $2\pi/D$，我们可以使用一个整数 n 对周期结构的倒格矢进行标定。理论上所有这些倒格矢都可以参与到相位匹配过程中，但在实际应用中，高阶倒格矢的傅里叶系数衰减较大，一般只使用前面几个低阶的倒格矢。当 n 取 1 时，我们称之为一阶匹配，在实际应用中最为常见。

在光学超晶格相位匹配过程中，倒格矢的傅里叶系数也起到十分重要的作用。实际参与非线性光学过程的有效非线性系数是本底材料的二阶非线性光学系数和所使用的倒格矢的傅里叶系数的乘积，可以写成：

$$d'_{\text{eff}} = g(G)d_{\text{eff}} \tag{6-13}$$

其中，d_{eff} 是基底材料的二阶非线性光学系数；G 是倒格矢；g 是对应的傅里叶系数。在选取光学超晶格的倒格矢参与非线性光学过程时，除了应满足倒格矢匹配条件外，对应的傅里叶系数还要尽可能地大。

对于正、负畴宽度相等的简单周期结构来说，由于消光效应，所有偶数阶倒格矢的傅里叶系数均为零，只有奇数阶倒格矢可以有不为零的傅里叶系数，其表达式为：

$$g_n = \frac{2}{n\pi}, \quad n = \pm 1, \pm 3, \pm 5 \cdots \tag{6-14}$$

从上式可以看出，超晶格倒格矢的傅里叶系数随阶数的增长迅速减小。对于一阶倒格矢，傅里叶系数取极大值 $2/\pi$，即大约 0.637。而三阶倒格矢的傅里叶系数为 0.212，已经小了不少。更高阶的倒格矢傅里叶系数更小，因此对应的有效非线性系数也很小，通常较少使用。

从以上分析可以看到，光学超晶格倒格矢的性质和固体物理中的晶格倒格矢有所不同。如果不考虑原子的大小，晶格的高阶倒格矢的傅里叶系数是不会衰减的，而光学超晶格倒格矢的傅里叶系数则会随着阶数的增加而快速衰减。这是因为晶格的倒格矢是一种点阵的傅里叶变换，而光学超晶格的倒格矢是一个分段常函数的傅里叶变换。在数学上，光学超晶格的傅里叶变换是晶格点阵的傅里叶变换再乘上一个卷积，而这个卷积通常含有一个类似于 sinc 函数的衰减因子，因此导致超晶格高阶倒格矢傅里叶系数的衰减。

前文提到光学超晶格的偶数阶倒格矢存在消光效应，傅里叶系数为零。实际上如果想要利用周期超晶格的偶数阶倒格矢也是可能的，只是此时必须让超晶格的正负畴宽度不相等。例如对于二阶倒格矢，当正负畴的宽度比为 3∶1 或 1∶3 的时候，其傅里叶系数可达到最大值 $1/\pi$，也就是一阶倒格矢傅里叶系数的一半。

高阶倒格矢的主要优点在于超晶格不需要太小的周期，便于制备。目前常用的电场极化法对于比较大的周期制备工艺已经比较完善，而对于小周期的极化还存在一定困难。当然，高阶倒格矢也有一些缺点，如有效非线性系数较小，对结构误差也比低阶倒格矢更为敏感。因此在实验允许的前提下，通常还是尽可能使用超晶格材料的低阶倒格矢。

下面对准相位匹配方法的优点进行一个简单小结。和均匀材料中基于双折射效应的双折射相位匹配方法相比，光学超晶格中的准相位匹配方法在以下几个方面具有显著的优势。

① 准相位匹配方法可以扩大现有非线性光学材料的适用范围。以 LN 和 LT 为例，这些非线性光学材料具有良好的压电、电光性质以及大的二阶非线性光学系数，但是双折射率比较小，用双折射相位匹配方法匹配范围非常小，甚至根本无法实现匹配，因此在很长一段时间内人们认为这些材料难以获得实际应用。而准相位匹配方法对材料的双折射率没有要求，这样可以让此类材料优异的非线性光学性能得以充分发挥。

② 准相位匹配方法可以利用到材料最大的非线性系数张量元素。对于 LN 等非线性光学材料，其二阶非线性系数张量中最大的元素是对角元素 d_{33}。在传统双折射相位匹配过程中，由于要求基波和谐波处于不同的偏振态，此时 d_{33} 是无法利用的，只能利用 d_{31} 等较小的非对角元素。而准相位匹配过程不存在该限制，基波和谐波可以处于不同的偏振态，也可以处于

相同的偏振态。因此可以利用到此类非线性光学材料的最大非线性系数，从而获得高的非线性光学效率。从前面式（6-13）可知，光学超晶格中的有效非线性光学系数是基底材料二阶非线性系数和对应倒格矢傅里叶系数的乘积。仍以 LN 材料为例，它主要有两个可以利用的非线性光学系数 d_{31} 和 d_{33}，其中 d_{31} 大约是 12pm/V，d_{33} 大约是 70pm/V。双折射相位匹配时只能利用到 d_{31}，而准相位匹配时可以利用 d_{33}。由于 d_{33} 大约是 d_{31} 的 6 倍，对于周期结构，即使乘以 $2/\pi$ 的傅里叶系数因子，也仍然比 d_{31} 大得多。实际上只要超晶格倒格矢的傅里叶系数大于 0.17，即可超过 d_{31} 的效率，这是不难达到的。BBO 等晶体的非线性光学系数通常只有 1pm/V 的量级，相比之下 LN 的非线性光学系数大了不少。因此在可见光波段，利用 LN 和 LT 等材料制备光学超晶格实现激光变频在转换效率方面具有一定的优势。

③ 准相位匹配在结构设计上具有很大灵活性，可以实现一些较为复杂的非线性光学过程。例如利用超晶格结构同时提供多个倒格矢，可以在一块晶体中同时实现多个非线性光学过程，这是双折射相位匹配无法做到的。

④ 准相位匹配可避免走离效应。所谓走离效应，是指材料中因谐波的相速和群速方向不一致，存在一定夹角，导致谐波只能在一定长度以内相干加强。准相位匹配方法不需要对材料沿特殊方向切割，基波和谐波传播方向均沿晶轴方向，因此不存在走离问题。

当然，准相位匹配方法也有一些缺点，它需要对材料的非线性光学系数作微米量级的调制，在制备上存在一定难度。此外，准相位匹配方法只能对部分材料性能进行人工裁剪，对材料的一些重要性质（如通光范围和抗光损伤阈值）则无法有效调控。

6.4　超晶格结构设计与谐波耦合方程

下面首先通过一个例题说明光学超晶格的基本设计方法。

【例 6-1】已知室温下 LN 材料在 $1.064\mu m$ 和 $0.532\mu m$ 的折射率分别是 2.156 和 2.234，若我们需要采用周期结构的 LN 光学超晶格的二阶倒格矢对 $1.064\mu m$ 的入射光实现准相位匹配的倍频输出，那么相应的超晶格结构参数是多少？

解：根据准相位匹配条件，所需要的倒格矢为：

$$G = k_2 - 2k_1 = \frac{2\pi n_2}{\lambda_2} - \frac{4\pi n_1}{\lambda_1} = \frac{2 \times 3.14 \times 2.234}{0.532} - \frac{4 \times 3.14 \times 2.156}{1.064}$$
$$\approx 0.92(\mu m^{-1})$$

根据周期结构的倒格矢表达式：

$$G_n = \frac{2n\pi}{D}$$

有：

$$G_2 = \frac{2 \times 2 \times \pi}{D} = \frac{4\pi}{D}$$

所以超晶格周期应为：

$$D = \frac{4\pi}{0.92} \approx 13.6 (\mu m)$$

二阶匹配时正负畴宽度之比应设为 $1:3$ 或者 $3:1$，此时有效非线性系数达到最大值。即所需的结构参数为：正畴长 $3.4\mu m$，负畴长 $10.2\mu m$；或者也可以取正畴长 $10.2\mu m$，负畴长 $3.4\mu m$。此时相应傅里叶系数可达到 $1/\pi$，约 0.318，是二阶倒格矢傅里叶系数可达到的最大值。

对于一般的超晶格结构，其倒格矢的位置及其傅里叶系数不一定如周期结构那样存在解析表达式。但该问题不难解决，一般情况下傅里叶系数可以通过简单的数值计算获得，具体表达式为：

$$g(G) = \frac{1}{L} \int_0^L f(x) \exp(-iGx) dx \qquad (6-15)$$

其中，G 代表倒格矢；g 是对应的傅里叶系数。对于准周期结构，其倒空间仍然由大量分立且明锐的 δ 函数（狄拉克函数）形式的倒格矢峰组成。而对于一些复杂的非周期结构，其超晶格结构的傅里叶谱不一定由分立的倒格矢峰组成。但这并不影响其在非线性光学过程中的应用，只要倒空间相应位置具有足够大的傅里叶系数即可。

在非线性光学过程中，通常可用波矢匹配图来直观地描述有关的匹配情况。图 6-2 是一个典型的共线倍频过程波矢匹配图，其中 k_1 和 k_2 分别表示基波和倍频波的波矢，当波矢和倒格矢满足 $2k_1 + G = k_2$ 条件时，波矢间实现闭合，相应准相位匹配条件得以满足。

在波矢匹配图 6-2 中，基波、倍频波以及倒格矢三者都是共线的。实际上光学超晶格中的倒格矢方向也可以与基波不平行，只要基波、谐波和倒格矢构成一个封闭的三角形即可，即非共线匹配，相应波矢匹配图见图 6-3。在光学超晶格中，对非共线的二次谐波产生进行相位匹配是允许的，而这在均匀材料中则是无法做到的。因为均匀材料中不存在倒格矢，在只有基波入射的条件下，如果谐波的波矢和基波不平行显然无法实现闭合三角形。在有两个不同方向的基波同时入射时，有可能产生闭合的三角形，但由于材料的正色散关系，此时匹配范围会随着基波间的夹角大幅下降，实际使用价值也会受到影响。

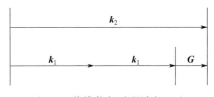

图 6-2　共线倍频过程波矢匹配

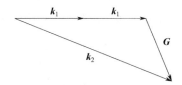

图 6-3　非共线倍频过程波矢匹配

在不考虑各向异性的情况下，非共线匹配时的倒格矢匹配条件可以通过波矢匹配图很容易获得：

$$G = \sqrt{4k_1^2 + k_2^2 - 4k_1 k_2 \cos\theta} \qquad (6-16)$$

其中，θ 是基波和倍频波之间的夹角。可以看到当 θ 增大时 G 也随之变大，当 $\theta = 0$ 时 G 取极小值 $k_2 - 2k_1$，对应于正向共线匹配；当 $\theta = \pi$ 时 G 取极大值 $k_2 + 2k_1$，对应于反向共线匹配。在超晶格材料制备的时候，对于大的周期比较容易制备，因此通常尽量采用正向共线匹配。此外也可以看到，如果 G 已确定，那么通过调节夹角 θ 也可以构成匹配三角形，因此准相位匹配过程对材料加工中产生的误差具有一定的容忍性。

光学超晶格傅里叶系数的大小存在一些理论上的本征限制，常见的有以下四条。

① 最大值限制。对任何光学超晶格材料，其傅里叶系数不能超过 $2/\pi$，这是一个倒格矢傅里叶系数的极限，即：

$$|g(G)| \leqslant \frac{2}{\pi} \quad (G \neq 0) \tag{6-17}$$

其中，$G=0$ 是一个例外，对应于均匀材料 $G=0$ 时的傅里叶系数可以取 1。

② 占空比限制。设 r 为光学超晶格材料的占空比，定义为正畴长度之和除以超晶格总长度，有：

$$|g(G)| \leqslant \min\left[\frac{4r}{\pi}, \frac{4(1-r)}{\pi}\right] \tag{6-18}$$

从式（6-18）可以看出，占空比偏离 0.5 会导致有效非线性系数下降，因此超晶格结构占空比接近 0.5 通常是较为理想的情况。而当所需要的倒格矢 G 比较大的时候，最短畴长和平均周期都应该相应地减小，这样才有希望获得较大的有效非线性系数。

③ 最短畴限制。设 $L_{\min}$ 为超晶格中的最短畴长，那么存在限制：

$$|g(G)| \leqslant \frac{2}{GL_{\min}} \tag{6-19}$$

④ 平均周期限制：

$$|g(G)| \leqslant \frac{2}{G\overline{D}} \tag{6-20}$$

其中，$\overline{D}$ 为超晶格的平均周期大小，也就是超晶格总长度除以总的正负畴数量。这些理论上限可以为我们评价光学超晶格的结构性能提供一个标准和指导。

在进行超晶格结构设计时，必须知道材料在对应波长的折射率。材料的折射率随温度、波长的函数被称为材料的色散方程，通常又被称为 Sellmeier 方程。材料的色散方程通常含有波长和温度两个自变量。如果只考虑室温的情况，那么方程的形式就更简单，将只含有波长。此时标准的色散方程通常具有以下的形式：

$$n = \sqrt{A + \frac{B}{\lambda^2 - C} - D\lambda^2} \tag{6-21}$$

其中，λ 为波长；A，B，C，D 为待定常数。如果已知材料在不同波长下的折射率，那么就可以通过数值拟合的方法求出这些待定系数。例如 LT 材料在室温下的可见光波段的色散方程可以写作：

$$n = \sqrt{4.52365 + \frac{0.08797}{\lambda^2 - 0.03627} - 0.02152\lambda^2} \tag{6-22}$$

有一点需要注意的是，材料的色散方程通常都有一定的适用波长范围，超出了这个范围会得到明显不合理的结果。

目前并不是所有的光学材料都有精确的色散方程可供查询。精确测量材料的折射率有时也比较困难，并且由于光学超晶格结构设计时需要的是两个不同波长的折射率之差，这样拟合带来的误差有时会被放大，从而增大超晶格结构设计的误差。因此近年来有人发展了利用测量不同周期的光学超晶格的倍频波长谱来拟合相应色散方程的方法。与前面的直接拟合方法相比，这是一种间接拟合方法。虽然间接拟合的均方差往往会比较大，但是由于其数据直接来源于倍频谱，因此采用这种方法拟合出来的色散方程用于超晶格结构设计时效果往往更好。

非线性光学过程可通过谐波耦合方程进行定量化描述。倍频过程的谐波耦合方程具有以下形式：

$$\begin{cases} \dfrac{\mathrm{d}A_1}{\mathrm{d}x} = -\mathrm{i}K_1 A_2 A_1^* \exp(-\mathrm{i}\Delta k_1 x) \\ \dfrac{\mathrm{d}A_2}{\mathrm{d}x} = -\dfrac{1}{2}\mathrm{i}K_1 A_1^2 \exp(\mathrm{i}\Delta k_1 x) \end{cases} \tag{6-23}$$

其中，A_1、A_2分别代表基波和倍频波的复振幅，也即同时包含了振幅和相位信息；K_1是耦合常数，与非线性材料的折射率、二阶非线性系数有关；i是虚数单位；Δk_1是倍频过程中的波矢失配；星号上标代表复共轭。谐波耦合方程描述的是各次谐波的振幅以及相位的空间演化规律。第一个方程描述基波的演化过程，右边代表差频过程$\omega_2 - \omega_1 \rightarrow \omega_1$，e指数项中的符号对于倍频过程为正，对于差频过程则为负。第二个方程代表倍频过程$\omega_1 + \omega_1 \rightarrow \omega_2$，前面系数 1/2 是倍频过程特有的，和频过程及差频过程则没有该系数。

谐波耦合方程是从 Maxwell 方程出发经过缓变振幅近似后得到的。缓变振幅近似是处理波动过程中常用的一种近似方法，该近似忽略推导过程中含有振幅函数的二次导数项，物理上对应于忽略反向波。

从倍频过程的耦合方程组还可以很容易导出两个完全积分或者叫首次积分。所谓首次积分简单地讲就是从微分方程解得的不含有微分项的积分表达式，在研究微分方程的性质时有重要的作用。首次积分通常代表了演化过程中的某种守恒关系。这两个首次积分中有一个形式比较简单：

$$|A_1|^2 + 2|A_2|^2 = \mathrm{const} \tag{6-24}$$

式中，const 表示常数，公式的物理意义代表了谐波转换过程中的能量守恒关系。另外一个首次积分的形式比较复杂：

$$\mathrm{Re}\left[K_1 A_1^2 A_2^* \exp(\mathrm{i}\Delta k_1 x)\right] + \frac{1}{2}\Delta k_1 A_1 A_1^* = \mathrm{const} \tag{6-25}$$

其中，Re 表示取复数的实部。利用这两个首次积分，我们可以对该耦合方程进行化简，从而解出该方程的严格解，该解具有椭圆函数的形式，求解过程和解的形式都比较烦琐，这里不作详细讨论。

式（6-23）是均匀材料中的谐波耦合方程，在光学超晶格中，由于存在人工调制结构，谐波耦合方程的形式有所不同，可以写成以下形式：

$$\begin{cases} \dfrac{\mathrm{d}A_1}{\mathrm{d}x} = -\mathrm{i}K_1 f(x) A_2 A_1^* \exp(-\mathrm{i}\Delta k_1 x) \\ \dfrac{\mathrm{d}A_2}{\mathrm{d}x} = -\dfrac{1}{2}\mathrm{i}K_1 f(x) A_1^2 \exp(\mathrm{i}\Delta k_1 x) \end{cases} \tag{6-26}$$

光学超晶格中调制的是材料的二阶非线性光学系数，而材料的折射率始终为常数，不存在多重散射和反射等过程，因此物理过程较为简单。超晶格的谐波耦合方程在形式上与均匀结构相比十分类似，主要区别是等号右边的系数中多了一个超晶格结构函数 $f(x)$。

在满足准相位匹配的条件下，也就是当超晶格可以提供一个倒格矢满足 $G = \Delta k_1$ 时，耦合方程可以大大简化，变为如下形式：

$$\begin{cases} \dfrac{\mathrm{d}A_1}{\mathrm{d}x} = -\mathrm{i}K_1' A_2 A_1^* \\ \dfrac{\mathrm{d}A_2}{\mathrm{d}x} = -\dfrac{1}{2}\mathrm{i}K_1' A_1^2 \end{cases} \tag{6-27}$$

此时原耦合方程中代表超晶格结构的结构函数 $f(x)$ 和代表失配的 e 指数项都不再出现，等效为耦合常数发生了变化，其中：

$$K_1' = K_1 g(G) \tag{6-28}$$

其中，$g(G)$ 是参与匹配过程的倒格矢的傅里叶系数。

对于通常的倍频过程，入射端面处只存在基波，倍频波为零，相应边界条件可表示为 $A_1|_{x=0} = C$，$A_2|_{x=0} = 0$。此时耦合方程式（6-27）的解比较简单，基波的强度将随横坐标 x 单调减小，而倍频波的强度将随横坐标 x 单调增长，两者的解均具有双曲函数的形式。

对于一些含有多个参量过程的耦合非线性光学过程，典型的如耦合三倍频过程，也可以写出相应的谐波耦合方程，并且在满足准相位匹配的条件下方程形式也可以做类似式（6-27）的化简处理。

6.5 准周期、双周期和非周期超晶格结构设计

和均匀材料相比，光学超晶格的一个显著优点是可以通过结构设计实现多重准相位匹配过程。一些较复杂的耦合非线性过程需要同时提供多个倒格矢进行匹配，周期结构的光学超晶格通常无法胜任。为了解决这一问题，人们发展了准周期结构、双周期结构以及更一般的非周期结构用于光学超晶格设计，只要该超晶格结构可以提供非线性光学过程所需的所有倒格矢，即可满足相应的相位匹配条件。下面就对这些超晶格结构设计方法进行简单介绍。

准周期结构是光学超晶格中较为常见的一种结构，说起准周期则要先从准晶谈起。准晶的概念最早在二十世纪八十年代被提出。在准晶发现以前，物理学家认为固态物质只能有晶态和非晶态两类。其中非晶态的构造单元不存在周期性或者长程序，而晶体的晶胞是按周期排列的，具有严格的长程序，因此不可能存在 5 次以及大于 6 次的旋转对称性。但在 1984 年，Shechtman 等人首次在快速冷却的 Al-Mn 合金中观测到明锐的五次对称电子衍射图，证

实了五次对称准晶相的存在[7]。我国郭可信小组也几乎同时发现了 Ti-Ni 合金的二十面体对称性。这些研究揭开了准晶研究的序幕，并在当时引起轩然大波，一些知名学者对研究结果表示质疑。然而准晶的存在很快得到了学术界的公认，被认为是物质结构研究领域的一大突破，Shechtman 因此获得了 2011 年诺贝尔化学奖。

准晶具有十分独特的倒空间性质。虽然准晶的晶格结构不存在严格的平移周期性，但是其衍射谱却存在明锐分立的衍射峰，这说明准晶结构中存在隐藏的周期性。准晶的特殊倒空间性质在低维度的准周期结构中同样存在。Fibonacci 结构和 Penrose 结构是两种常见的低维准周期结构，其结构维度分别为 1 维和 2 维。这两种准周期结构都可以通过一定迭代递推关系获得。例如，令 $S_1=A$、$S_2=AB$、$S_n=S_{n-1}+S_{n-2}$（其中 $n>2$），经不断迭代，即可得到一个由 A、B 两种组元构成的 Fibonacci 序列。

在准晶发现后不久，相关结构便被人们应用于超晶格材料的设计中。准晶、准周期结构的倒空间性质比周期结构更为丰富，可调参数也更多，这在一些情况下是非常有用的。准周期点阵可以通过高维空间周期点阵向低维空间投影得到，相关理论被称为准晶投影理论。投影理论是研究准周期结构倒空间性质的一种常用方法。通过投影理论可以生成一般的准周期结构，还可以用于计算结构的倒格矢分布以及对应的傅里叶系数。准晶的倒格矢和傅里叶谱存在解析表达式，这为相关超晶格的研究带来便利。对于光学超晶格，准周期结构相比周期结构可以提供更丰富的倒格矢，实现更复杂的非线性光学过程，例如 Fibonacci 结构可以用于实现多波长倍频过程以及耦合三倍频过程。关于准晶、准周期的研究在二十世纪九十年代经历了一段十分活跃的时期，我国在准晶方面的研究起步很早，取得的成果也较为丰富，研究水平处于前列。

准周期结构的倒格矢和傅里叶系数存在解析表达式，其中二组元准周期结构倒格矢的位置可以写作：

$$G_{m,n}=\frac{2\pi(m+n\tau)}{D} \tag{6-29}$$

其中，m 和 n 为整数；τ 是一个常数，不同的准周期结构具有不同的 τ 值，例如对于 Fibonacci 准周期结构，$\tau=0.618\cdots$，即所谓黄金分割比；D 是所谓平均结构参数，与超晶格的平均周期有关。准周期超晶格的傅里叶系数也存在解析表达式，但是具体表达式比较复杂，此处从略。

从式（6-29）可以看出，准周期结构的倒格矢比周期结构的要复杂，对于二组元准周期结构需要使用两个整数进行标定。当 τ 为有理数时，倒格矢实际上是周期排列，此时结构将退化为一个复合周期结构。当 τ 为无理数时，准周期结构的倒格矢在倒空间实际上是稠密分布的，但是只有在 m 和 n 取比较小的整数时，对应倒格矢的傅里叶系数比较大，在 m 和 n 很大时，对应的傅里叶系数很快趋向于 0。

准周期结构可以比周期结构提供更多的倒格矢，因此可以应用于一些更复杂的非线性光学过程中。例如二组元准周期结构可以同时提供两个倒格矢，其中一个用于补偿在倍频过程（$\omega+\omega\rightarrow2\omega$）中的动量失配，另一个用于补偿和频过程（$\omega+2\omega\rightarrow3\omega$）中的动量失配，从而可以在满足准相位匹配条件的情况下有效产生三次谐波[8]。如果利用均匀材料实现三倍频，由于材料的双折射率匹配一般不可能同时匹配两个过程，因此通常需要多块非线性材料的级联。而在光学超晶格材料中可以只用一块晶体实现三倍频输出，实现过程更为简单，并且可以获得更高的转换效率。

在周期结构基础上进行再次调制可以获得所谓双周期结构。和准周期结构类似，双周期结构也可以提供两个独立的倒格矢，并应用于多重相位匹配过程。1982 年，印度学者首先把双周期结构应用于准相位匹配过程[9]。

从倒空间看，均匀非线性光学材料在且仅在 $G=0$ 的地方存在一个傅里叶系数为 1 的倒格矢峰。将其进行一次周期调制即可得到常规的周期超晶格结构。而周期调制的主要结果就是导致 $G=0$ 处的这个单一倒格矢分裂成一系列孤立的倒格矢，或者从倍频的角度来说，就是单一的倍频峰分裂成多个倍频峰。其中最主要的是分裂成 $G=\pm 2\pi/D$ 处的两个傅里叶系数为 $2/\pi$ 的倒格矢（1 阶和 -1 阶倒格矢）。这两个倒格矢大小相等、符号相反。

如果将均匀非线性光学材料替换为一个周期为 D_1 的光学超晶格，在其基础上再进行一次周期为 D_2 的结构调制，即可得到一个双周期超晶格结构（见图 6-4）。其中第二次调制的周期通常要远大于第一次调制的周期（$D_2 \gg D_1$）。从倒空间看，第二次周期调制的结果是使原先周期结构的倒格矢或者说倍频峰再次发生分裂。其中原周期超晶格傅里叶系数最大的一阶倒格矢将主要分裂为 2 个傅里叶系数为 $\left(\dfrac{2}{\pi}\right)^2$ 的倒格矢。

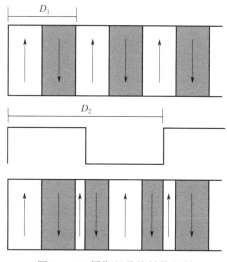

图 6-4 双周期超晶格结构调制

双周期结构的结构函数可以写成两个周期超晶格结构函数的简单乘积：

$$f(x)=f_1(x)f_2(x) \tag{6-30}$$

其中，$f_1(x)$ 和 $f_2(x)$ 分别对应周期为 D_1 和 D_2 的两个周期超晶格结构的结构函数，也就是：

$$f_1(x)=\begin{cases}1, & mD_1 \leqslant x < (m+0.5)D_1 \\ -1, & (m+0.5)D_1 \leqslant x < (m+1)D_1\end{cases}$$

$$f_2(x)=\begin{cases}1, & mD_2 \leqslant x < (m+0.5)D_2 \\ -1, & (m+0.5)D_2 \leqslant x < (m+1)D_2\end{cases}$$

双周期超晶格结构的倒格矢可以写成以下形式：

$$G_{m,n}=G'_m+G''_n \tag{6-31}$$

$$g_{m,n}=g'_m g''_n \tag{6-32}$$

其中，G'_m、G''_n 分别是两个周期超晶格结构的 m 阶和 n 阶倒格矢，也就是：

$$\begin{aligned}G'_m &= \frac{2m\pi}{D_1} \\ G''_n &= \frac{2n\pi}{D_2}\end{aligned} \tag{6-33}$$

而 g'_m、g''_n 分别是对应的傅里叶系数，其中 m,n 为整数。对于双周期结构，其中傅里叶系数最大的两个倒格矢是 $G_{1,1}$ 和 $G_{1,-1}$（当然还有大小相等符号相反的 $G_{-1,-1}$ 和 $G_{-1,1}$），其傅里叶系数均为 $\frac{4}{\pi^2}$，即大约 0.40。对于同时提供两个倒格矢的超晶格结构来说，该傅里叶系数是相当大的，如果使用准周期超晶格结构通常很难实现。此外容易证明，双周期超晶格结构中的平均占空比总是等于 0.5，根据上一小节给出的超晶格傅里叶系数上限的有关判据，这有助于获得大的有效非线性系数。与准周期超晶格相比，双周期以及许多非周期超晶格结构也存在一个显著的缺点，就是结构设计得到的超晶格结构中往往会出现一些宽度很小的碎片畴，这在实验上难以制备。不过该问题通常并不严重，只要简单舍弃这些小畴即可，经过这样处理后通常会使得 $G_{1,-1}$ 倒格矢的傅里叶系数变大，而 $G_{1,1}$ 倒格矢的傅里叶系数变小，这是因为碎片畴对大倒格矢的贡献较大。

在双周期超晶格的结构设计过程中存在 D_1 和 D_2 两个自由参数，因此双周期超晶格可以提供两个独立的倒格矢，对含有两个独立过程的耦合参量过程实现相位匹配。用类似的方法，可以把双周期结构继续推广到三周期、四周期等，这样可以提供更多的独立倒格矢。但是由于这种调制方法产生的倒格矢都是对称出现，多次调制后会出现许多人们不需要的杂峰。从傅里叶系数角度考虑，双周期结构是两次调制，两个自由度，两个较大的倒格矢峰，这是比较理想的。而三次调制后则是三个自由度，但出现四个较大的倒格矢峰，四次调制后有四个自由度，出现八个较大的倒格矢峰，这样就会导致相应的傅里叶系数迅速下降。为了解决这一问题，近年来人们陆续发展了一些非周期光学超晶格结构设计方法，可以较好地避免傅里叶系数的下降问题。

非周期光学超晶格的结构设计方法大致可以分为两大类，一类是基于某种特殊函数的构造方法，所得超晶格结构存在一定的结构函数表达式。另一类则是完全采用数值计算方法进行结构设计，根据计算结果直接给出每块畴的位置和宽度，典型的方法包括模拟退火法和遗传算法。

1999 年，有文献提出一种利用模拟退火算法来进行光学超晶格结构设计的方法[10]。这是一种纯粹数值计算的设计方法，其主要思路是将超晶格材料以某个最小固定的畴长 Δx 为单位分作 N 个不同的单元，如果超晶格总长度为 L，那么就有 $\Delta x = L/N$。每个单元可以取正畴或者负畴，分别对应 1 和 -1。可以用一个有 N 个元素的数组 $a_i, i=1,2\cdots N$ 来表示这些单元的畴取向。然后根据需要定义一个以这 N 个畴的取向为自变量的目标评价函数 $E(a_1,a_2\cdots a_N)$，该评价函数的具体形式随着需要而有所不同。如果我们假设超晶格的倍频效率为 $\eta(\omega;a_1,a_2\cdots)$，同时对 $1.1\mu m$ 和 $1.2\mu m$ 的基波实现相等转换效率的倍频，那么评价函数可以写成：

$$E(a_1,a_2\cdots) = \eta(1.1;a_1,a_2\cdots) + \eta(1.2;a_1,a_2\cdots) - C\,|\,\eta(1.1;a_1,a_2\cdots) - \eta(1.2;a_1,a_2\cdots)\,|$$

$$(6\text{-}34)$$

其中，C 是可调参数，C 较小表明更注重转换效率，C 较大表明更注重均衡。

对于通常的超晶格，N 大约在几千的量级，此时系统的状态数 2^N 是一个非常大的数字，因此不能用简单的穷举法进行求解，而模拟退火法比较适合近似求解这种情况下的极值问题。这种方法首先给出一个初始的畴分布，然后加以随机扰动，调整各单元的分布，并根据评价函数的值设置一个随时间变化的上限，只有小于该上限的单元调整才是允许的，然后不断减小这一上限，最后使整体评价函数达到一个极值。这里的评价函数和退火过程中的能量处于很类似的地位，模拟退火法也因此而得名。利用模拟退火方法设计的非周期光学超晶格材料可以提供多个独立的倒格矢，并且同时获得可观的傅里叶系数；还可以根据一些特殊的需要设定一些特殊的评价函数。可以看出这种方法与以往的设计方法相比，具有更大的设计灵活性。但模拟退火方法的一个不足之处在于采用了一个固定畴长，如果减小固定畴长，则会使运算量大大增加。为了避免这一问题，2004 年有文献提出了将模拟退火方法与生物遗传算法相结合来进行超晶格结构设计[11]。其基本思路和前面的方法类似，也要定义一个评价函数。但这种新方法定义了多个不同的初始结构参数，通过模拟退火的方法进行演化。然后通过类似生物自然选择和相互杂交的方法来对材料结构进行优化，把评价函数得分不好的结构参数淘汰掉，最后获得一个评价函数达到极大值的结构。

另一类非周期结构设计方法是通过一些构造的方法直接给出结构函数。2001 年有文献提出了一种非周期超晶格结构的构造方法[12]，首先定义函数：

$$F_{\Lambda}(x) = 1 - 2\text{floor}\left(\frac{2x}{\Lambda}\right) + 4\text{floor}\left(\frac{x}{\Lambda}\right) \tag{6-35}$$

其中，floor 以及下面即将用到的 ceil 分别是向下取整和向上取整函数。

假设我们需要设计一个可提供 G_1 和 G_2 倒格矢的超晶格结构，只需针对两个倒格矢，定义如下两个函数：

$$H_1(x) = F_{\Lambda_1}\left(\frac{\text{floor}\left(\frac{x}{d_1}\right) + \text{ceil}\left(\frac{x}{d_1}\right)}{2} d_1\right) \tag{6-36}$$

$$H_2(x) = F_{\Lambda_2}\left(\frac{\text{floor}\left(\frac{x}{d_2}\right) + \text{ceil}\left(\frac{x}{d_2}\right)}{2} d_2\right) \tag{6-37}$$

其中：

$$\Lambda_1 = \frac{2\pi}{G_1}, \Lambda_2 = \frac{2\pi}{G_2}$$

$$d_1 = \sigma_1 \frac{\Lambda_1}{2}$$

$$d_2 = \sigma_2 \frac{\Lambda_2}{2}$$

这里，σ_1 和 σ_2 为自由可调参数，通常取 $\sigma_1 = 2d/\Lambda_1$，$\sigma_2 = 2d/\Lambda_2$，其中 $d = d_1 = d_2$，并定义：

$$f(x) = H_2(x) + \left(\text{floor}\left(\text{floor}\left(\frac{x}{d}\right)\gamma\right) - \text{floor}\left(\text{ceil}\left(\frac{x}{d}\right)\gamma\right)\right)[H_2(x) - H_1(x)] \tag{6-38}$$

即为所需的非周期超晶格结构函数，其中 γ 是一个 0～1 之间的可调参数。

利用这种方法可以比较方便地设计具有两个独立倒格矢的非周期超晶格结构，其倒格矢的傅里叶系数比双周期结构的略小，但是不存在碎片畴的问题。

6.6　新型相位匹配方法杂例

　　总体上看，目前非线性光学超晶格的结构设计方法已经比较成熟。人们提出并发展了基于倒空间设计和基于正空间设计的多种结构设计方法。一个比较特别的工作是 2004 年提出的随机准相位匹配理论[13]。我们前面介绍的超晶格结构设计方法都是通过对非线性光学材料进行某种人工调制，以实现特定的需要。而随机准相位匹配则是利用天然的多晶材料中随机分布的晶畴来实现准相位匹配。根据文献报道，这一方法不需要特殊的人工结构设计，就可以对相当大范围的激光实现有效的二次谐波输出。当然，其倍频效率与常规均匀材料中的双折射相位匹配以及超晶格材料中的准相位匹配相比会有所下降。文章认为，通常的非线性光学材料在相位匹配时，材料各处产生的二次谐波之间是相干加强的，在相位失配时，材料各处产生的二次谐波之间是相干相消的。而在具有随机畴结构的多晶材料中，材料各处产生的二次谐波既不是相干加强，也不是相干相消，而是介于两者之间的一种情况。此时谐波之间不相干，因此谐波强度不是相干相加，而是强度相加，随机匹配时谐波强度的增长是一种马尔可夫随机行走过程。我们知道随机行走的平均距离与行走步数 N 的平方根成正比，用 A 表示振幅，L 表示晶体长度，谐波强度 η_{SHG} 是振幅的平方。随机准相位匹配时满足：

$$
\begin{aligned}
A &\propto \sqrt{L} \\
\eta_{\mathrm{SHG}} &\propto L
\end{aligned}
\tag{6-39}
$$

普通相位匹配时满足：

$$
\begin{aligned}
A &\propto L \\
\eta_{\mathrm{SHG}} &\propto L^2
\end{aligned}
\tag{6-40}
$$

从中可以看出，虽然随机准相位匹配时谐波强度上升比一般匹配情况要慢一些，但还是在增长。而均匀材料在相位失配时谐波强度与材料长度是呈 0 次方的关系，在一个小量附近上下振荡，不会随晶体长度而增长。通常情况下 L 的 1 次方增长和 2 次方增长之间还是有不小差距，但是在一些特殊情况下，如材料的相干长度比较长，或基波强度比较大的时候，这种匹配方式和正常匹配方式之间的差距会有所减小。随机匹配采用的是天然结构，既不需要特殊的材料切割，也不需要进行微米尺度的微结构加工，因此相关的报道认为随机相位匹配是一种全新的相位匹配方式，有望用于廉价的、简单的全固态激光器件系统。不过这一方法也存在一些不足，如转换效率低且难以控制，往往存在较大的随机涨落，所得谐波光束质量较差等。

　　以上介绍的光学超晶格都是一维结构，而在其他类似系统（如光子晶体）中，人们通常更关注三维系统。光学超晶格中一维结构更常见是因为光学超晶格早期的主要用途是实现激光的频率转换，对此应用一维结构通常就可以满足需要，并且往往比二维和三维结构超晶格材料效果更好。这是因为二维和三维系统由于通光面上的不均匀，往往会降低光束质量。并且一维周期结构可以实现最大的傅里叶系数 $2/\pi$，而二维和三维系统中所能达到的最大傅里叶系数都比这要小，因此最大有效非线性系数也要小一些。此外，二维和三维光学超晶格制备工艺也比一维结构更为复杂。不过进入 21 世纪以来，随着研究工作的深入，二维光学超晶格材料的研究也逐渐引起了人们的关注。首先对二维光学超晶格开展理论研究工作的是法国物理学家 V. Berger，他于 1998 年分析了利用二维非线性光学超晶格结构实现二维准相位匹配的具体思路[14]，指出其主要优点是可以同时匹配多个不同的过程。这一匹配方法和普通一维超晶格中的非共线匹配十分类似，仍然是基于倒格矢的闭合三角形匹配，但是两者也存在一定的区别，例如二维超晶格可以提供不同方向的多个倒格矢，而一维超晶格虽然也能提供多个倒格矢，但都只能在同一个方向，因此二维超晶格对于一束基波入射，可以同时提供多个倒格矢参与倍频过程，并且输出不同方向的倍频波。

那么一维光学超晶格结构有没有可能实现多个不同方向的倍频光输出呢？在通常情况下这是不可能的。但是在两种特殊情况下，一维周期超晶格也可以实现两个不同方向的倍频光的输出。第一种情况是共线匹配，同时实现一个向前传播的正向倍频和一个向后传播的反向倍频，但是这种情况下反向倍频所需的倒格矢太大，一般没有实用价值。而第二种情况则比较有趣，此时基波的入射方向和超晶格的周期方向相垂直。前面我们提到过，超晶格结构的倒格矢都是成对出现的，这是因为光学超晶格的结构函数都是实函数，而实函数的傅里叶谱是一个偶函数。在一般情况下，我们只能利用一对正负倒格矢中的一个，但是当基波垂直超晶格的侧面入射时，则可以同时利用到这两个倒格矢（波矢匹配图如图 6-5 所示）。特别地，如果同时利用正一阶和负一阶倒格矢，就是两个 $2/\pi$ 的傅里叶系数，理论上可获得最高的倍频转换效率。不过由于这种情况下基波方向和倍频波方向不一致，实际效果并不一定理想。当然，以上讨论只局限于只有一束基波入射的情况，如果有两束不同方向的基波同时入射，那么一维超晶格也可以很容易地实现多方向匹配。

制备三维光学超晶格，并在此基础上进行三维准相位匹配在原理上也是可行的。但由于三维光学超晶格制备工艺难度较大，直到最近才有实验报道，二维光学超晶格目前的应用则相对更为广泛。

啁啾（chirping）超晶格结构是一种渐变周期结构（图 6-6），啁啾是一种形容鸟叫声的象声词，啁啾结构的主要特点是其周期不是常量，而是会按照一定规律逐渐变大或者逐渐变小。

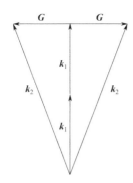

图 6-5　垂直入射情况下的波矢匹配

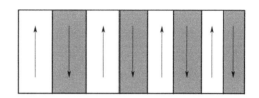

图 6-6　啁啾超晶格结构

一个典型的啁啾结构超晶格结构函数可以表示为：

$$f(x) = \mathrm{sgn}\left[\cos(ax^2 + bx)\right] \tag{6-41}$$

其中，a 和 b 是实常数；sgn 为符号函数：

$$\text{sgn}(x) = \begin{cases} -1, & x < 0 \\ 0, & x = 0 \\ 1, & x > 0 \end{cases}$$

与周期结构相比，啁啾结构的倒格矢峰的宽度有所展宽，但峰高有所下降，啁啾结构的这一特性可用于实现宽带宽的相位匹配过程。

啁啾结构光学超晶格在超快光学中也有着重要的应用，可以用于实现超快过程中的群速匹配，以及实现对超短脉冲的脉冲压缩[15]。通常所说的相位匹配指的是基波和谐波之间的相速匹配。在超快光学中，对于飞秒（10^{-15} s）甚至更短的激光脉冲的倍频过程，群速匹配的概念则变得十分重要。大块非线性晶体的群速失配效应很严重，一种解决方法是改用薄片晶体来实现超快脉冲的倍频，但这显然不是一个好的解决方案。而使用经适当设计的啁啾结构光学超晶格可以同时实现相速匹配和群速匹配，实现高效的超短脉冲倍频。此外，啁啾结构的光学超晶格还可以对超短脉冲中的局域频率分布进行调整，实现超短脉冲压缩或者更一般的超短脉冲整形。用于超快光学的光学超晶格设计是近年来非线性光学领域的一个研究热点。

通过人工微结构调制实现准相位匹配，除了应用于固态的光学超晶格以及波导材料以外，还可应用于其他物态系统。常见的非线性材料 LN 和 LT 通常只能工作在可见光和红外波段，在紫外波段存在严重的吸收。目前最好的紫外倍频材料也只能达到 200nm 左右的波段。对于 10nm 左右的极深紫外波段，几乎所有已知的固体非线性光学材料都存在严重的吸收问题，因此过去对于这一波段一直缺乏有效的相干光源产生手段，这也是困扰学术界和产业界多年的一个难题。深紫外波段的谐波产生通常可以在一些气体介质中利用高阶非线性光学效应来实现。由于气体的色散一般都比较小，对应的相干波长比较长，因此在波长不是特别短的时候，人们通常不用考虑气体非线性过程中的相位失配效应。但是对于 10nm 左右的极深紫外甚至软 X 光波段，气体的色散效应也变得越来越明显，此时必须考虑相位失配问题。如果能实现某种相位匹配，转换效率就可以有很大提高。但气体中不存在双折射效应，无法利用不同偏振态实现双折射相位匹配。2003 年，*Nature* 和 *Science* 相继报道了将人工周期调制应用于金属蒸气的高次谐波产生的工作[16,17]，研究者实现了相位匹配条件下的极深紫外及软 X 光波段的相干光输出，其输出波长达到了 10nm 的量级。这一波段被称为所谓的"水窗"，在分子生物学研究领域具有极大的应用价值。其实验方案是通过对空心波导直径的人工周期调制，使得入射的基波强度在空间有一个周期性的调制，这种对基波的周期调制也可以产生一个等效倒格矢，这种等效倒格矢的傅里叶系数比一般超晶格结构的傅里叶系数要小。不过超晶格结构的倒格矢只能作用于偶数阶非线性光学过程，而这种基波调制产生的等效倒格矢既可以作用于偶数阶非线性过程，也可以作用于奇数阶过程，并可以直接参与高次谐波的产生，提供准动量实现准相位匹配。由于高阶匹配的时候，相邻阶（例如 20 阶、21 阶、22 阶）的高次谐波效应会同时发生，因此空心波导的周期不需要很严格设计。这一方案很好地解决了水窗附近波段的相干光源的相位匹配问题，且实验装置简单，具有显著的理论和实用价值。

习题

[6-1] 已知某准周期序列的迭代规则 $S_1=A$、$S_2=AC$、$S_3=ACB$、$S_n=S_{n-1}+S_{n-3}$（其中 $n>3$），试写出第 5 代序列 S_5 和第 6 代序列 S_6 的具体形式，并求出当 $n\to\infty$ 时序列 S_n 中各组元所占比例。

[6-2] 计算室温下基波波长为 $1\mu m$ 时 LT 晶体的倍频相干长度。

[6-3] 证明式（6-12）和式（6-14）。

[6-4] 证明式（6-17），即任何光学超晶格结构的非零倒格矢的傅里叶系数绝对值不大于 $\dfrac{2}{\pi}$。

[6-5] 从谐波耦合方程式（6-23）出发，推导首次积分式（6-24）。

[6-6] 在边界条件 $A_1|_{x=0}=1$，$A_2|_{x=0}=0$ 的情况下，求解耦合方程组（其中系数 K_1' 为实常数）：

$$\begin{cases} \dfrac{\mathrm{d}A_1}{\mathrm{d}x}=-\mathrm{i}K_1'A_2A_1^* \\[2mm] \dfrac{\mathrm{d}A_2}{\mathrm{d}x}=-\dfrac{1}{2}\mathrm{i}K_1'A_1^2 \end{cases}$$

参考文献

[1] Franken P A, Hill A E, Peters C W, et al. Generation of Optical Harmonics[J]. Physical Review Letters, 1961, 7(4): 118-119.

[2] Franken P A, Ward J F. Optical Harmonics and Nonlinear Phenomena[J]. Reviews of Modern Physics, 1963, 35(1): 23-39.

[3] Feng D, Ming N B, Hong J F, et al. Enhancement of second-harmonic generation in LiNbO$_3$ crystals with periodic laminar ferroelectric domains[J]. Applied Physics Letters, 1980, 37(7): 607-609.

[4] 闵乃本. 微米超晶格的概念、效应和应用[J]. 物理学进展, 1993, 13(1-2): 26-37.

[5] 张超, 朱永元, 祝世宁, 等. 准位相匹配材料研究新进展及应用[J]. 物理, 2002, 31(2): 75-79.

[6] Armstrong J A, Bloembergen N, Ducuing J, et al. Interactions between Light Waves in a Nonlinear Dielectric[J]. Physical Review, 1962, 127(6): 1918-1939.

[7] Shechtman D, Blech I, Gratias D, et al. Metallic Phase with Long-Range Orientational Order and No Translational Symmetry[J]. Physical Review Letters, 1984, 53(20): 1951-1953.

[8] Zhu S N, Zhu Y Y, Ming N B. Quasi-Phase-Matched Third-Harmonic Generation in a Quasi-Periodic Optical Superlattice[J]. Science, 1997, 278(5339): 843-847.

[9] Rustagi K C, Mehendale S C, Meenakshi S. Optical frequency conversion in quasi-phase-matched stacks of nonlinear crystals[J]. IEEE Journal of Quantum Electronics, 1982, 18(6): 1029-1041.

[10] Gu B Y, Dong B Z, Zhang Y, et al. Enhanced harmonic generation in aperiodic optical superlattices [J]. Applied Physics Letters, 1999, 75(15): 2175-2177.

[11] Chen X F, Wu F, Zeng X L, et al. Multiple quasi-phase-matching in a nonperiodic domain-inverted optical superlattice[J]. Physical Review A, 2004, 69(1): 013818.

[12] Liu H, Zhu Y Y, Zhu S N, et al. Aperiodic optical superlattices engineered for optical frequency conversion[J]. Applied Physics Letters, 2001, 79(6): 728-730.

[13] Baudrier-Raybaut M, Haidar R, Kupecek P, et al. Random quasi-phase-matching in bulk polycrystalline isotropic nonlinear materials[J]. Nature, 2004, 432(7015): 374-376.

[14] Berger V. Nonlinear Photonic Crystals[J]. Physical Review Letters, 1998, 81(19): 4136-4139.

[15] Arbore M A, Galvanauskas A, Harter D, et al. Engineerable compression of ultrashort pulses by use of second-harmonic generation in chirped-period-poled lithium niobate[J]. Optics Letters, 1997, 22(17): 1341-1342.

[16] Paul A, Bartels R A, Tobey R, et al. Quasi-phase-matched generation of coherent extreme-ultraviolet light[J]. Nature, 2003, 421(6918): 51-54.

[17] Gibson E A, Paul A, Wagner N, et al. Coherent Soft X-ray Generation in the Water Window with Quasi-Phase Matching[J]. Science, 2003, 302(5642): 95-98.

## 第 7 章

光/声子晶体能带计算

固体能带理论是凝聚态物理中最重要的基础理论之一。二十世纪二十年代末，在量子力学初步确立后，布洛赫研究发现金属中的电子运动并不"自由"，而是会受到与晶格周期相同的周期势的影响，相应的电子波函数可用周期性调幅的平面波描述，在其动量-能量空间中形成一系列的能带结构。随后，能带理论在解释固体的许多物理特性上取得了巨大成功，如导体、半导体和绝缘体的区别，晶体中很长的电子平均自由程等，在半导体材料的发现、晶体管革命、信息能源发展等诸多方面起到了极大的推动作用，至今依然影响深远。回头审视能带理论的基本物理图像，它将电子视作波的形式传播，其德布罗意波长为埃米（10^{-10} m）量级，而真实晶体的晶格周期也恰好是该量级。某些可比拟周期势的波长（能量）在布里渊区中心和边界（动量）处将受到"叠加"的强烈散射，打开能带形成带隙。相反，如果波长过长（大于一个量级），将无法"看见"小周期的调制。这一图像类似于利用 X 射线衍射测量晶格常数，X 射线的波长也正好是埃米量级。该原则同样可以运用到经典波体系中，如光和声波系统。通过人工设计，构建具有周期性光学或声学参数的材料，可实现对光或声的有效操控，形成在特定波段范围内的人工晶体——光子晶体和声子晶体。在本章中，我们将简要介绍光/声子晶体能带基本概念、计算方法以及相关性质。

7.1 光/声子晶体概述

玻色子（如光子、声子）是作用力传递的重要载体，与费米子（如电子、质子）一起构建了现实世界。光和声作为信息产生和传输、接收和探测、存储和发射的媒介，在日常生活、通信探测、成像显示、国防科技等多个领域都具有广泛且重要的应用。光/声子晶体是一类具有周期性调制光/声学参数（如介电常数、磁导率/声速、密度等）的人工带隙材料，在光/声波的产生、导向、聚焦、分束和局域等方面，能够提供远超传统方案的调控性能。

在理论方面，1987 年，美国贝尔实验室的 Yablonovitch 和普林斯顿大学的 John 各自独立研究了能带重叠区域内半导体的自发辐射抑制和光子带隙附近的光局域问题，提出并逐步形成了光子晶体这一概念[1, 2]。随后几年，Sigalas、Economou 以及 Kushwaha 等计算了二维系统的声学能带结构，并提出了声子晶体的概念[3,4]。事实上，早在 1887 年，Rayleigh 就对多层膜介质镜中的全反射现象做出了解释：入射波与多种反射产生相消干涉，在特定波长时完全消除前向传播。这种由不同低损耗介电常数材料层交替组成的结构即一维光子晶体。除人工结构外，自然界中也存在光子晶体结构，如孔雀羽毛、蝴蝶翅膀、蛋白石等，它们在不同角度表现出来的色彩图案正是源于能带结构中的全带隙或方向带隙[5]。在声学方面，位于马德里的一座 200 多年前制作的管风琴雕塑作品"流动的旋律"，可被视作一种二维声子晶体，同样具备在特定波段衰减声波的能力，如图 7-1 所示。

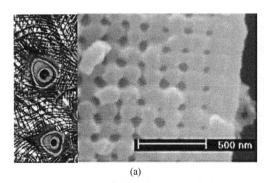
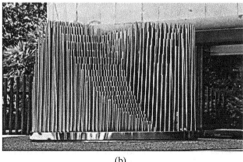

(a)　　　　　　　　　　　　　　　　(b)

图 7-1　（a）自然界中的光子晶体——孔雀羽毛[5]与结构色；
（b）雕塑家森佩雷作品——"流动的旋律"（位于马德里），可视为正方晶格声子晶体

从维度上讲，光/声子晶体这类人工带隙材料在空间上可由一维、二维和三维周期调制的结构组成，其中可能存在点、线和面缺陷（如图 7-2 所示），可用于对光或声进行局域、波导、折射或是成像。当然，光/声特性也可由更为复杂一些的结构，如准周期、无序乃至参数空间的合成维度进行调制。此外，在现实世界中并不存在理想的无限周期性，那么有限尺寸的材料中必然也有表面、棱和顶点，或具有拓扑特性。本章将从简单情况入手，主要介绍一维和二维的光/声子晶体系统的能带计算与相关性质。

图 7-2　一维、二维和三维结构以及局域、波导、表面情况[6]

7.1.1　麦克斯韦方程组及其本征值问题

能带描述的是动量-能量的关系，以各向同性的均一块体材料为例，光的色散关系可表示为：$\omega = vk = ck/\sqrt{\varepsilon\mu}$。其中，$\omega$，$k$ 分别代表频率和波矢；c，v 为真空中和材料中的光速；

ε，μ 为相对介电常数和磁导率，$n = \sqrt{\varepsilon\mu}$ 为折射率。若取晶格常数为 a 的一维周期，可将其色散人为划分为一系列布里渊区。此时，若对光学参数进行调制，原本连续的线性色散将在布里渊区边界或中心形成带隙，即能带结构（如图 7-3 所示），这与周期性半导体对电子的调制类似。

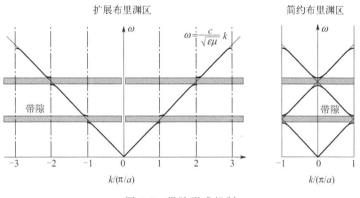

图 7-3　带隙形成机制

这里先从不同材料的色散关系出发，将能带计算视为混合材料中的本征值问题。光在介质中传播需满足麦克斯韦（Maxwell）方程组，在无源情况下（没有电荷和传导电流），其微分形式可表示为：

$$\begin{cases} \nabla \times \boldsymbol{E}(\boldsymbol{r},t) = -\partial \boldsymbol{B}(\boldsymbol{r},t)/\partial t \\ \nabla \times \boldsymbol{H}(\boldsymbol{r},t) = +\partial \boldsymbol{D}(\boldsymbol{r},t)/\partial t \\ \nabla \cdot \boldsymbol{D}(\boldsymbol{r},t) = 0 \\ \nabla \cdot \boldsymbol{B}(\boldsymbol{r},t) = 0 \end{cases} \tag{7-1}$$

其中，电磁（$\boldsymbol{E}$）、磁场（$\boldsymbol{H}$）、电位移矢量（$\boldsymbol{D}$）和磁感应强度（$\boldsymbol{B}$）均为矢量，每个物理量包含 3 个分量（如 E_x、E_y、E_z），共计 12 个标量。而麦克斯韦方程组的 8 个标量方程只有 6 个是独立的，要有解，需额外提供 6 个标量方程。对于给定的材料，$\boldsymbol{E}$、$\boldsymbol{H}$、$\boldsymbol{D}$ 和 $\boldsymbol{B}$ 并不独立，对外界电磁场会有特定响应，即本构方程（constitutive equations），其一般形式如下（忽略非线性和高阶项）[7]：

$$\begin{bmatrix} \boldsymbol{D}(\boldsymbol{r},t) \\ \boldsymbol{B}(\boldsymbol{r},t) \end{bmatrix} = \begin{bmatrix} \varepsilon_0 \overset{\leftrightarrow}{\boldsymbol{\varepsilon}}(\boldsymbol{r}) & \sqrt{\varepsilon_0\mu_0} \overset{\leftrightarrow}{\boldsymbol{\kappa}}(\boldsymbol{r}) \\ \sqrt{\varepsilon_0\mu_0} \overset{\leftrightarrow}{\boldsymbol{\beta}}(\boldsymbol{r}) & \mu_0 \overset{\leftrightarrow}{\boldsymbol{\mu}}(\boldsymbol{r}) \end{bmatrix} \begin{bmatrix} \boldsymbol{E}(\boldsymbol{r},t) \\ \boldsymbol{H}(\boldsymbol{r},t) \end{bmatrix} \tag{7-2}$$

其中，ε_0 和 μ_0 为真空介电常数和磁导率，$c = 1/\sqrt{\varepsilon_0\mu_0}$ 为真空光速；材料的光学参数 $\overset{\leftrightarrow}{\boldsymbol{\varepsilon}}$ 和 $\overset{\leftrightarrow}{\boldsymbol{\mu}}$ 为相对介电常数和磁导率，$\overset{\leftrightarrow}{\boldsymbol{\kappa}}$ 和 $\overset{\leftrightarrow}{\boldsymbol{\beta}}$ 为电磁耦合项，它们均为二阶张量，具有 3×3 矩阵形式。一般情况下，这些材料参数并不完全独立。在无损耗条件下，能流密度（坡印亭矢量）散度的时间平均值可表示为：$<\nabla \cdot \boldsymbol{S}> = \mathrm{Re}[\boldsymbol{B} \cdot \boldsymbol{H}^* - \boldsymbol{E} \cdot \boldsymbol{D}^*]/2 = 0$，上标 * 代表复共轭，Re 代表实数部分。若 $<\nabla \cdot \boldsymbol{S}>$ 大于 0 代表有源，小于 0 则为有漏。代入本构方程可得到：$\overset{\leftrightarrow}{\boldsymbol{\varepsilon}} = \overset{\leftrightarrow}{\boldsymbol{\varepsilon}}^\dagger$，$\overset{\leftrightarrow}{\boldsymbol{\mu}} = \overset{\leftrightarrow}{\boldsymbol{\mu}}^\dagger$，$\overset{\leftrightarrow}{\boldsymbol{\kappa}} = \overset{\leftrightarrow}{\boldsymbol{\beta}}^\dagger$。上标 † 代表转置复共轭，此时，$\overset{\leftrightarrow}{\boldsymbol{\varepsilon}}$ 和 $\overset{\leftrightarrow}{\boldsymbol{\mu}}$ 各有 6 个独立参数，对角

项为纯实数。磁电耦合项 $\overleftrightarrow{\kappa}$ 完全取决于 $\overleftrightarrow{\beta}$，可有 9 个独立参数。

若考虑材料的可逆条件，即源 b 在 a 处产生的作用（电压或是电流）等于源 a 在 b 处的作用，运用洛伦兹可逆性定理中相同的程序可以求出：$<a,b>-<b,a>=\iiint_V i\omega$ $(E_b \cdot D_a - E_a \cdot D_b + H_b \cdot B_a - H_a \cdot B_b)dV = 0$。代入本构方程可得到：$\overleftrightarrow{\varepsilon} = \overleftrightarrow{\varepsilon}^T$，$\overleftrightarrow{\mu} = \overleftrightarrow{\mu}^T$，$\overleftrightarrow{\kappa} = -\overleftrightarrow{\beta}^T$，上标 T 代表转置。

这里需要注意可逆性与时间反演对称的区别。比如，$\overleftrightarrow{\varepsilon}$（或者 $\overleftrightarrow{\mu}$）的对角项有虚数，代表该材料有介电损耗或增益，时间反演对称性破缺，但材料是可逆的。另一个典型例子是法拉第材料，$\overleftrightarrow{\varepsilon}$（或者 $\overleftrightarrow{\mu}$）的非对角项为反对称的纯虚数，该类材料是无损不可逆材料，同时破缺了时间反演对称性。

那么，无损且可逆材料的本构方程对称性条件为：

$$\begin{cases} \mathrm{Re}(\overleftrightarrow{\varepsilon}) = \mathrm{Re}(\overleftrightarrow{\varepsilon}^T), \mathrm{Im}(\overleftrightarrow{\varepsilon}) = 0 \\ \mathrm{Re}(\overleftrightarrow{\mu}) = \mathrm{Re}(\overleftrightarrow{\mu}^T), \mathrm{Im}(\overleftrightarrow{\mu}) = 0 \\ \mathrm{Re}(\overleftrightarrow{\kappa}) = \mathrm{Re}(\overleftrightarrow{\beta}^T) = 0, \mathrm{Im}(\overleftrightarrow{\kappa}) = -\mathrm{Im}(\overleftrightarrow{\beta}^T) \end{cases} \tag{7-3}$$

上述式子需同时满足，材料才是无损可逆的。其中，Re 代表实数部分，Im 代表虚数部分。即方程中 $\overleftrightarrow{\varepsilon}$ 和 $\overleftrightarrow{\mu}$ 需均为纯实数的对称矩阵，而电磁耦合项 $\overleftrightarrow{\kappa}$ 和 $\overleftrightarrow{\beta}$ 需均为纯虚数矩阵。

相应地，无损不可逆条件为：

$$\begin{cases} \mathrm{Re}(\overleftrightarrow{\varepsilon}) = \mathrm{Re}(\overleftrightarrow{\varepsilon}^T), \mathrm{Im}(\overleftrightarrow{\varepsilon}) \neq 0 \\ \mathrm{Re}(\overleftrightarrow{\mu}) = \mathrm{Re}(\overleftrightarrow{\mu}^T), \mathrm{Im}(\overleftrightarrow{\mu}) \neq 0 \\ \mathrm{Re}(\overleftrightarrow{\kappa}) = \mathrm{Re}(\overleftrightarrow{\beta}^T) \neq 0, \mathrm{Im}(\overleftrightarrow{\kappa}) = -\mathrm{Im}(\overleftrightarrow{\beta}^T) \end{cases} \tag{7-4}$$

上述式子中 $\overleftrightarrow{\varepsilon}$、$\overleftrightarrow{\mu}$ 包含符号相反的非对角虚数项，或者 $\overleftrightarrow{\kappa}$、$\overleftrightarrow{\beta}$ 的实数部分包含符号相同的对角项或符号相反的非对角项，材料为不可逆。

对于光子晶体能带而言，通常考虑无限周期，计算时均需假设材料是无损耗的，其本构方程常见的形式可表示为（$\overleftrightarrow{\mu}$ 与 $\overleftrightarrow{\varepsilon}$ 形式类似，以下省略）：

$$\overleftrightarrow{\varepsilon} = \begin{bmatrix} \varepsilon_{xx} & i\varepsilon_{xy} & 0 \\ -i\varepsilon_{xy} & \varepsilon_{yy} & 0 \\ 0 & 0 & \varepsilon_{zz} \end{bmatrix}, \overleftrightarrow{\kappa} = \kappa \overleftrightarrow{I}, \overleftrightarrow{\beta} = \kappa^* \overleftrightarrow{I} \tag{7-5}$$

这里：

① 各向同性：$\varepsilon_{xx} = \varepsilon_{yy} = \varepsilon_{zz}$，其余为零；

② 各向异性：$\varepsilon_{xx} = \varepsilon_{yy} \neq \varepsilon_{zz}$（单轴），$\varepsilon_{xx} \neq \varepsilon_{yy} \neq \varepsilon_{zz}$（双轴），其余为零；

③ 磁光或法拉第项（Faraday）：$\varepsilon_{xy} \neq 0$，时间反演破缺；

④ 手性（chiral）项：κ 为纯虚数，时间反演保持；

⑤ 特勒根（Tellegen）项：κ 为实数，时间反演破缺。

其中 $\kappa \neq 0$ 的材料又可被统称为双各向同性（异性）材料。电磁耦合项中也可有不为零的非对角项，只需满足无损条件即可。法拉第材料和手性材料虽均可用于实现旋光效应，但其时间反演对称性不同。法拉第材料的光偏振旋转方向取决于外加磁场方向，是不可逆的，而手性材料中的旋光效应则是可逆的。

为了简单又不失一般性，先将物理量 $\boldsymbol{E}$、$\boldsymbol{H}$、$\boldsymbol{D}$ 和 $\boldsymbol{B}$ 均写成平面波形式，如 $\boldsymbol{E}(\boldsymbol{r},t)=\boldsymbol{E}\mathrm{e}^{\mathrm{i}\boldsymbol{k}\cdot\boldsymbol{r}-\mathrm{i}\omega t}$，代入麦克斯韦方程组，并分成两组 3×3 矩阵：

$$\boldsymbol{k}\times\boldsymbol{H}=\begin{bmatrix} 0 & -k_z & +k_y \\ +k_z & 0 & -k_x \\ -k_y & +k_x & 0 \end{bmatrix}\begin{bmatrix} H_x \\ H_y \\ H_z \end{bmatrix}=-\omega\begin{bmatrix} D_x \\ D_y \\ D_z \end{bmatrix} \tag{7-6a}$$

$$\boldsymbol{k}\times\boldsymbol{E}=\begin{bmatrix} 0 & -k_z & +k_y \\ +k_z & 0 & -k_x \\ -k_y & +k_x & 0 \end{bmatrix}\begin{bmatrix} E_x \\ E_y \\ E_z \end{bmatrix}=+\omega\begin{bmatrix} B_x \\ B_y \\ B_z \end{bmatrix} \tag{7-6b}$$

其中，$\nabla\times\equiv\begin{bmatrix} 0 & -\partial/\partial z & +\partial/\partial y \\ +\partial/\partial z & 0 & -\partial/\partial x \\ -\partial/\partial y & +\partial/\partial x & 0 \end{bmatrix}$。可进一步组合成 6×6 的矩阵形式：

$$\begin{bmatrix} 0 & 0 & 0 & 0 & +k_z & -k_y \\ 0 & 0 & 0 & -k_z & 0 & +k_x \\ 0 & 0 & 0 & +k_y & -k_x & 0 \\ 0 & -k_z & +k_y & 0 & 0 & 0 \\ +k_z & 0 & -k_x & 0 & 0 & 0 \\ -k_y & +k_x & 0 & 0 & 0 & 0 \end{bmatrix}\begin{bmatrix} E_x \\ E_y \\ E_z \\ H_x \\ H_y \\ H_z \end{bmatrix}=\omega\begin{bmatrix} D_x \\ D_y \\ D_z \\ B_x \\ B_y \\ B_z \end{bmatrix}=\omega\begin{bmatrix} \overset{\leftrightarrow}{\boldsymbol{\varepsilon}} & \overset{\leftrightarrow}{\boldsymbol{\kappa}} \\ \overset{\leftrightarrow}{\boldsymbol{\beta}} & \overset{\leftrightarrow}{\boldsymbol{\mu}} \end{bmatrix}\begin{bmatrix} E_x \\ E_y \\ E_z \\ H_x \\ H_y \\ H_z \end{bmatrix} \tag{7-7}$$

可以看出这是一个典型的本征值问题。材料都具有确定的光学参数，比如式（7-5），代入并移项后可得：

$$\begin{bmatrix} -\varepsilon_{xx} & -\mathrm{i}\varepsilon_{xy} & 0 & -\kappa & +k_z/\omega & -k_y/\omega \\ \mathrm{i}\varepsilon_{xy} & -\varepsilon_{yy} & 0 & -k_z/\omega & -\kappa & +k_x/\omega \\ 0 & 0 & -\varepsilon_{zz} & +k_y/\omega & -k_x/\omega & -\kappa \\ -\kappa^* & -k_z/\omega & +k_y/\omega & -\mu_{xx} & -\mathrm{i}\mu_{xy} & 0 \\ +k_z/\omega & -\kappa^* & -k_x/\omega & \mathrm{i}\mu_{xy} & -\mu_{yy} & 0 \\ -k_y/\omega & +k_x/\omega & -\kappa^* & 0 & 0 & -\mu_{zz} \end{bmatrix}\begin{bmatrix} E_x \\ E_y \\ E_z \\ H_x \\ H_y \\ H_z \end{bmatrix}=0 \tag{7-8}$$

可记为 $\overset{\leftrightarrow}{\boldsymbol{A}}_{6\times6}(\boldsymbol{k},\omega)\begin{bmatrix} \boldsymbol{E} \\ \boldsymbol{H} \end{bmatrix}=0$。

该式有非零解的条件是行列式为零，即 $\det\left|\overset{\leftrightarrow}{\boldsymbol{A}}_{6\times6}(\boldsymbol{k},\omega)\right|=0$。求解可得到 ω-$\boldsymbol{k}$ 的关系，即色散关系。对于均一线性介质而言，斜率 $\omega/\boldsymbol{k}$ 为介质中的光速，折射率为 $c\boldsymbol{k}/\omega$，可以为各向异性。

这里举几个典型的例子。

① 双轴材料情况：$\varepsilon_{xx} \neq \varepsilon_{yy} \neq \varepsilon_{zz}$，其余为零；光在 xy 平面内传播，$k_x \neq 0$，$k_y \neq 0$，$k_z = 0$。式（7-8）可写成（交换 E_z 与 H_z 位置）：

$$
\begin{bmatrix}
-\varepsilon_{xx} & 0 & -k_y/\omega & 0 & 0 & 0 \\
0 & -\varepsilon_{yy} & +k_x/\omega & 0 & 0 & 0 \\
-k_y/\omega & +k_x/\omega & -\mu_{zz} & 0 & 0 & 0 \\
0 & 0 & 0 & -\mu_{xx} & 0 & +k_y/\omega \\
0 & 0 & 0 & 0 & -\mu_{yy} & -k_x/\omega \\
0 & 0 & 0 & +k_y/\omega & -k_x/\omega & -\varepsilon_{zz}
\end{bmatrix}
\begin{bmatrix}
E_x \\ E_y \\ H_z \\ H_x \\ H_y \\ E_z
\end{bmatrix} = 0 \qquad (7\text{-}9)
$$

对应的向量分别为 $[E_x, E_y, H_z]^{\mathrm{T}}$ 和 $[H_x, H_y, E_z]^{\mathrm{T}}$，即横磁模式（transverse magnetic，TM）和横电模式（transverse electric，TE）。部分文献的用法可能颠倒，只需注意其垂直于传播面的分量是 H_z 还是 E_z 即可。两个分块对角矩阵可进一步简化为：

$$
\frac{1}{\mu_{zz}}\left(k_x \frac{1}{\varepsilon_{yy}} k_x + k_y \frac{1}{\varepsilon_{xx}} k_y\right) H_z = \frac{\omega^2}{c^2} H_z \qquad (7\text{-}10a)
$$

$$
\frac{1}{\varepsilon_{zz}}\left(k_x \frac{1}{\mu_{yy}} k_x + k_y \frac{1}{\mu_{xx}} k_y\right) E_z = \frac{\omega^2}{c^2} E_z \qquad (7\text{-}10b)
$$

主轴方向的折射率分别为 $\sqrt{\mu_{zz}\varepsilon_{yy}}$，$\sqrt{\varepsilon_{zz}\mu_{yy}}$ 和 $\sqrt{\mu_{zz}\varepsilon_{xx}}$，$\sqrt{\varepsilon_{zz}\mu_{xx}}$。

② 磁光材料情况：$\varepsilon_{xy} \neq 0$，$\varepsilon_{xx} = \varepsilon_{yy} \neq \varepsilon_{zz}$（单轴），其余为零（外加磁场反向时，$\varepsilon_{xy}$ 变号）；光在 xy 平面内传播，$k_x \neq 0$，$k_y \neq 0$，$k_z = 0$。则有：

$$
\begin{bmatrix}
-\varepsilon_{xx} & -\mathrm{i}\varepsilon_{xy} & -k_y/\omega & 0 & 0 & 0 \\
\mathrm{i}\varepsilon_{xy} & -\varepsilon_{xx} & +k_x/\omega & 0 & 0 & 0 \\
-k_y/\omega & +k_x/\omega & -\mu_{zz} & 0 & 0 & 0 \\
0 & 0 & 0 & -\mu_{xx} & -\mathrm{i}\mu_{xy} & +k_y/\omega \\
0 & 0 & 0 & \mathrm{i}\mu_{xy} & -\mu_{xx} & -k_x/\omega \\
0 & 0 & 0 & +k_y/\omega & -k_x/\omega & -\varepsilon_{zz}
\end{bmatrix}
\begin{bmatrix}
E_x \\ E_y \\ H_z \\ H_x \\ H_y \\ E_z
\end{bmatrix} = 0 \qquad (7\text{-}11)
$$

整理并简化可得：

$$
\frac{1}{\mu_{zz}}\left[\left(k_x \frac{1}{\varepsilon_\parallel} k_x + k_y \frac{1}{\varepsilon_\parallel} k_y\right) + \mathrm{i}\left(k_y \frac{1}{\varepsilon_\perp} k_x - k_x \frac{1}{\varepsilon_\perp} k_y\right)\right] H_z = \frac{\omega^2}{c^2} H_z \qquad (7\text{-}12a)
$$

$$
\frac{1}{\varepsilon_{zz}}\left[\left(k_x \frac{1}{\mu_\parallel} k_x + k_y \frac{1}{\mu_\parallel} k_y\right) + \mathrm{i}\left(k_y \frac{1}{\mu_\perp} k_x - k_x \frac{1}{\mu_\perp} k_y\right)\right] E_z = \frac{\omega^2}{c^2} E_z \qquad (7\text{-}12b)
$$

其中，$\varepsilon_\parallel = \dfrac{(\varepsilon_{xx}^2 - \varepsilon_{xy}^2)}{\varepsilon_{xx}}$，$\varepsilon_\perp = \dfrac{(\varepsilon_{xx}^2 - \varepsilon_{xy}^2)}{\varepsilon_{xy}}$；$\mu_\parallel = \dfrac{(\mu_{xx}^2 - \mu_{xy}^2)}{\mu_{xx}}$，$\mu_\perp = \dfrac{(\mu_{xx}^2 - \mu_{xy}^2)}{\mu_{xy}}$。因 xy 面内传播方向垂直于 z 向外加磁场，该情况下仍然可被分解为 TM 和 TE 模式分别求解。

若沿 z 向传播方向，有 $k_x = k_y = 0$、$k_z \neq 0$、$H_z = E_z = 0$，则：

$$
\begin{bmatrix}
-\varepsilon_{xx} & -\mathrm{i}\varepsilon_{xy} & 0 & +k_z/\omega \\
\mathrm{i}\varepsilon_{xy} & -\varepsilon_{xx} & -k_z/\omega & 0 \\
0 & -k_z/\omega & -\mu_{xx} & -\mathrm{i}\mu_{xy} \\
+k_z/\omega & 0 & \mathrm{i}\mu_{xy} & -\mu_{xx}
\end{bmatrix}
\begin{bmatrix}
E_x \\ E_y \\ H_x \\ H_y
\end{bmatrix} = 0 \qquad (7\text{-}13)
$$

整理并简化可得：

$$k_z \frac{1}{\mu_{\parallel}} k_z E_x - \mathrm{i} k_z \frac{1}{\mu_{\perp}} k_z E_y = \frac{\omega^2}{c^2} (\varepsilon_{xx} E_x + \mathrm{i}\varepsilon_{xy} E_y) \tag{7-14a}$$

$$\mathrm{i} k_z \frac{1}{\mu_{\perp}} k_z E_x + k_z \frac{1}{\mu_{\parallel}} k_z E_y = \frac{\omega^2}{c^2} (-\mathrm{i}\varepsilon_{xy} E_x + \varepsilon_{xx} E_y) \tag{7-14b}$$

进一步对角化得到：

$$\frac{1}{(\varepsilon_{xx} - \varepsilon_{xy})} k_z \frac{1}{(\mu_{xx} - \mu_{xy})} k_z (E_x - \mathrm{i}E_y) = \frac{\omega^2}{c^2} (E_x - \mathrm{i}E_y) \tag{7-15a}$$

$$\frac{1}{(\varepsilon_{xx} + \varepsilon_{xy})} k_z \frac{1}{(\mu_{xx} + \mu_{xy})} k_z (E_x + \mathrm{i}E_y) = \frac{\omega^2}{c^2} (E_x + \mathrm{i}E_y) \tag{7-15b}$$

此时，本征向量为 $E_x + \mathrm{i}E_y$ 和 $E_x - \mathrm{i}E_y$，E_x 与 E_y 之间相差 $\pm\pi/2$ 的相位，对应左旋光（left-circular-polarized，LCP）和右旋光（right-circular-polarized，RCP）模式，折射率：$n_L = \sqrt{(\varepsilon_{xx} - \varepsilon_{xy})(\mu_{xx} - \mu_{xy})}$，$n_R = \sqrt{(\varepsilon_{xx} + \varepsilon_{xy})(\mu_{xx} + \mu_{xy})}$。

③ 手性材料情况：$\kappa = \mathrm{i}\chi$（χ 为实数，代表手性），$\varepsilon_{xx} = \varepsilon_{yy} = \varepsilon_{zz}$（各向同性），其余为零；光在 xy 平面内传播，$k_x \neq 0$，$k_y \neq 0$，$k_z = 0$。有：

$$\begin{bmatrix} -\varepsilon_{xx} & 0 & -k_y/\omega & -\mathrm{i}\chi & 0 & 0 \\ 0 & -\varepsilon_{xx} & +k_x/\omega & 0 & -\mathrm{i}\chi & 0 \\ -k_y/\omega & +k_x/\omega & -\mu_{xx} & 0 & 0 & \mathrm{i}\chi \\ \mathrm{i}\chi & 0 & 0 & -\mu_{xx} & 0 & +k_y/\omega \\ 0 & \mathrm{i}\chi & 0 & 0 & -\mu_{xx} & -k_x/\omega \\ 0 & 0 & -\mathrm{i}\chi & +k_y/\omega & -k_x/\omega & -\varepsilon_{xx} \end{bmatrix} \begin{bmatrix} E_x \\ E_y \\ H_z \\ H_x \\ H_y \\ E_z \end{bmatrix} = 0 \tag{7-16}$$

整理并简化可得：

$$\left[k_x \left(\frac{1}{n_L} + \frac{1}{n_R} \right) k_x + k_y \left(\frac{1}{n_L} + \frac{1}{n_R} \right) k_y \right] \frac{\eta}{2} H_z -$$

$$\mathrm{i}\left[k_x \left(\frac{1}{n_L} - \frac{1}{n_R} \right) k_x + k_y \left(\frac{1}{n_L} - \frac{1}{n_R} \right) k_y \right] \frac{1}{2} E_z = \frac{\omega^2}{c^2} (\sqrt{\varepsilon_{xx}\mu_{xx}}\, \eta H_z - \mathrm{i}\chi E_z) \tag{7-17a}$$

$$\mathrm{i}\left[k_x \left(\frac{1}{n_L} - \frac{1}{n_R} \right) k_x + k_y \left(\frac{1}{n_L} - \frac{1}{n_R} \right) k_y \right] \frac{1}{2} H_z +$$

$$\left[k_x \left(\frac{1}{n_L} + \frac{1}{n_R} \right) k_x + k_y \left(\frac{1}{n_L} + \frac{1}{n_R} \right) k_y \right] \frac{1}{2\eta} E_z = \frac{\omega^2}{c^2} (\mathrm{i}\chi H_z + \sqrt{\varepsilon_{xx}\mu_{xx}}/\eta E_z) \tag{7-17b}$$

其中，$\eta = \sqrt{\mu_{xx}/\varepsilon_{xx}}$；$n_L = \sqrt{\varepsilon_{xx}\mu_{xx}} + \chi$，$n_R = \sqrt{\varepsilon_{xx}\mu_{xx}} - \chi$。可以看出，TM 和 TE 不再是这类材料的本征模式，可进一步对角化得到：

$$\frac{1}{n_L} \left(k_x \frac{1}{n_L} k_x + k_y \frac{1}{n_L} k_y \right) (E_z + \mathrm{i}\eta H_z) = \frac{\omega^2}{c^2} (E_z + \mathrm{i}\eta H_z) \tag{7-18a}$$

$$\frac{1}{n_R} \left(k_x \frac{1}{n_R} k_x + k_y \frac{1}{n_R} k_y \right) (E_z - \mathrm{i}\eta H_z) = \frac{\omega^2}{c^2} (E_z - \mathrm{i}\eta H_z) \tag{7-18b}$$

此时，变成以 $E_z + i\eta H_z$ 和 $E_z - i\eta H_z$ 为本征模式的两个独立方程。E_z 与 H_z 之间相差 $\pm\pi/2$ 的相位，为 LCP 和 RCP 模式（也可写为 $E_x + iE_y$ 和 $E_x - iE_y$ 的形式）。而 n_L 和 n_R 为 LCP 和 RCP 的折射率，η 为阻抗。

在二维传播情况下，TE、TM、LCP、RCP 光学模式如图 7-4 所示。由于光的电磁二象性，自旋为 ±1，存在两支独立模式（或者说偏振），可以是 TE 和 TM，也可以是 LCP 和 RCP 或者左、右旋椭圆偏振，在特殊情况下还可以是它们的线性叠加。

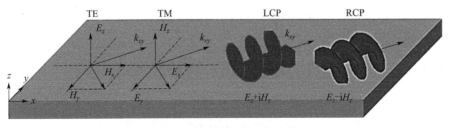

图 7-4　TE、TM、LCP 和 RCP 模式

需要注意的是，电磁波的波矢 $\boldsymbol{k}$、电场 $\boldsymbol{E}$、磁场 $\boldsymbol{H}$ 并不始终相互垂直。从麦克斯韦方程［式（7-1）］的后两式可知，$\boldsymbol{k}\cdot\boldsymbol{D}=0$ 且 $\boldsymbol{k}\cdot\boldsymbol{B}=0$，表明 $\boldsymbol{k}$ 垂直于 $\boldsymbol{BD}$ 平面。若材料是磁各向同性的，$\boldsymbol{B}=\mu\boldsymbol{H}$，则 $\boldsymbol{H}$ 与 $\boldsymbol{B}$ 同向，也在 $\boldsymbol{BD}$ 平面上。此时，如果介电性质是各向异性的 $\boldsymbol{D}=\overleftrightarrow{\boldsymbol{\varepsilon}}\boldsymbol{E}$，$\boldsymbol{E}$ 将不在 $\boldsymbol{BD}$ 平面上。$\boldsymbol{k}$ 并不一定始终垂直于 $\boldsymbol{EH}$ 平面。在处理复杂情况时，可考虑投影到 $\boldsymbol{kBD}$ 坐标系求解。此外，坡印亭矢量的方向为 $\boldsymbol{E}\times\boldsymbol{H}$，这说明能流的方向也不一定和 $\boldsymbol{k}$ 同向。这种情况在光/声子晶体中是常见的，即相速度与群速度方向不一致，在特殊情况下，甚至可能反号，出现负折射情况，这在本章的后续内容中将有所涉及。

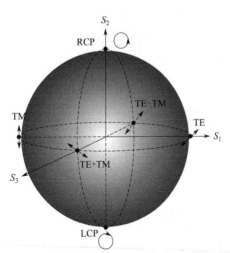

图 7-5　光偏振的庞加莱球面

这里，光偏振可以用庞加莱（Poincaré）球面来表示，三个主轴可表示为 $S_1 = |E_y|^2 - |E_x|^2$，$S_2 = 2|E_x||E_y|\sin\delta$，$S_3 = 2|E_x||E_y|\cos\delta$，$\delta$ 表示 x 与 y 方向电场分量的相位差。如图 7-5 所示，该球面上的每个点代表不同的偏振方向。

本章中公式的推导多采用矩阵表示。一方面矩阵形式直观，有利于理解不同分量的相互作用关系；另一方面也便于利用一些商业软件，如 Mathematics 或 MATLAB，进行求解与数值计算。

7.1.2　光子晶体中的布洛赫定理

上面介绍了光在介质中传播可视作本征值问题，而对于光子晶体，无非是在此基础上考虑材料光学参数 $\overleftrightarrow{\boldsymbol{\varepsilon}}(\boldsymbol{r})$、$\overleftrightarrow{\boldsymbol{\mu}}(\boldsymbol{r})$ 或 $\overleftrightarrow{\boldsymbol{\kappa}}(\boldsymbol{r})$ 的周期特性。同时运用布洛赫（Bloch）定理，就可以得到相应的能带结构（在数学上，也可称为 Floquet 定理）。

在光子晶体中，光学参数具有周期性，如：

$$\overset{\leftrightarrow}{\boldsymbol{\varepsilon}}(\boldsymbol{r}) = \overset{\leftrightarrow}{\boldsymbol{\varepsilon}}(\boldsymbol{r}+\boldsymbol{a}_i), \overset{\leftrightarrow}{\boldsymbol{\mu}}(\boldsymbol{r}) = \overset{\leftrightarrow}{\boldsymbol{\mu}}(\boldsymbol{r}+\boldsymbol{a}_i) \quad (i=1,2,3) \tag{7-19}$$

式中，$\boldsymbol{a}_i$ 代表元胞基矢。相应的倒格矢 $\boldsymbol{G}$ 可表示为：

$$\begin{cases} \boldsymbol{a}_i \cdot \boldsymbol{b}_j = 2\pi\delta_{ij} \\ \boldsymbol{G} = l_1\boldsymbol{b}_1 + l_2\boldsymbol{b}_2 + l_3\boldsymbol{b}_3 \end{cases} \tag{7-20}$$

当 $i=j$ 时，德尔塔函数 $\delta_{ij}=1$；$i\neq j$ 时，$\delta_{ij}=0$。l_i 为整数。那么，$\overset{\leftrightarrow}{\boldsymbol{\varepsilon}}(\boldsymbol{r})$ 和 $\overset{\leftrightarrow}{\boldsymbol{\mu}}(\boldsymbol{r})$ 均可傅里叶（Fourier）展开，其本身和倒数形式有：

$$\overset{\leftrightarrow}{\boldsymbol{\varepsilon}}(\boldsymbol{r}) = \sum_G \varepsilon(\boldsymbol{G})\mathrm{e}^{\mathrm{i}\boldsymbol{G}\cdot\boldsymbol{r}}, \overset{\leftrightarrow}{\boldsymbol{\mu}}(\boldsymbol{r}) = \sum_G \mu(\boldsymbol{G})\mathrm{e}^{\mathrm{i}\boldsymbol{G}\cdot\boldsymbol{r}} \tag{7-21a}$$

$$\overset{\leftrightarrow}{\boldsymbol{\varepsilon}}(\boldsymbol{r})^{-1} = \sum_G \varepsilon^-(\boldsymbol{G})\mathrm{e}^{\mathrm{i}\boldsymbol{G}\cdot\boldsymbol{r}}, \overset{\leftrightarrow}{\boldsymbol{\mu}}(\boldsymbol{r})^{-1} = \sum_G \mu^-(\boldsymbol{G})\mathrm{e}^{\mathrm{i}\boldsymbol{G}\cdot\boldsymbol{r}} \tag{7-21b}$$

根据布洛赫定理有：

$$\boldsymbol{E}(\boldsymbol{r}) = \boldsymbol{E}_{kn}(\boldsymbol{r}) = \boldsymbol{w}_{kn}(\boldsymbol{r})\mathrm{e}^{\mathrm{i}\boldsymbol{k}\cdot\boldsymbol{r}}, \boldsymbol{H}(\boldsymbol{r}) = \boldsymbol{H}_{kn}(\boldsymbol{r}) = \boldsymbol{v}_{kn}(\boldsymbol{r})\mathrm{e}^{\mathrm{i}\boldsymbol{k}\cdot\boldsymbol{r}} \tag{7-22a}$$

$$\boldsymbol{w}_{kn}(\boldsymbol{r}+\boldsymbol{a}_i) = \boldsymbol{w}_{kn}(\boldsymbol{r}), \boldsymbol{v}_{kn}(\boldsymbol{r}+\boldsymbol{a}_i) = \boldsymbol{v}_{kn}(\boldsymbol{r}) \tag{7-22b}$$

式中，n 代表能带指标。因其周期性，同样可进行傅里叶展开 $\boldsymbol{E}_{kn}(\boldsymbol{r},t) = \sum_G \boldsymbol{E}_{kn}(\boldsymbol{G})$ $\mathrm{e}^{\mathrm{i}(\boldsymbol{k}+\boldsymbol{G})\cdot\boldsymbol{r}-\mathrm{i}\omega t}$, $\boldsymbol{H}_{kn}(\boldsymbol{r},t) = \sum_G \boldsymbol{H}_{kn}(\boldsymbol{G})\mathrm{e}^{\mathrm{i}(\boldsymbol{k}+\boldsymbol{G})\cdot\boldsymbol{r}-\mathrm{i}\omega t}$。

同时，$\boldsymbol{E}_{kn}(\boldsymbol{r})$ 和 $\boldsymbol{H}_{kn}(\boldsymbol{r})$ 满足正交归一性：$\dfrac{1}{V}\displaystyle\int_V \boldsymbol{E}_{kn}(\boldsymbol{r})^* \cdot \boldsymbol{E}_{k'n'}(\boldsymbol{r})\mathrm{d}\boldsymbol{r} = \delta_{kk'}\delta_{nn'}$。代入麦克斯韦方程组求解得到能带关系，相当于利用 $\boldsymbol{k}+\boldsymbol{G}$ 替代前小一节中的 $\boldsymbol{k}$。

这里假设二维光子晶体 xy 平面具有周期结构，光在 xy 平面内传播，材料为单轴介质情况，可以得到：

$$\sum_{G'}(\boldsymbol{k}_\parallel+\boldsymbol{G})\varepsilon^-(\boldsymbol{G}-\boldsymbol{G}')\cdot(\boldsymbol{k}_\parallel+\boldsymbol{G}')H_{z,kn}(\boldsymbol{G}') = \frac{\omega^2}{c^2}\sum_{G'}\mu(\boldsymbol{G}-\boldsymbol{G}')H_{z,kn}(\boldsymbol{G}') \tag{7-23a}$$

$$\sum_{G'}(\boldsymbol{k}_\parallel+\boldsymbol{G})\mu^-(\boldsymbol{G}-\boldsymbol{G}')\cdot(\boldsymbol{k}_\parallel+\boldsymbol{G}')E_{z,kn}(\boldsymbol{G}') = \frac{\omega^2}{c^2}\sum_{G'}\varepsilon(\boldsymbol{G}-\boldsymbol{G}')E_{z,kn}(\boldsymbol{G}') \tag{7-23b}$$

该平面波展开形式的本征值问题可通过数值进行求解，具体步骤见本章后续相关内容。从上面两个式子可以看出，TE 和 TM 两种模式存在轮换特性，比如数值上将 $\overset{\leftrightarrow}{\boldsymbol{\varepsilon}}(\boldsymbol{r})$ 与 $\overset{\leftrightarrow}{\boldsymbol{\mu}}(\boldsymbol{r})$ 互换，相当于 TE 和 TM 互换保持本征方程不变，这也是电磁二象性的一种体现。

7.1.3 声波波动方程与声子晶体

声子晶体的本征方程可类似给出[8]。在不考虑外力激励的情况下，弹性声波主要的三个方程有：

$$\begin{cases} T_I = C_{IJ}S_J \\ \nabla_{Ji}u_i = S_J \quad (i,j=1,2,3;I,J=1,2,\cdots,6) \\ \nabla_{iJ}T_J = \rho\partial^2 u_i/\partial t^2 \end{cases} \tag{7-24}$$

这里使用了爱因斯坦求和规则：相邻的下标相同即需要求和。其中，第一个式子描述应力 T_I 与应变 S_J 的关系，两者均为二阶张量，用大写的缩略下标 1～6 表示，可看成 6×1 的列向量。联系两个二阶张量的弹性常数 C_{IJ} 为四阶张量，亦可用缩略下标 IJ 表示，可视为 6×6 矩阵。第二个式子描述振动位移 u_i 与应变 S_J 的关系，u_i 有三个分量，分别对应 x，y 和 z 方向位移。第三个式子描述的是在应力 T_I 作用下声波的传输情况，ρ 为密度。算符 ∇_{Ji} 具有 6×3 的矩阵形式，而算符 ∇_{iJ} 具有 3×6 的矩阵形式。

$$
\nabla_{iJ} \equiv \begin{bmatrix} \partial/\partial x & 0 & 0 & 0 & \partial/\partial z & \partial/\partial y \\ 0 & \partial/\partial y & 0 & \partial/\partial z & 0 & \partial/\partial x \\ 0 & 0 & \partial/\partial z & \partial/\partial y & \partial/\partial x & 0 \end{bmatrix} = \nabla_{Ji}^{\mathrm{T}} \tag{7-25}
$$

于是，弹性声波波动方程写为：

$$
\nabla_{iJ} C_{JI} \nabla_{Ij} u_j = \rho \frac{\partial^2}{\partial t^2} u_i \tag{7-26}
$$

与电磁波类似，该方程即可化作一个本征值问题。同样，可将声波写成平面波形式 $\boldsymbol{u}(\boldsymbol{r}, t) = \boldsymbol{u} \mathrm{e}^{\mathrm{i}\boldsymbol{k} \cdot \boldsymbol{r} - \mathrm{i}\omega t}$，最终可得到一个 3×3 的矩阵：

$$
\begin{bmatrix} k_x & 0 & 0 & 0 & k_z & k_y \\ 0 & k_y & 0 & k_z & 0 & k_x \\ 0 & 0 & k_z & k_y & k_x & 0 \end{bmatrix} \begin{bmatrix} C_{11} & C_{12} & C_{13} & 0 & 0 & 0 \\ C_{12} & C_{11} & C_{13} & 0 & 0 & 0 \\ C_{13} & C_{13} & C_{33} & 0 & 0 & 0 \\ 0 & 0 & 0 & C_{44} & 0 & 0 \\ 0 & 0 & 0 & 0 & C_{44} & 0 \\ 0 & 0 & 0 & 0 & 0 & \dfrac{C_{11} - C_{12}}{2} \end{bmatrix} \begin{bmatrix} k_x & 0 & 0 \\ 0 & k_y & 0 \\ 0 & 0 & k_z \\ 0 & k_z & k_y \\ k_z & 0 & k_x \\ k_y & k_x & 0 \end{bmatrix} \begin{bmatrix} u_x \\ u_y \\ u_z \end{bmatrix} = \rho \omega^2 \begin{bmatrix} u_x \\ u_y \\ u_z \end{bmatrix}
$$

$$
\tag{7-27}
$$

这里弹性常数 C_{IJ} 取为六角晶系情况，不同晶系取不同参数和形式。上式通过移项可记为 $\overleftrightarrow{\boldsymbol{B}}_{3 \times 3}(\boldsymbol{k}, \omega) \begin{bmatrix} u_x \\ u_y \\ u_z \end{bmatrix} = 0$。该式有非零解的条件为：$\det \left| \overleftrightarrow{\boldsymbol{B}}_{3 \times 3}(\boldsymbol{k}, \omega) \right| = 0$，即可得到弹性声波的 $\omega\text{-}\boldsymbol{k}$ 关系。

经典固体中的声波常用慢度曲线表示，即声速的倒数 $\boldsymbol{k}/\omega$ 描述，如图 7-6 所示。3×3 的矩阵可得到 3 个本征值，对应两个横波模式和一个纵波模式，偏离主轴的情况下为准横、准纵模式，准纵声波声速最快。相比于电磁波可有两个相互独立横波模式，弹性声波情况较为复杂，多数情况下不同模式之间会有耦合。

除固体中的弹性声波外，流体声波，如空气声和水声，也是生活中不可或缺的元素。这里引入声压 $p \propto -\nabla \boldsymbol{u}$，流体声波波动方程则可写为：

$$
\nabla \cdot \left(\frac{1}{\rho} \nabla p \right) = \frac{1}{\rho c^2} \times \frac{\partial^2}{\partial t^2} p \tag{7-28}
$$

式中，c 代表声速。这一方程实际上也可看作弹性声波方程中的特例：只有纵波模式，

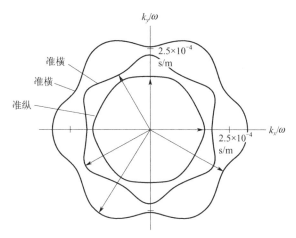

图 7-6　xy 平面弹性声波慢度曲线

其余为零，比如有效声速正比于 $\sqrt{C_{11}/\rho}$。代入平面波形式 $p(\boldsymbol{r},t)=p\,\mathrm{e}^{i\boldsymbol{k}\cdot\boldsymbol{r}-i\omega t}$，可以得到：

$$\rho\left(k_x\,\frac{1}{\rho}k_x+k_y\,\frac{1}{\rho}k_y+k_z\,\frac{1}{\rho}k_z\right)p=\frac{\omega^2}{c^2}p \tag{7-29}$$

这与电磁波情况的本征方程类似。同样利用布洛赫定理可求得声子晶体能带关系。这里举一个二维弹性声声子晶体的例子，假设声在 xy 平面内传播，$k_x\neq0$，$k_y\neq0$，$k_z=0$，代入整理可得两组相互独立的方程：

$$\frac{1}{\rho}\begin{bmatrix}k_xC_{11}k_x+k_yC_{44}k_y & k_xC_{12}k_y+k_yC_{44}k_x \\ k_yC_{12}k_x+k_xC_{44}k_y & k_yC_{11}k_y+k_xC_{44}k_x\end{bmatrix}\begin{bmatrix}u_x \\ u_y\end{bmatrix}=\omega^2\begin{bmatrix}u_x \\ u_y\end{bmatrix} \tag{7-30a}$$

$$\frac{1}{\rho}\left[k_yC_{44}k_y+k_xC_{44}k_x\right]\left[u_z\right]=\omega^2\left[u_z\right] \tag{7-30b}$$

其中，第一个式子 $[u_x,u_y]^{\mathrm{T}}$ 代表耦合的两支准横、准纵模式；第二个式子 $[u_z]$ 代表纯横波模式。因周期调制，可将密度和弹性常数写成傅里叶展开形式（C_{44} 用 C 表示）$\rho(\boldsymbol{r})=\sum_{\boldsymbol{G}}\rho(\boldsymbol{G})\mathrm{e}^{i\boldsymbol{G}\cdot\boldsymbol{r}}$，$C(\boldsymbol{r})=\sum_{\boldsymbol{G}}C(\boldsymbol{G})\mathrm{e}^{i\boldsymbol{G}\cdot\boldsymbol{r}}$。根据布洛赫定理，位移同样可用傅里叶展开 $u_{z,kn}(\boldsymbol{r})=\sum_{\boldsymbol{G}}u_{z,kn}(\boldsymbol{G})\mathrm{e}^{i(\boldsymbol{k}+\boldsymbol{G})\cdot\boldsymbol{r}}$，可得：

$$\sum_{\boldsymbol{G}'}(\boldsymbol{k}_{\parallel}+\boldsymbol{G})C(\boldsymbol{G}-\boldsymbol{G}')\cdot(\boldsymbol{k}_{\parallel}+\boldsymbol{G}')u_{z,kn}(\boldsymbol{G}')=\omega^2\sum_{\boldsymbol{G}'}\rho(\boldsymbol{G}-\boldsymbol{G}')u_{z,kn}(\boldsymbol{G}') \tag{7-31}$$

这与光子晶体中的 TE 或 TM 横波模式类似。准横与准纵耦合情况也可同样步骤操作，只是多了部分非对角项。

7.1.4　缩放定则与对称性

光/声子晶体这类周期性排布的人工晶体，周期的大小可以按需设计制备，没有基本单位限制。而在原子物理中，势函数的空间尺度基本上以玻尔半径为单位。很自然地会提出一个问题，周期的尺度对其光/声子晶体特性的影响如何？宏观尺寸与微观尺寸周期是否有本质差异？事实上，正是人工周期的引入，使得光/声子晶体在空间维度上没有一个基本长度，可任意缩放。

这里以一维 y 向传播 TM 电磁波为例，其本征方程为：$1/\mu_{zz}\left(k_y\dfrac{1}{\varepsilon_{xx}}k_y\right)H_z = \omega^2/c^2 H_z$。

假设晶格常数为 a，其布洛赫波矢 k_y 位于第一布里渊区内 $[-\pi/a, \pi/a]$，可以写作 $k_y = k_y' \times 2\pi/a$，$k_y' \in [-0.5, +0.5]$，代入上式可得：

$$\frac{1}{\mu_{zz}}\left(k_y'\frac{1}{\varepsilon_{xx}}k_y'\right)H_z = \frac{(\omega/2\pi)^2}{(c/a)^2}H_z = \frac{f^2}{(c/a)^2}H_z \tag{7-32}$$

其中，频率 $f = \omega/2\pi$；c 为真空光速。容易看出，缩放 s 倍的效果无非是频率变成原来的 $1/s$，其余均无变化。而介电常数和磁导率的周期分布只与相对比值相关，如占空比（不同材料空间尺度的比值），与晶格常数的绝对大小无关。为了方便起见，在计算和作图中，通常采用无量纲的归一化频率，f（单位为 c/a）或者 ω（单位为 $2\pi c/a$）。缩放定则具有重要的意义，使得在实验上利用宏观尺寸光/声子晶体研究微观光/声特性变得简单了许多。在计算上，可把晶格常数取为单位长度。需要注意的是，这里讨论的是非色散材料的情况，而如果材料参数随频率是变化的，如 $\varepsilon(\omega)$，此时缩放定则失效。

在光/声子晶体中，不仅在空间维度上满足缩放定则，其相关材料参数也是可以缩放的。比如一个材料的介电常数和磁导率都整体变为原来的 $1/s$：$\varepsilon' = s\varepsilon$，$\mu' = s\mu$。代入可得：

$$\frac{1}{\mu_{zz}'}\left(k_y\frac{1}{\varepsilon_{xx}'}k_y\right)H_z = \frac{(s\omega)^2}{c^2}H_z \tag{7-33}$$

该新方程没有太大的变化，只是本征频率变成了原来的 s 倍。换言之，在光/声子晶体中，不同材料之间的参数比值将占主要地位。一般而言，对比越大越容易打开带隙。

基于上面所述真实空间和参数空间的两种缩放定则，如果将参数空间变为原来 $1/s$，同时将真实空间放大 s 倍，频率将保持不变。这表明对于确定频率的光或声，可以通过无穷多种材料的参数变化和空间变化加以控制（不一定是周期结构），可按需设计传播。基于该思想，可以把对光或声的操控变换为对材料的调制，实现弯曲、聚焦甚至是隐身的效果。

表 7-1　对称性与守恒律

对称变换	守恒量	强作用	电磁作用	弱作用
空间平移	动量 p	是	是	是
时间平移	能量 E	是	是	是
空间转动	角动量 M	是	是	是
空间反演	宇称 P	是	是	破缺
时间反演	T	是	是	破缺
正反粒子变换	C	是	是	破缺
CPT 变换	CPT	是	是	是

另一方面，对称性是现代物理学中的一个核心概念，它指运动方程在某些变量的变化下的不变性。物理学中最简单的对称性例子是牛顿运动方程的伽利略变换不变性和麦克斯韦方程的洛伦兹变换不变性。还有常见的如包括镜面、转动、平移、宇称（P）等的空间对称性，时间反演（T）对称性、正反粒子变换（C）、CPT 不变等。而对称性与守恒律密切相关，

1916 年诺特提出：作用量的每一种对称性都对应一个守恒定律，反之亦然。对称性和守恒定律取决于相互作用的性质，相互作用类型不同有不同的结果，如表 7-1。例如强相互作用和电磁相互作用下，粒子的运动具有空间反演对称性，或者说宇称（P）守恒。然而在弱相互作用下，物理学家们曾经确信无疑的宇称守恒经李政道和杨振宁研究发现不守恒，并被吴健雄等人实验证实。

对于本章中的对称性问题，无论自然晶体还是人工晶体，必然有平移对称性，固体物理中的相关概念在这里也是成立的，如 7 大晶系、14 类布拉伐格子和 230 种空间群。晶格空间的对称性在光/声子晶体的能带空间中同样存在，这里只简单介绍，想要深入了解的读者可参考相关部分内容[9]。

这里以二维正方晶格光子晶体的 TE 模式为例，晶格常数为 a，介质柱的半径为 $r = 0.11a$，$\varepsilon = 11$，$\mu = 1$。那么其本征方程可简化为 $1/\varepsilon(r)\nabla^2 E_z = \omega^2/c^2 E_z$。该二维正方晶格光子晶体属于 C_{4v} 点群，具有一个不变操作 E，2 个 C_4 旋转操作（四重旋转轴），1 个 C_2 旋转操作（二重旋转轴），以及 2 个 σ_v 镜面操作（x 变 $-x$ 或 y 变 $-y$），和 2 个 σ_d 镜面操作（x，y 变 y，x 或 $-y$，$-x$），如图 7-7 所示。

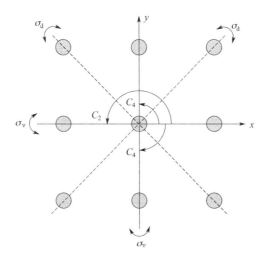

图 7-7　二维正方晶格的对称性操作

晶格的对称性也将在倒空间（或者说波矢空间）中体现，其能带将拥有该点群的全部对称性。所以在计算能带时，无须考虑布里渊区的所有 k 点。如图 7-8 所示，只需计算 ΓMX 所围成的三角形区域即可，其余部分可通过对称操作得到，该最小的区域也被叫作不可约布里渊区。在四方晶格中，不可约布里渊区的面积为整个布里渊区面积的 1/8。其中，ΓM、MX、ΓX 为三个高对称方向，包含了能带的绝大部分信息，所以一般只给出这三个方向的能带。

从能带图中还可以发现，有些线是非简并的，而有的是二重简并的，但大多出现在高对称点 Γ 或 M 点上。此外如果观察这些点电场 E_z 分量的布洛赫场分布（或者说本征模式），会出现一系列含对称信息的正负电场分布，类似于量子力学中电子云的 s 态，p_x（yz 面反对称，xz 面对称）、p_y 态（xz 面反对称，yz 面对称），以及 $d_{x^2-y^2}$（xz 和 yz 面均对称）、d_{xy} 态（xz 和 yz 面均反对称）。能带简并与否及场分布的形貌均和晶格的对称性密切相关。

这里简单介绍一些群论的相关知识，在二维正方晶格中，布里渊区中心 Γ 点具有最高的

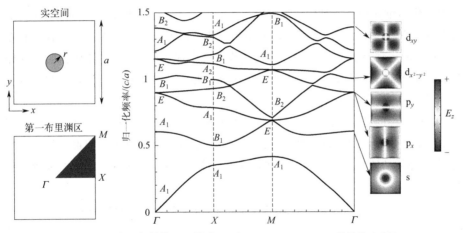

图 7-8 二维正方晶格 TE 模式（$r/a=0.11$，$\varepsilon=11$，背景为空气）

对称性，具有 C_{4v} 点群中的所有对称操作。如表 7-2 所示，C_{4v} 包含 5 个不可约表示，记为 A_1、A_2、B_1、B_2 和 E，代表具有不同对称性的本征模式。不同对称操作作用到不可约表示上会出现不同的结果，或不变或取反。如 s 态，不可约 A_1 表示在所有对称操作下均不变，特征标为 +1；而 $d_{x^2-y^2}$ 态，不可约表示 B_1 在 C_4（±90°旋转）或 σ_d（±45°镜面）操作下变号，特征标为 −1。其中 A_1、A_2，B_1 和 B_2 均为一维不可约表示，表明其本征模式是非简并的；而 E 是二维不可约表示，说明其本征模式是二重简并的，如 p_x 和 p_y 态，或是两者的线性叠加。此时特征标为对应操作矩阵的迹（对角项之和），为 0 或 ±2。

表 7-2　点群 C_{4v} 的特征标表

C_{4v}	E	$2C_4$	C_2	$2\sigma_v$	$2\sigma_d$	线性，旋转	二次
A_1	1	1	1	1	1	z	x^2+y^2, z^2
A_2	1	1	1	−1	−1	R_z	
B_1	1	−1	1	1	−1		x^2-y^2
B_2	1	−1	1	−1	1		xy
E	2	0	−2	0	0	$(x, y)\,(R_x, R_y)$	(xz, yz)

表 7-3　点群 C_{2v} 的特征标表

C_{2v}	E	C_2	σ_x	σ_y	线性，旋转	二次
A_1	1	1	1	1	z	x^2+y^2, z^2
A_2	1	1	−1	−1	R_z	xy
B_1	1	1	1	−1	x, R_z	xz
B_2	1	1	−1	1	y, R_z	yz

　　同理，M 点也具有 C_{4v} 对称性，所以也有二维不可约表示 E，对应会出现二重简并点。而 X 点的对称性较低，属于 C_{2v}，其特征标表见表 7-3，它只有 4 个一维不可约表示，所以在 X 点处一般不会出现二重简并。

　　对于二维六方晶格情况，同样取 $r=0.11a$，$\varepsilon=11$，$\mu=1$，TE 模式，其属于 C_{6v} 点群，

具有一个不变操作 E，2 个 C_6 旋转操作（六重旋转轴），2 个 C_3 旋转操作（三重旋转轴），1 个 C_2 旋转操作，以及 3 个 σ_v 镜面操作和 3 个 σ_d 镜面操作，如图 7-9 所示。

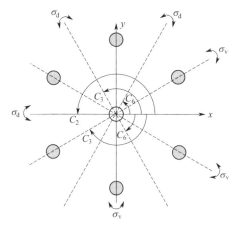

图 7-9　二维六方晶格的对称性操作

此时其不可约布里渊区为 ΓMK 所围成的三角形区域，面积为整个布里渊区的 $1/12$，小于正方情况的 $1/8$，这源于 C_{6v} 较高的对称性，TE 模式的能带结构如图 7-10 所示。

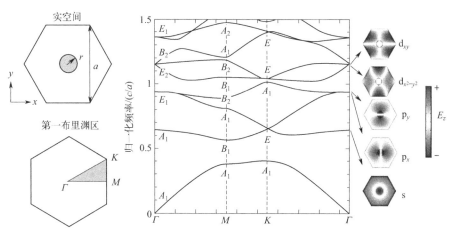

图 7-10　二维六方晶格 TE 模式能带及其布洛赫场（$r/a = 0.11$，$\varepsilon = 11$，背景为空气）

其中 Γ 点属于 C_{6v} 群，与 C_{4v} 相比，具有 2 个二维不可约表示：E_1 和 E_2，分别对应着两对简并态 p_x、p_y 态和 $d_{x^2-y^2}$、d_{xy} 态。K 点属于 C_{3v} 群，具有一个二维不可约表示 E，同样可以有二重简并。K 点的二重简并是线性的，区别于 Γ 点的二次型二重简并。而 M 点属于 C_{2v} 群，没有能带简并。C_{6v} 和 C_{3v} 的特征标表见表 7-4 和表 7-5。

表 7-4　点群 C_{6v} 的特征标表

C_{6v}	E	$2C_6$	$2C_3$	C_2	$3\sigma_v$	$3\sigma_d$	线性，旋转	二次
A_1	1	1	1	1	1	1	z	x^2+y^2，z^2
A_2	1	1	1	1	-1	-1	R_z	
B_1	1	-1	1	-1	1	-1		

C_{6v}	E	$2C_6$	$2C_3$	C_2	$3\sigma_v$	$3\sigma_d$	线性,旋转	二次
B_2	1	-1	1	-1	-1	1		
E_1	2	1	-1	-2	0	0	$(x,y)(R_x,R_y)$	(xz,yz)
E_2	2	-1	-1	2	0	0		(x^2-y^2,xy)

表 7-5　点群 C_{3v} 的特征标表

C_{3v}	E	$2C_3$	$3\sigma_v$	线性,旋转	二次
A_1	1	1	1	z	x^2+y^2,z^2
A_2	1	1	-1	R_z	
E	2	-1	0	$(x,y)(R_x,R_y)$	$(x^2-y^2,xy)(xz,yz)$

需要注意的是，高对称点的简并特性是由其所属点群特性所决定的，受相应的对称性保护。无论晶格的物理参数或占空比如何变化，简并依然存在，只是出现的位置或顺序会有所变化。这种现象也叫作能带反转，可用于实现一些奇异的拓扑现象，这部分内容会在本章的后续小节有所涉及。除了这种必然简并，通过精确调整物理参数和占空比，偶然简并也可以实现，如二维正方晶格中 M 点处的二维不可约表示 E 和一维不可约表示 B_2，可形成三重简并，又如二维六方晶格中 Γ 点处的两个二维不可约表示 E_1 和 E_2，可设计成四重简并。但是这种偶然简并并不稳定，极易被破坏。同时，如果两种独立模式是相互独立的，如 TE 和 TM 模式，那么在高对称或非高对称方向上均可能出现交叉简并。在三维情况下，能带的简并可以表现为狄拉克点（四重简并）、外尔点（二重简并），也可以是节线（二重简并线），甚至是节面（二重简并面）。

一般情况下，光/声子晶体的能带具有中心对称性，即 $\omega(\boldsymbol{k})=\omega(-\boldsymbol{k})$，其来源为两种重要的对称性：宇称和时间反演。对于宇称操作 $\hat{P}$，对应将本征方程中的 $\boldsymbol{k}\to-\boldsymbol{k}$、$\boldsymbol{r}\to-\boldsymbol{r}$，若不变则为对称；对于时间反演操作 $\hat{T}$，对应将本征方程中的 $t\to-t$，在谐波方程中也可变为 $\boldsymbol{k}\to-\boldsymbol{k}$、$\boldsymbol{r}\to\boldsymbol{r}$、$i\to-i$、$\boldsymbol{E}\to\boldsymbol{E}$、$\boldsymbol{H}\to-\boldsymbol{H}$。电磁场的正负号区别来源于麦克斯韦方程组中旋度的正负号。对于宇称而言，波矢为二次型不会变号，如果同时空间结构具有中心反演对称性（$\boldsymbol{r}\to-\boldsymbol{r}$），本征方程将不会改变，具有相同的解。对于时间反演而言，只要本征方程中没有虚数项就是对称的；若存在虚数部分，可进一步通过上面变换验证。

在无损情况下，如法拉第材料中 TM 模式，$1/\mu_{zz}[(k_x\varepsilon_{\parallel}^{-1}k_x+k_y\varepsilon_{\parallel}^{-1}k_y)+i(k_y\varepsilon_{\perp}^{-1}k_x-k_x\varepsilon_{\perp}^{-1}k_y)]H_z=\omega^2/c^2H_z$，变化后不再相同，相当于把外加磁场反向，这显然破缺了时间反演对称性。而对于手性材料，$1/n_L[k_xn_L^{-1}k_x+k_yn_L^{-1}k_y](E_z+i\eta H_z)=\omega^2/c^2(E_z+i\eta H_z)$，则时间反演是对称的。

能带是否存在取决于本征方程的行列式是否有非零解，这里隐含了一个限制，即 ω 与 k 均为实数。如图 7-11 所示，一维情况下，如果 k 包含复数部分：$\pm ik_2$，那么对应每一个 ω，总能得到一对解，记作 k_+ 和 k_-。带隙范围内虚部 $k_2\neq0$，其余为零。代入谐波形式，可以得到一个衰减因子 e^{-k_2r}，对应倏逝波，对于无限周期情况，必然无法通过。越靠近带隙中心，衰减越大。在周期结构中，宇称对称性要求 $k_+(\omega)=-k_-(\omega)$，而时间反演对称要求 $k_+(\omega)=-k_-^*(\omega)$。这表明宇称和时间反演对称性只要有一个存在，能带始终是对称的，$\omega(k)=\omega(-k)$。反之，若要实现非对称的能带结构 $\omega(k)\neq\omega(-k)$，需同时破缺宇称和时间反演对称性。此外还有一种特殊情况，$\hat{P}$ 与 $\hat{T}$ 均同时破缺，但是 $\hat{P}\hat{T}$ 联合操作保持不变（如增益、损耗介质周期排列），即宇称-时间反演对称系统。此时系统的哈密顿量为非厄密的，但依然有实的本征解，对应着一对非正交的本征态，具有无损传输、自发对称性破缺等奇异特性。

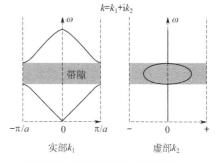

图 7-11　能带计算中的复数波矢

实际上，周期系统的舒布尼科夫（Shubnikov）空间群共有 1651 种，包含四类，满足时间反演对称的为 II 型非磁性空间群，有 230 种，而磁性空间群有 1421 种，包含 I 型、III 型和 IV 型。在光/声子晶体中也可构建磁性格子，如将图 7-8 或图 7-10 中的介电柱子换成法拉第介质，在外加磁场下时间反演对称性将会破缺。此时原本的 C_{4v} 和 C_{6v} 的对称性会降低，变为 $P4m'm'$ 和 $P6m'm'$。能带高对称点的二重简并将被打开，可用于实现光/声量子霍尔效应。

7.1.5　光/声子晶体系统与电子系统的比较

光/声子晶体系统是借鉴固体物理中的能带理论发展而来的，它们源于电子晶体系统，在物理本质上具有众多相似之处，如通用的空间群、对称性和布洛赫定理的运用。相似地具有波动特性的本征方程，无非是对电子运用薛定谔方程，对光运用麦克斯韦方程，对声波运用弹性波方程，它们都可拥有通带、禁带、传输、局域、缺陷和界面模式等。这三类周期系统的比较见表 7-6。

表 7-6　三类周期系统的能带结构比较

性质	电子晶体	光子晶体	声子晶体
材料	真实晶体	光学材料周期结构	弹性材料周期结构
参数	原子种类	介电常数(ε)/磁导率(μ)	密度(ρ)，纵/横波声速(c_1/c_t)
晶格常数	微观(Å 量级)	介观或宏观(nm～cm)	介观或宏观(μm～m)
类型	德布罗意波(费米子)	电磁波(玻色子，横波)	弹性波(玻色子，横纵波耦合)
平移对称	$V(\boldsymbol{r})=V(\boldsymbol{r}+\boldsymbol{R})$	$\varepsilon(\boldsymbol{r})=\varepsilon(\boldsymbol{r}+\boldsymbol{R})$	$\rho(\boldsymbol{r})=\rho(\boldsymbol{r}+\boldsymbol{R})$
布洛赫定理	$\Psi_{kn}(\boldsymbol{r})=\psi_{kn}(\boldsymbol{r})\mathrm{e}^{\mathrm{i}k\cdot r}$	$H_{kn}(\boldsymbol{r})=h_{kn}(\boldsymbol{r})\mathrm{e}^{\mathrm{i}k\cdot r}$	$U_{kn}(\boldsymbol{r})=u_{kn}(\boldsymbol{r})\mathrm{e}^{\mathrm{i}k\cdot r}$
本征方程	薛定谔方程 $-\dfrac{\hbar^2}{2m}\nabla^2\Psi+V(\boldsymbol{r})$ $\Psi=\mathrm{i}\hbar\dfrac{\partial\Psi}{\partial t}$	麦克斯韦方程 $\nabla\times\left[\dfrac{1}{\varepsilon(\boldsymbol{r})}\nabla\times H\right]=-\dfrac{\mu(\boldsymbol{r})}{c^2}\dfrac{\partial^2 H}{\partial t^2}$ $\nabla\times\left[\dfrac{1}{\mu(\boldsymbol{r})}\nabla\times E\right]=-\dfrac{\varepsilon(\boldsymbol{r})}{c^2}\dfrac{\partial^2 E}{\partial t^2}$	弹性声波方程 $\rho\dfrac{\partial^2 U_i}{\partial t^2}=\nabla\cdot(\rho c_t^2\nabla U_i)+\nabla\cdot\left(\rho c_t^2\dfrac{\partial \boldsymbol{U}}{\partial x_i}\right)$ $+\dfrac{\partial}{\partial x_i}\left[(\rho c_1^2-2\rho c_t^2)\nabla\cdot\boldsymbol{U}\right]$
自由色散	$W=\hbar^2\boldsymbol{k}^2/2m$	$\omega=c\boldsymbol{k}/\sqrt{\varepsilon}$	$\omega=c_{1,t}\boldsymbol{k}$
带隙大小	$\propto\lvert\Delta V\rvert$	$\propto\lvert\Delta\varepsilon\rvert$	$\propto\lvert\Delta\rho\rvert$

但是三类系统也有明显的不同。首先，电子晶体为自然或生长的结晶体，具有微观特征尺寸，不可缩放，主要关注的是电子的输运特性。而光/声子晶体是人工体系，可缩放，可针对不同频段范围设计使用，而不同频段的光和声又都有其独特的应用，且能相互耦合调控，如图 7-12 所示。除关注光/声传输外，其折射、反射、透射、聚焦、成像、显示和通信等性质也是重要研究对象。

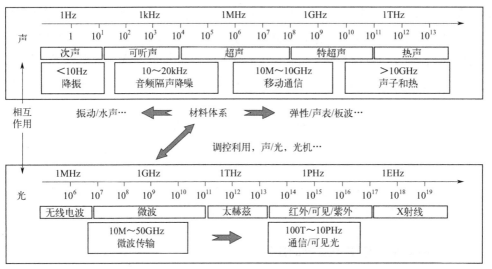

器件应用，功能器件：传输/通信，检测/探伤，量子计算…

图 7-12　光/声频段及其应用

其次，电子是自旋 1/2 的费米子，受泡利不相容原理限制，只有费米能附近的电子才有决定性作用；而光/声是自旋为整数的玻色系统，没有费米能的限制，可按需设计、制备、使用所需频段。此外，如涉及自旋相关特性，如磁性，光/声子晶体与电子体系则区别较大。

同时，光子晶体与声子晶体两者之间也有差别。如前文所述，光具有电磁二象性，没有纵波特性，其本征模式可视作自旋为 -1 和 $+1$ 两支；而声具有纵波特性，弹性声中具有 2 横 1 纵的本征模式，可视作自旋为 -1，0，$+1$ 三支。而且在材料中，光速和声速相差大约 $4\sim$ 5 个量级，这使得在相同周期下，光子晶体能带频率比声学情况大 $4\sim5$ 个量级。反之，对于相同频率的光和声，声波波长要远远小于光波。此外光子是真实存在的粒子，而声子为格波的量子，是准粒子。常见光/声子晶体系统多为介观或宏观尺寸，操控的是经典光/声波。但根据缩放定则，其对微观系统下的光量子或声子依然适用。一个极端的情况，宏观尺度上的弹性声子晶体能带或可视作原子晶格振动产生的声子能带的放大版本。

7.2　光/声子晶体能带计算方法

在了解了光/声子晶体的基本方程形式和基本概念后，本节主要介绍能带的计算方法。目前常用的光/声子晶体能带计算和分析方法包含以下几种：平面波展开（plane wave expansion，PWE）、多重散射（multiple scattering，MS）、差分转移矩阵（transfer matrix method，TM）、时域有限差分（finite difference time domain，FDTD）、有限元法（finite element，FE）、紧束缚近似（tight binding approximation，TBA）和 $\boldsymbol{k} \cdot \boldsymbol{p}$ 方法等。

常用的商业软件有基于 FDTD 算法的 RSoft、FDTD Solutions、CST Microwave Studio 和 EastWave 等，基于 FEM 算法的 Comsol（多场耦合）和 Abaqus（结构力学）等。随着计算机技术的发展，现有商业软件在计算方法上都很成熟，但是模块固定化，不易改动，可能不适用于某些特殊计算要求，如近年来兴起的能带拓扑物理。

在开源程序方面，有美国麻省理工学院 Joannopoulos 等人开发的基于平面展开方法的程序 MPB、基于时域有限差分的程序 Meep 以及比利时根特大学 Bienstman 等人开发的基于转移矩阵的 CAMF，可供参考。

本节的目的在于简要介绍不同计算方法的基本原理和求解步骤，对不同算法的学习有利于加深对光/声子晶体系统物理本质的理解，也可避免只懂使用软件的固有模块而不知物理和算法，不会拓展的问题。

7.2.1 平面波展开

平面波展开方法是解决周期特性问题最经典的方法之一，也是最早用来计算光/声子晶体能带的方法，其核心思想为周期结构中的傅里叶展开。将物理参数按倒格矢展开成傅里叶级数形式，同时根据布洛赫定理，波也可展开成傅里叶级数形式的平面波累加，物理参数随位置变化的信息变成了对不同阶平面波的调制，最后转化成一个具有矩阵形式的本征方程求解。平面波展开方法因其对光/声子晶体物理本质的体现，以及易学习性和操作性强等特点，成为目前最基础的，也是最重要的光/声子晶体能带计算方法之一。

回顾之前提过的 xy 平面二维正方晶格光子晶体，以 TE 模式波为例，需先处理物理参数的傅里叶展开，$\varepsilon(\boldsymbol{r}) = \sum_{G} \varepsilon(\boldsymbol{G}) \mathrm{e}^{\mathrm{i} G \cdot r}$，$\mu(\boldsymbol{r})^{-1} = \sum_{G} \mu^{-}(\boldsymbol{G}) \mathrm{e}^{\mathrm{i} G \cdot r}$。$\varepsilon(\boldsymbol{G})$ 和 $\mu^{-}(\boldsymbol{G})$ 跟具体结构相关，以 $\varepsilon(\boldsymbol{G})$ 为例，有：

$$\varepsilon(\boldsymbol{G}) = \frac{1}{V} \int_{V} \varepsilon(\boldsymbol{r}) \mathrm{e}^{-\mathrm{i} G \cdot r} \mathrm{d} \boldsymbol{r} \tag{7-34}$$

V 代表二维初基元胞的面积，三维情况下是体积，一维为晶格常数。这里考虑一个简单情况，材料为圆柱形，半径 R，介电常数为 ε_{a}，背景介电常数为 ε_{b}，有 $\varepsilon(\boldsymbol{r}) = \varepsilon_{\mathrm{b}} + (\varepsilon_{\mathrm{a}} - \varepsilon_{\mathrm{b}}) S(\boldsymbol{r})$。当 $r \leqslant R$，$S(r) = 1$；当 $r > R$，$S(r) = 0$。

当 $\boldsymbol{G} = 0$ 时，相当于取平均，$\varepsilon(\boldsymbol{G} = 0) = 1/V \int_{V} \varepsilon(\boldsymbol{r}) \mathrm{d} \boldsymbol{r} = \varepsilon_{\mathrm{a}} f + \varepsilon_{\mathrm{b}} (1 - f)$。其中占空比 $f = \pi R^{2} / V$，三维情况下为 $4 \pi R^{3} / 3V$。

当 $\boldsymbol{G} \neq 0$ 时，$\varepsilon(\boldsymbol{G} \neq 0) = \varepsilon_{\mathrm{b}} \delta_{G0} + 1/V(\varepsilon_{\mathrm{a}} - \varepsilon_{\mathrm{b}}) \int_{V} S(\boldsymbol{r}) \mathrm{e}^{-\mathrm{i} G \cdot r} \mathrm{d} \boldsymbol{r}$。二维情况下，积分项可以化为柱坐标形式：

$$\int_{V} S(\boldsymbol{r}) \mathrm{e}^{-\mathrm{i} G \cdot r} \mathrm{d} \boldsymbol{r} = \int_{0}^{R} \int_{0}^{2\pi} r \mathrm{e}^{-\mathrm{i} | \boldsymbol{G} | r \sin(\varphi - \pi/2)} \mathrm{d} \varphi \mathrm{d} r = 2\pi \int_{0}^{R} r J_{0}(| \boldsymbol{G} | r) \mathrm{d} r \tag{7-35}$$

其中，J_{0} 代表第一类 0 阶贝塞尔函数。根据数理方法，贝塞尔函数满足：$\mathrm{d}[x^{n} J_{n}(x)] /$

$\mathrm{d}x = x^n J_{n-1}(x)$，可得到 $\int_V S(\boldsymbol{r}) \mathrm{e}^{-i\boldsymbol{G}\cdot\boldsymbol{r}} \mathrm{d}\boldsymbol{r} = 2\pi \boldsymbol{R}/|\boldsymbol{G}| J_1(|\boldsymbol{G}|R)$。

综合可得：

$$\varepsilon(\boldsymbol{G}) = \begin{cases} \varepsilon_a f + \varepsilon_b(1-f)\,, & \boldsymbol{G}=0 \\ 2f(\varepsilon_a - \varepsilon_b)\dfrac{J_1(|\boldsymbol{G}|R)}{|\boldsymbol{G}|}\,, & \boldsymbol{G}\neq 0 \end{cases} \tag{7-36}$$

磁导率部分类似：

$$\mu^-(\boldsymbol{G}) = \begin{cases} f/\mu_a + (1-f)/\mu_b\,, & \boldsymbol{G}=0 \\ 2f(1/\mu_a - 1/\mu_b)\dfrac{J_1(|\boldsymbol{G}|R)}{|\boldsymbol{G}|}\,, & \boldsymbol{G}\neq 0 \end{cases} \tag{7-37}$$

对于三维球形情况有：

$$\varepsilon(\boldsymbol{G}) = \begin{cases} \varepsilon_a f + \varepsilon_b(1-f)\,, \boldsymbol{G}=0 \\ 3f(\varepsilon_a - \varepsilon_b)\left[\dfrac{\sin(\boldsymbol{G}\cdot\boldsymbol{R})}{(\boldsymbol{G}\cdot\boldsymbol{R})^3} - \dfrac{\cos(\boldsymbol{G}\cdot\boldsymbol{R})}{(\boldsymbol{G}\cdot\boldsymbol{R})^2}\right]\,, \boldsymbol{G}\neq 0 \end{cases} \tag{7-38}$$

将 $\varepsilon(\boldsymbol{G})$ 和 $\mu^-(\boldsymbol{G})$ 代入下列本征方程即可进行求解：

$$\sum_{G'} (\boldsymbol{k}_\parallel + \boldsymbol{G})\mu^-(\boldsymbol{G}-\boldsymbol{G}')\cdot(\boldsymbol{k}_\parallel + \boldsymbol{G}')E_{z,kn}(\boldsymbol{G}') = \frac{\omega^2}{c^2}\sum_{G'}\varepsilon(\boldsymbol{G}-\boldsymbol{G}')E_{z,kn}(\boldsymbol{G}') \tag{7-39}$$

上式中，$\boldsymbol{G}'$ 理论上为遍历所有格点，但在实际计算中只能取有限值，需要截断。如取 $\pm M$ 阶，正方晶格中 G_x 和 G_y 均需从 $-M\times 2\pi/a$ 到 $+M\times 2\pi/a$，共计 $(2M+1)^2$ 个格点。基矢 $\{E_{z,kn}(\boldsymbol{G}')\}$ 为 $2M+1$ 行列向量，上式变成 $(2M+1)\times(2M+1)$ 的矩阵方程：

$$\overset{\leftrightarrow}{\boldsymbol{A}}\{E_{z,kn}(\boldsymbol{G}')\} = \overset{\leftrightarrow}{\boldsymbol{B}}\frac{\omega^2}{c^2}\{E_{z,kn}(\boldsymbol{G}')\} \tag{7-40}$$

其中，$\overset{\leftrightarrow}{\boldsymbol{A}}$ 和 $\overset{\leftrightarrow}{\boldsymbol{B}}$ 均为 $(2M+1)\times(2M+1)$ 的矩阵。若 $\mu_a = \mu_b$，$\overset{\leftrightarrow}{\boldsymbol{A}}$ 退化为 $\mu_b\overset{\leftrightarrow}{\boldsymbol{I}}$，$\overset{\leftrightarrow}{\boldsymbol{I}}$ 为单位矩阵；若 $\varepsilon_a = \varepsilon_b$，有 $\overset{\leftrightarrow}{\boldsymbol{B}} = \varepsilon_a\overset{\leftrightarrow}{\boldsymbol{I}}$。上式移项后可得标准本征方程：

$$\overset{\leftrightarrow}{\boldsymbol{B}}^{-1}\overset{\leftrightarrow}{\boldsymbol{A}}\{E_{z,kn}(\boldsymbol{G}')\} = \frac{\omega^2}{c^2}\{E_{z,kn}(\boldsymbol{G}')\} \tag{7-41}$$

对矩阵 $\overset{\leftrightarrow}{\boldsymbol{B}}^{-1}\overset{\leftrightarrow}{\boldsymbol{A}}$ 求本征值即可得到能带结构。对于每一个布洛赫波矢 $\boldsymbol{k}$，$(2M+1)\times(2M+1)$ 的矩阵可得 $(2M+1)$ 个本征值，对应 $(2M+1)$ 个频率，即 $(2M+1)$ 条能带。这里推导的是 TE 模式的解，实际上只要数值上将介电常数与磁导率互换，就可得到 TM 模式的能带关系。

如图 7-13 所示，利用平面波展开法可以得到较好的能带计算结果。在此情况下，TE 模式在第 1 和第 2 条能带之间存在全方向带隙，而 TM 模式则没有带隙。由于贝塞尔函数的形式非常适合描述柱形或球形波的行为，所以仅需展开到有限项，就可以很好地描述场形态。这里计算所用平面波只展开到 ± 5 阶（11×11），只在高频部分（第 8、9 条能带）略有差别，可通过提高展开阶数进一步提高精度，但是会增加计算量。

需要注意，能带并不一定随本征值顺序出现，复杂结构需要较高的阶数。同时平面波展

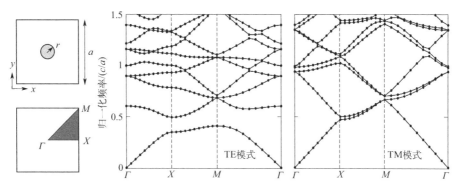

图 7-13　平面波展开法计算能带（$r/a = 0.11$，$\varepsilon = 11$，背景为空气）

开法不适用于求解色散材料的能带，因为此时不会有确定的本征方程，展开后可能发散。若本构方程中有电磁耦合项，TE 模式与 TM 模式不再相互独立。可将 $\{E_{z,kn}(\boldsymbol{G}')\}$ 扩充为 $\{[E_{z,kn}, H_{z,kn}](\boldsymbol{G}')\}$，相当于把本征值矩阵中的每个矩阵元拓展为 2×2 的子矩阵，其非对角项用于放置耦合项。若是考虑弹性声波，拥有三个非独立模式的情况，把矩阵元拓展为含非对角项的 3×3 的子矩阵即可。

7.2.2　多重散射

多重散射方法（MST）是一种很常用的计算光子晶体能带结构、透射谱以及场分布的方法。它对应于固体理论中 Korringa、Kohn 和 Rostoker 所提出的 KKR 方法，所以又被称为矢量波 KKR 方法。多重散射方法可用于计算二维、三维光子晶体。其本质上是将波的入射、散射、透射均写成多阶贝塞尔函数展开形式，在不同材料界面处建立三者之间的关系，再利用坐标变化把每一个点写成其他所有点的叠加。多重散射法相较于平面波展开法，在计算二维圆柱状或三维球形结构的能带时更有优势。一方面，调制参数变化平缓时（如介电常数），平面波展开不需要到很高阶，但实际的调制并不是十分平缓，存在阶跃变化，边界上的不连续导致周期性的介电常数傅里叶展开时会有较多的短波部分，即高 k 波矢部分。同时这种不连续性也导致边界上电场的不连续，需要比较多的平面波，收敛性并不好。另一方面，在实际计算过程中，在矩阵比较大时会出现奇异性的问题，并不一定是平面波取得越多越好。

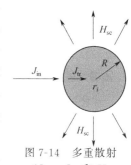

图 7-14　多重散射（J_{in}、J_{tr} 和 H_{sc} 分别代表入射、透射和反射）

以二维 TE 模式为例（$\nabla^2 E_z = k^2 E_z$，$k = \omega/c/\sqrt{\varepsilon}$，$\mu = 1$），介质圆柱半径为 R（图 7-14），其入射、透射和反射可用多阶贝塞尔函数表示，并写成柱坐标形式：

$$\begin{cases} 入射(r > R): E_{\text{in}}(r) = \sum_m A_m \left[-\partial J_m(k_0 r) e^{im\varphi} \boldsymbol{u}_\varphi + J_m(k_0 r) e^{im\varphi} \boldsymbol{u}_z \right] \\ 散射(r > R): E_{\text{sc}}(r) = \sum_m B_m \left[-\partial H_m(k_0 r) e^{im\varphi} \boldsymbol{u}_\varphi + H_m(k_0 r) e^{im\varphi} \boldsymbol{u}_z \right] \\ 透射(r < R): E_{\text{tr}}(r) = \sum_m C_m \left[-\partial J_m(kr) e^{im\varphi} \boldsymbol{u}_\varphi + J_m(kr) e^{im\varphi} \boldsymbol{u}_z \right] \end{cases} \tag{7-42}$$

其中，J_m 和 H_m 是 m 阶第一类和第三类贝塞尔函数，H_m 又被称为汉克尔函数；A_m、B_m 和 C_m 为待定系数。这里材料参数已包含在波矢中。对单一圆柱，考虑界面 $r = R$ 处的边界条件，有 $u_z(E_{\text{in}}+E_{\text{sc}}-E_{\text{tr}})=0$，$u_\varphi(E_{\text{in}}+E_{\text{sc}}-E_{\text{tr}})=0$。通过比较相同阶贝塞尔函数，可求得散射系数 S_m 和透射系数 T_m 的表达式：

$$[B_m]=S_m[A_m]；\quad [C_m]=T_m[A_m] \tag{7-43}$$

在获得单个柱子的透射和反射系数后，按照多重散射的步骤来解周期排列的晶格。根据贝塞尔函数的 Grafs 转移公式：

$$H_m(k_0|r_j-r_i|)\mathrm{e}^{im\varphi_{ij}}=\begin{cases}\sum_n J_{n-m}(k_0r_j)H_m(k_0r_i)\mathrm{e}^{i[n\varphi_i-(n-m)\varphi_j]}, & r_i>r_j\\ \sum_n H_{n-m}(k_0r_j)J_m(k_0r_i)\mathrm{e}^{i[n\varphi_i-(n-m)\varphi_j]}, & r_i<r_j\end{cases} \tag{7-44}$$

其中，r_i、r_j 和 r_{ij} 对应的幅角分别是 φ_i、φ_j 和 φ_{ij}。该转移公式实际上就是将一个坐标系的波函数用另一个坐标系的波函数表达出来。

对于第 j 个柱子来讲，其总的场包含两个部分：一部分是外界入射波，另一部分是除本身之外所有圆柱散射的叠加。通过比较相同阶的贝塞尔函数可得：

$$A_m(j)=A_m^0(j)+\sum_{i\neq j}\sum_n H_{n-m}(k_0r_{ij})\mathrm{e}^{i(n-m)\varphi_{ij}}B_m(i) \tag{7-45}$$

将散射系数代入可得最终本征方程：

$$\sum_{i\neq j}\sum_n[H_{n-m}(k_0r_{ij})\mathrm{e}^{i(n-m)\varphi_{ij}}-\delta_{ij}S_m^{-1}]B_m(i)=-A_m^0(j) \tag{7-46}$$

令外界入射波为零 $A_m^0(j)=0$，运用布洛赫定理，对于每个布洛赫波矢将有一系列的本征频率满足上述方程，即可求得能带色散关系。如果知道入射电磁波的散射和透射系数，就可以求得所有柱子对任意一点的散射系数，那么透射率和场分布情况也较容易得到。公式中的级数原则上是从负无穷的整数到正无穷的整数。对于计算能带而言展开到 ±11 阶，对于计算点源激发的场分布展开到 ±2 阶，就已经可以得到很好的结果了。此外，此算法对非圆柱或非球形状，需展开更多阶，但对复杂结构，甚至非周期柱状散射情况很适用，且可用于计算含色散介质材料的能带关系。

7.2.3　差分转移矩阵

转移矩阵又被称为传输矩阵，是基于波动方程从一个介质到下一个介质有简单的连续性边界条件。如果波在某一层初的形式知道，那么从层初到层尾可以通过波的传输获得矩阵操作，层间的转移也可以用矩阵形式表示，将所有矩阵相乘即可得到最后的表达形式，再介入转换系数矩阵回到反射和传输系数或运用布洛赫定理求得能带。对于一维由两种材料构成的周期性结构的能带，转移矩阵方法可以给出一个简单明确的超越方程表达形式：

$$\cos[k(d_1+d_2)]=\cos\frac{n_1\omega d_1}{c}\cos\frac{n_2\omega d_2}{c}-\frac{1}{2}\left(\frac{n_1}{n_2}+\frac{n_2}{n_1}\right)\sin\frac{n_1\omega d_1}{c}\sin\frac{n_2\omega d_2}{c} \tag{7-47}$$

其中，$d_1(d_2)$ 和 $n_1(n_2)$ 分别是两种材料的厚度和折射率；c 代表自由空间速度。

但上述公式对于复杂情况并不适用，特别是有耦合模式的情况。转移矩阵方法虽然计算量大，但是形式较为简单，容易入手，对于定性的理解很有帮助。下面主要介绍基于差分形式的转移矩阵数值计算方法。以电磁波为例，考虑谐波情况下，一阶差分有：

$$\boldsymbol{k} \times \boldsymbol{E} = \begin{bmatrix} 0 & -\partial/\partial z & +\partial/\partial y \\ +\partial/\partial z & 0 & -\partial/\partial x \\ -\partial/\partial y & +\partial/\partial x & 0 \end{bmatrix} \begin{bmatrix} E_x \\ E_y \\ E_z \end{bmatrix} = +\omega \begin{bmatrix} B_x \\ B_y \\ B_z \end{bmatrix} \tag{7-48a}$$

$$\boldsymbol{k} \times \boldsymbol{H} = \begin{bmatrix} 0 & -\partial/\partial z & +\partial/\partial y \\ +\partial/\partial z & 0 & -\partial/\partial x \\ -\partial/\partial y & +\partial/\partial x & 0 \end{bmatrix} \begin{bmatrix} H_x \\ H_y \\ H_z \end{bmatrix} = -\omega \begin{bmatrix} D_x \\ D_y \\ D_z \end{bmatrix} \tag{7-48b}$$

首先，选取边长分别为 Δx、Δy、Δz 的小单元作为差分的基本网格，然后考虑谐波情况下，分别对 x、y、z 三个方向做关于位置的差分：

$$\begin{cases} \dfrac{E_z(r+\Delta y)-E_z(r)}{\mathrm{i}\Delta y} - \dfrac{E_y(r+\Delta z)-E_y(r)}{\mathrm{i}\Delta z} = +\omega B_x(r) \\[3mm] \dfrac{E_x(r+\Delta z)-E_x(r)}{\mathrm{i}\Delta z} - \dfrac{E_z(r+\Delta x)-E_z(r)}{\mathrm{i}\Delta x} = +\omega B_y(r) \\[3mm] \dfrac{E_y(r+\Delta x)-E_y(r)}{\mathrm{i}\Delta x} - \dfrac{E_x(r+\Delta y)-E_x(r)}{\mathrm{i}\Delta y} = +\omega B_z(r) \\[3mm] \dfrac{H_z(r+\Delta y)-H_z(r)}{\mathrm{i}\Delta y} - \dfrac{H_y(r+\Delta z)-H_y(r)}{\mathrm{i}\Delta z} = -\omega D_x(r) \\[3mm] \dfrac{H_x(r+\Delta z)-H_x(r)}{\mathrm{i}\Delta z} - \dfrac{H_z(r+\Delta x)-H_z(r)}{\mathrm{i}\Delta x} = -\omega D_y(r) \\[3mm] \dfrac{H_y(r+\Delta x)-H_y(r)}{\mathrm{i}\Delta x} - \dfrac{H_x(r+\Delta y)-H_x(r)}{\mathrm{i}\Delta y} = -\omega D_z(r) \end{cases} \tag{7-49}$$

代入本构方程后，令 $\boldsymbol{F}(r) = \begin{bmatrix} \boldsymbol{E} & \mathrm{i}\boldsymbol{H} \end{bmatrix}^{\mathrm{T}}$，总可以写成 $\boldsymbol{F}(r+\Delta r) = \overset{\leftrightarrow}{\boldsymbol{T}}(r)\boldsymbol{F}(r)$ 的形式，其中 $\overset{\leftrightarrow}{\boldsymbol{T}}(r)$ 为转移矩阵。那么遍历一个周期后再运用布洛赫定理可求得能带。

这里以一维周期，光沿着 z 方向入射为例，假设为各向同性手性材料 $\begin{bmatrix} \boldsymbol{D} \\ \boldsymbol{B} \end{bmatrix} = \begin{bmatrix} \varepsilon \overset{\leftrightarrow}{\boldsymbol{I}} & \kappa \overset{\leftrightarrow}{\boldsymbol{I}} \\ \kappa^* \overset{\leftrightarrow}{\boldsymbol{I}} & \mu \overset{\leftrightarrow}{\boldsymbol{I}} \end{bmatrix} \begin{bmatrix} \boldsymbol{E}(\boldsymbol{r},t) \\ \boldsymbol{H}(\boldsymbol{r},t) \end{bmatrix}$。那么只有 Δz 有意义，简化可得：

$$\begin{cases} \dfrac{E_y(r+\Delta z)-E_y(r)}{\mathrm{i}\Delta z} = -\omega\big[\mu H_x(r)+\kappa^* E_x(r)\big] \\[3mm] \dfrac{E_x(r+\Delta z)-E_x(r)}{\mathrm{i}\Delta z} = +\omega\big[\mu H_y(r)+\kappa^* E_y(r)\big] \\[3mm] \dfrac{H_y(r+\Delta z)-H_y(r)}{\mathrm{i}\Delta z} = +\omega\big[\varepsilon E_x(r)+\kappa H_x(r)\big] \\[3mm] \dfrac{H_x(r+\Delta z)-H_x(r)}{\mathrm{i}\Delta z} = -\omega\big[\varepsilon E_y(r)+\kappa H_y(r)\big] \end{cases} \tag{7-50}$$

令 $\boldsymbol{F}(r) = \begin{bmatrix} E_x & E_y & \mathrm{i}H_x & \mathrm{i}H_y \end{bmatrix}^{\mathrm{T}}$，有：

$$F(r+\Delta z)=\begin{bmatrix} 1 & +\mathrm{i}\omega\kappa^{*}\Delta z & 0 & \omega\mu\Delta z \\ -\mathrm{i}\omega\kappa^{*}\Delta z & 1 & -\omega\mu\Delta z & 0 \\ 0 & \omega\varepsilon\Delta z & 1 & -\mathrm{i}\omega\kappa\Delta z \\ -\omega\varepsilon\Delta z & 0 & \mathrm{i}\omega\kappa\Delta z & 1 \end{bmatrix}F(r)=\overset{\leftrightarrow}{T}F(r) \qquad (7\text{-}51)$$

划分为 N 个网格，遍历一个周期后：

$$F(r+a)=\overset{\leftrightarrow}{T}_{1}^{N_{1}}\overset{\leftrightarrow}{T}_{2}^{N_{2}}F(r)=\mathrm{e}^{\mathrm{i}ka}F(r) \qquad (7\text{-}52)$$

其中，a 为晶格常数。对于每一个圆频率 ω，可以求得相对应的布洛赫波矢 k 的值，最终就得到一维手性光子晶体的能带，如图 7-15 所示。

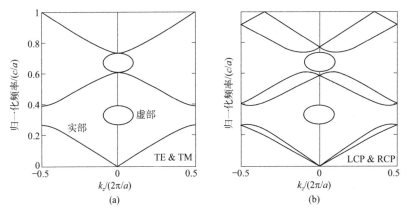

图 7-15　转移矩阵法求一维光子晶体能带（占空比 0.5，$\varepsilon_{1}=4$，$\varepsilon_{2}=1$，$\mu_{1}=1$，$\mu_{2}=1$）

(a) $\kappa_{1}=\kappa_{2}=0$；(b) $\kappa_{1}=0$，$\kappa_{2}=0.3\mathrm{i}$

值得注意的是，最终的转移矩阵方程为 4×4 矩阵，4 个本征值解包含 ±k 波矢以及 TM 和 TE 两种模式。同时波矢 k 的值为复数，虚部为 0 代表通带，虚部不为 0 代表禁带。如图 7-15 所示，当没有手性参数时，TM 和 TE 两种模式完全简并，这是因为正入射时两者的本征方程没有区别。而如果加入手性参数，能带将劈裂成两支：LCP 和 RCP 模式。

可以看出，差分转移矩阵方法非常适合一维系统，且可以进一步求得透射系数和反射系数，甚至计算其中的缺陷模式和局域模式。尤其对含色散介质的一维周期或非周期系统，如金属材料的计算具有较大的优势。将偏微分方程通过离散化变成差分方程的思路在数值计算中也常会用到。该方法的局限性在于计算二维或三维模型时精度较低、运算量大、效率不高，可在分层区域内与其他方法配合使用。

7.2.4　时域有限差分

时域有限差分方法是目前解决电磁场数值计算最常用的方法之一。其核心思想是将目标划分成离散的网格，同时将麦克斯韦方程离散化成差分形式，根据相邻网格节点的电磁场传输，进一步求解。这与差分转移矩阵数值解法的思想类似，不同的是在空间差分的同时还需进行时间差分。方程矩阵有：

$$\begin{bmatrix} 0 & -\partial/\partial z & +\partial/\partial y \\ +\partial/\partial z & 0 & -\partial/\partial x \\ -\partial/\partial y & +\partial/\partial x & 0 \end{bmatrix} \begin{bmatrix} H_x \\ H_y \\ H_z \end{bmatrix} = +\varepsilon\partial \begin{bmatrix} E_x \\ E_y \\ E_z \end{bmatrix} /\partial t \tag{7-53a}$$

$$\begin{bmatrix} 0 & -\partial/\partial z & +\partial/\partial y \\ +\partial/\partial z & 0 & -\partial/\partial x \\ -\partial/\partial y & +\partial/\partial x & 0 \end{bmatrix} \begin{bmatrix} E_x \\ E_y \\ E_z \end{bmatrix} = -\mu\partial \begin{bmatrix} H_x \\ H_y \\ H_z \end{bmatrix} /\partial t \tag{7-53b}$$

其中电磁场可通过本构方程联系，可得到 6 组对空间和时间均是一阶偏导的方程。方便起见，这里采用各向同性材料。为了减小误差、提高精度，这里采用中心差分的方式，如：

$$\frac{\partial f(x)}{\partial x} = \lim_{\Delta x \to 0} \frac{f(x+\Delta x) - f(x-\Delta x)}{2\Delta x} \tag{7-54}$$

由于空间差分的存在，表明电场和磁场的不同分量在空间上是分离的。考虑由空间步长构成的小单元，体积为 $\Delta x \times \Delta y \times \Delta z$，时间步长为 Δt，那么任一个时刻某点的电场可表示为：$E^n_{x,(i,j,k)} = E_x(\Delta xi, \Delta yj, \Delta zk, \Delta tn)$。其中，$i$、$j$、$k$、$n$ 为步数，必为整数。中心差分有以下形式：

$$\frac{\partial E^n_{x,(i,j,k)}}{\partial x} = \frac{E^n_{x,(i+1/2,j,k)} - E^n_{x,(i-1/2,j,k)}}{\Delta x} \tag{7-55a}$$

$$\frac{\partial E^n_{x,(i,j,k)}}{\partial t} = \frac{E^{n+1/2}_{x,(i,j,k)} - E^{n-1/2}_{x,(i,j,k)}}{\Delta t} \tag{7-55b}$$

其他分量类似。

1966 年，Yee 给出了一组分离形式，如图 7-16 所示，(i,j,k) 位置的磁场三个分量可放置在正交六面体的面心，共 3 个独立分量（对于单一单元来说相对 2 个面心等价），而电场的三个分量则可放置在棱心，共 3 个独立分量（同向 4 条棱等价）。实际上如果单元足够小，电场和磁场位置可视为单元中心，将没有差别。同时由于对时间的差分，电场和磁场在时间上也可分离，电场为整数 $n=0$，1，2…，而磁场为半奇数 $n=0.5$，1.5，2.5…。

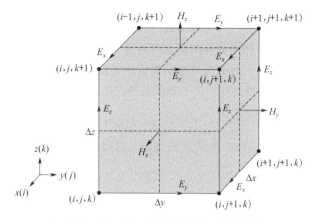

图 7-16 Yee 单元中电磁场离散空间位置

于是，代入差分方程后整理可以得到：

$$E_{x,(i,j,k)}^{n+1} = E_{x,(i,j,k)}^{n} + \frac{\Delta t}{\varepsilon_{(i,j,k)}}\left[+\frac{H_{z,(i,j,k)}^{n+1/2} - H_{z,(i,j-1,k)}^{n+1/2}}{\Delta y} - \frac{H_{y,(i,j,k)}^{n+1/2} - H_{y,(i,j,k-1)}^{n+1/2}}{\Delta z} \right] \qquad (7\text{-}56a)$$

$$E_{y,(i,j,k)}^{n+1} = E_{y,(i,j,k)}^{n} + \frac{\Delta t}{\varepsilon_{(i,j,k)}}\left[+\frac{H_{x,(i,j,k)}^{n+1/2} - H_{x,(i,j,k-1)}^{n+1/2}}{\Delta z} - \frac{H_{z,(i,j,k)}^{n+1/2} - H_{z,(i-1,j,k)}^{n+1/2}}{\Delta x} \right] \qquad (7\text{-}56b)$$

$$E_{z,(i,j,k)}^{n+1} = E_{z,(i,j,k)}^{n} + \frac{\Delta t}{\varepsilon_{(i,j,k)}}\left[+\frac{H_{y,(i,j,k)}^{n+1/2} - H_{y,(i-1,j,k)}^{n+1/2}}{\Delta x} - \frac{H_{x,(i,j,k)}^{n+1/2} - H_{x,(i,j-1,k)}^{n+1/2}}{\Delta y} \right] \qquad (7\text{-}56c)$$

$$H_{x,(i,j,k)}^{n+1/2} = H_{x,(i,j,k)}^{n-1/2} + \frac{\Delta t}{\mu_{(i,j,k)}}\left[-\frac{E_{z,(i,j,k)}^{n} - E_{z,(i,j-1,k)}^{n}}{\Delta y} + \frac{E_{y,(i,j,k)}^{n} - E_{y,(i,j,k-1)}^{n}}{\Delta z} \right] \qquad (7\text{-}56d)$$

$$H_{y,(i,j,k)}^{n+1/2} = H_{y,(i,j,k)}^{n-1/2} + \frac{\Delta t}{\mu_{(i,j,k)}}\left[-\frac{E_{x,(i,j,k)}^{n} - E_{x,(i,j,k-1)}^{n}}{\Delta z} + \frac{E_{z,(i,j,k)}^{n} - E_{z,(i-1,j,k)}^{n}}{\Delta x} \right] \qquad (7\text{-}56e)$$

$$H_{z,(i,j,k)}^{n+1/2} = H_{z,(i,j,k)}^{n-1/2} + \frac{\Delta t}{\mu_{(i,j,k)}}\left[-\frac{E_{y,(i,j,k)}^{n} - E_{y,(i-1,j,k)}^{n}}{\Delta x} + \frac{E_{x,(i,j,k)}^{n} - E_{x,(i,j-1,k)}^{n}}{\Delta y} \right] \qquad (7\text{-}56f)$$

任一时刻的电场分量可由它自身以及周围四个点磁场分量的前一时刻值得到；而任一位置的电场可由它自身前一时刻电场值以及磁场随时间的变化值得到。对于磁场反之亦然。于是只要给定一个初始值，即可得到模型的电磁场分布以及含时演化形貌。对于能带而言，可以确定一个布洛赫周期边界条件，计算电磁场随时间变化，对其做傅里叶变换即可得到特征频率，求得能带关系。

时域有限差分是一种普适的计算方法，但由于需对时间和空间差分，计算量偏大。同时对离散点的求解，每一步都存在误差，可能累积造成算法不稳定，所以对网格的划分有一定要求。一般而言，时间步长与空间步长需满足下列条件：

$$c\Delta t < 1/\sqrt{1/\Delta x^2 + 1/\Delta y^2 + 1/\Delta z^2} \qquad (7\text{-}57)$$

其中，c 为真空光速。该条件只能保证计算稳定，并不一定能满足精度的要求。空间步长越小，计算稳定所需的时间步长就越小，从而带来计算量的增加。

7.2.5　有限元

有限元方法最早应用在连续体力学研究领域，是偏微分方程、变分和泛函分析等方法的有效组合。有限元方法通常采用三角形或多边形网格划分对结构进行离散化处理，对复杂外形或参数分布情况适用性强。随着研究的深入与计算机技术的高速发展，有限元在诸多领域中已得到成功运用，逐步成为一种高效成熟的数值计算方法。

这里以二维 xy 平面内传播的弹性声子晶体为例，考虑其中一支纯横波模式，有：

$$\nabla \cdot C(\boldsymbol{r})\nabla u_z = -\rho(\boldsymbol{r})\omega^2 u_z \qquad (7\text{-}58)$$

其中，$C(\boldsymbol{r}) = C_{44}(\boldsymbol{r})$ 和 $\rho(\boldsymbol{r})$ 为均周期调制，后续表示省略。根据布洛赫 $u_z(x,y) = \mathrm{e}^{\mathrm{i}(k_x x + k_y y)}u(x,y)$，代入后可得：

$$(\nabla + \mathrm{i}\boldsymbol{k}) \cdot C(\nabla + \mathrm{i}\boldsymbol{k})u + \rho\omega^2 u = 0 \qquad (7\text{-}59)$$

根据里兹变分法可得泛函为：

$$F(u) = \iint_{\Omega}\left[C(\nabla u)^2 - 2\mathrm{i}\boldsymbol{k} \cdot Cu \cdot \nabla u + (k^2 C - \mathrm{i}\boldsymbol{k} \cdot \nabla C - \rho\omega^2)u^2 \right]\mathrm{d}\Omega \qquad (7\text{-}60)$$

等价于在周期 $u(r)=u(r+R)$ 约束条件下求解 $\delta F(u)=0$。

这里假设对区域进行三角形网格划分（如图 7-17 所示），共计 M 个单元和 P 个节点（若为三维情况，可采用四面体网格划分）。每个单元内有：

$$u_i(x,y)=\sum_{i=1}^{3}N_i(x,y)u_i \qquad (7\text{-}61)$$

代入进行离散变分，可得到含约束的本征方程：

$$\overset{\leftrightarrow}{\boldsymbol{A}}\{u_i\}=\overset{\leftrightarrow}{\boldsymbol{B}}\omega^2\{u_i\} \qquad (7\text{-}62)$$

其中，$\{u_i\}$ 对应第 i 个节点的基函数，为 P 行向量；$\overset{\leftrightarrow}{\boldsymbol{A}}$ 和 $\overset{\leftrightarrow}{\boldsymbol{B}}$ 均为 $P\times P$ 矩阵，其矩阵元具有下列形式：

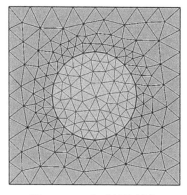

图 7-17　三角形网格划分

$$A_{ij}=\iint_{\Omega}C(\nabla+\mathrm{i}\boldsymbol{k})N_j(x,y)\cdot(\nabla-\mathrm{i}\boldsymbol{k})N_i(x,y)\mathrm{d}x\,\mathrm{d}y \qquad (7\text{-}63\mathrm{a})$$

$$B_{ij}=\iint_{\Omega}\rho N_j(x,y)N_i(x,y)\mathrm{d}x\,\mathrm{d}y \qquad (7\text{-}63\mathrm{b})$$

实际上对于第 K 个单元，可以分别得到一个 3×3 的 $\overset{\leftrightarrow}{\boldsymbol{A}}_K$ 和 $\overset{\leftrightarrow}{\boldsymbol{B}}_K$，可以先将之扩展为 $P\times P$ 矩阵（对应 u_i 的位置，其余添 0），再累加可得：

$$\overset{\leftrightarrow}{\boldsymbol{A}}=\sum_{K=1}^{M}\overset{\leftrightarrow}{\boldsymbol{A}}_K,\overset{\leftrightarrow}{\boldsymbol{B}}=\sum_{K=1}^{M}\overset{\leftrightarrow}{\boldsymbol{B}}_K \qquad (7\text{-}64)$$

再在两对边界上加上连续约束，即可进行求解。对于每一个布洛赫 k 值，均能解出一系列 ω，即能带关系。有限元的计算精度跟网格的划分有关，显然越多越精确，但是计算时间也会更长，实际计算中需注意参数跳变区域的网格需细化，两对边界处的网格最好相同，有利于收敛。此外，有限元算法可以用于计算色散材料的能带，一般步骤为先代入试探解，利用一个元胞内的场强归一化的全局约束循环求解即可。

7.2.6　紧束缚近似

紧束缚近似是一种被广泛应用于描述固体能带性质的方法。在固体物理中，若一个原子附近的电子主要受到该原子的势的影响，其他原子势作用可视为微扰，那么波函数可视作孤立原子轨道布洛赫波函数的线性叠加，可用于近似求解能带。在许多情况下，紧束缚近似可以给出较好的定性结果。在光/声子晶体的能带计算中，常配合数值计算结果使用。对特定的几条低频能带，通过建立紧束缚近似模型（如 2 带模型或 4 带模型），拟合出具体参数，可以为进一步的计算与定性分析提供了基础，如边界态、缺陷态和拓扑数等的计算。紧束缚近似方法简单，物理意义清晰，可避免模拟计算的烦琐。

考虑一个含有多个原子的系统，系统哈密顿量的二次量子化形式可写为：

$$H=\sum_{i,j,\alpha,\beta}c_{i,\alpha}^{\dagger}H_{ij}^{\alpha\beta}c_{j,\beta} \qquad (7\text{-}65)$$

其中，i、j 表示位于不同格点处的原子；α、β 代表每一个原子内的自由度（可以是不同的自旋或者是不同的轨道）；$c_{i,a}^{\dagger}$ 和 $c_{i,a}$ 则表示在格点 i 处产生和湮灭一个带有 α 自由度的电子。在周期性边界条件下：$c_{i,\sigma}=c_{i+N,\sigma}$。定义傅里叶变换：

$$c_{i,a}=\frac{1}{\sqrt{N}}\sum_k \mathrm{e}^{\mathrm{i}k \cdot R_i}c_{k,a},\ c_{i,a}^{\dagger}=\frac{1}{\sqrt{N}}\sum_k \mathrm{e}^{-\mathrm{i}k \cdot R_i}c_{k,a}^{\dagger} \tag{7-66}$$

其中，k 和 R_i 分别代表布洛赫波矢和第 i 个原子格点的空间坐标。为了方便，可把晶格常数设置为1。傅里叶变化可从实空间变化至动量空间：

$$H=\sum_{k,a,\beta}c_{k,a}^{\dagger}H_k^{a\beta}c_{k,\beta},\ H_k^{a\beta}=\sum_{\delta}H_{\delta}^{a\beta}\mathrm{e}^{-\mathrm{i}k \cdot \delta} \tag{7-67}$$

其中，$\delta=R_i-R_j$ 代表两个相邻格点之间的相对位移。

以上这种简单明了的格点模型也可以推广到光/声子晶体系统，用于能带计算。如图 7-18 所示，一个复式六角蜂窝晶格的声学石墨烯结构，由一系列空气腔和空气管道在二维平面内周期排列形成。

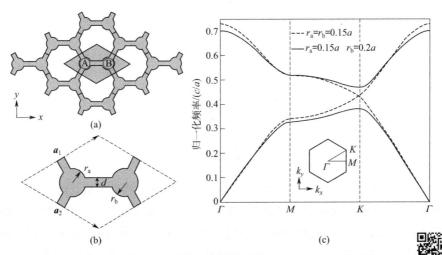

图 7-18 （a）声学六角结构（阴影部分为空气）；（b）初基元胞；
（c）狄拉克点的简并与打开（虚线和实线代表不同圆柱半径）

晶格平移矢量 $a_1=a/2(\sqrt{3},1)$，$a_2=a/2(\sqrt{3},-1)$，a 为晶格常数。每个元胞内有两个不等价的声学原子腔 A 和 B，半径分别为 r_a 和 r_b。每个原子腔 A（B）通过三根宽 $d=0.1a$ 的空气管道与原子腔 B（A）连接起来。利用有限元数值计算方法可以得到能带结构，其中空气的声速和密度分别设置为 343m/s 和 1.25kg/m³。

当 $r_a=r_b=0.15a$ 时，在布里渊区 K 点存在二重简并的狄拉克点，表现出线性色散特征。增大 B 原子腔的半径 $r_b=0.2a$，K 点处的能带简并发生破缺，形成带隙。这是因为变换 B 原子腔后的系统破缺了空间反演对称性。

利用紧束缚近似求解，可以做如下类比：在没有管道连接的情况下，每一个腔体结构都可以看作一个孤立系统，空气在腔里面传播形成共振模式。腔体结构的大小和共振模式的频率呈现负相关关联。管道的引入在声学晶体结构中实现了类似于电子系统中波函数的交叠，其大小和波函数的交叠积分（或者说跃迁幅度）是正相关的。因此可以构建一个如图 7-19（a）所示的格点模型。腔内共振模式频率（或者说在位能）分别表示为 $H_0^{AA}=\varepsilon_a$，$H_0^{BB}=\varepsilon_b$。

黑线代表从 A 原子到 B 原子的最近邻跃迁，跃迁幅度 $H_{\boldsymbol{\delta}}^{\mathrm{AB}}=t$。这里只考虑最近邻原子之间的跃迁。代入前面公式，可得相应的矩阵元：

$$H_k^{\mathrm{AA}}=\varepsilon_{\mathrm{a}},\ H_k^{\mathrm{BB}}=\varepsilon_{\mathrm{b}},\ H_k^{\mathrm{AB}}=t(\mathrm{e}^{-i\boldsymbol{k}\cdot\boldsymbol{\delta}_1}+\mathrm{e}^{-i\boldsymbol{k}\cdot\boldsymbol{\delta}_2}+\mathrm{e}^{-i\boldsymbol{k}\cdot\boldsymbol{\delta}_3}) \tag{7-68}$$

其中，$\boldsymbol{\delta}_1=\dfrac{a}{2}\left(-\dfrac{\sqrt{3}}{3},1\right)$、$\boldsymbol{\delta}_2=\dfrac{a}{2}\left(\dfrac{2\sqrt{3}}{3},0\right)$、$\boldsymbol{\delta}_3=\dfrac{a}{2}\left(-\dfrac{\sqrt{3}}{3},-1\right)$ 分别对应 A 原子与三个近邻 B 原子的相对位移。整理并写成矩阵形式，可得哈密顿量：

$$\boldsymbol{H}=\begin{bmatrix} \varepsilon_{\mathrm{a}} & t\left[\mathrm{e}^{-\frac{ik_x}{\sqrt{3}}}+2\cos(k_y/2)\mathrm{e}^{\frac{ik_x}{2\sqrt{3}}}\right] \\ t\left[\mathrm{e}^{\frac{ik_x}{\sqrt{3}}}+2\cos(k_y/2)\mathrm{e}^{-\frac{ik_x}{2\sqrt{3}}}\right] & \varepsilon_{\mathrm{b}} \end{bmatrix} \tag{7-69}$$

简单起见，令 $a=1$。易解出以上哈密顿量的本征值：

$$E=\frac{\varepsilon_{\mathrm{a}}+\varepsilon_{\mathrm{b}}}{2}\pm\frac{1}{2}\sqrt{(\varepsilon_{\mathrm{a}}-\varepsilon_{\mathrm{b}})^2+12t^2+8t^2\left[2\cos\left(\frac{\sqrt{3}\,k_x}{2}\right)\cos\left(\frac{k_y}{2}\right)+\cos(k_y)\right]} \tag{7-70}$$

特别地，当 $\varepsilon_{\mathrm{a}}=\varepsilon_{\mathrm{b}}$，把式（7-69）在布里渊区 K 点 $\left(0,\dfrac{4\pi}{3}\right)$ 展开，可得：

$$E=\varepsilon_{\mathrm{a}}\pm\frac{\sqrt{3}\,|t|}{2}\sqrt{\mathrm{d}k_x^2+\mathrm{d}k_y^2} \tag{7-71}$$

其中，$(\mathrm{d}k_x,\mathrm{d}k_y)=(k_x,k_y-4\pi/3)$。分别选取 $\varepsilon_{\mathrm{a}}=\varepsilon_{\mathrm{b}}=2$、$t=-1$，$\varepsilon_{\mathrm{a}}=2$、$\varepsilon_{\mathrm{b}}=1$ 和 $t=-1$，可得到紧束缚模型的能带色散关系图 7-19（b）。可以看到，随着 B 腔原子的增大（共振频率 ε_{b} 减小），原来在 K 点的简并（黑虚线）会发生破缺形成带隙结构（实线），与数值计算结果基本一致。少许差别来源于：在实际情况中，ε_{b} 变化时，t 也会随之变化，这里并未考虑。

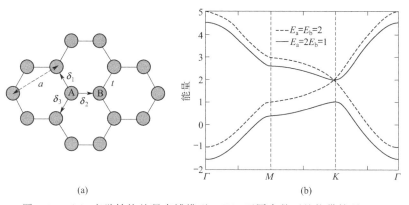

图 7-19 （a）声学结构的紧束缚模型；（b）不同参数下的能带情况

紧束缚近似在能带的定量分析上有所欠缺，精确性取决于实际模型的具体情况以及参数拟合的精度。此外，紧束缚近似一般只考虑近邻相互作用和特定几条能带，在复杂情况下适用性有限，但在拓展计算和定性分析上有其独特优势。

7.2.7 $k\cdot p$ 方法

$k\cdot p$ 方法是一种基于微扰论的半经验能带计算方法。在固体物理中常被用于计算传统半导体材料和二维材料的能带性质。其本质在于从布里渊区的高对称点出发，在已知本征态的情况下，将布洛赫波矢 k 利用微扰展开，并外推得到该点附近的色散关系。很显然这种半经验的方法不适用于精确的全局能带结构计算，但却在某些特定位置的定性分析上非常有效。

在光/声子晶体中，$k \cdot p$ 方法常用于分析简并点附近的能带特性，如是否线性简并。假设已知系统在倒空间 k_0 点处简并，并且已知这一点简并的 N 个波函数 ψ_{nk_0}，$n=1,\cdots,N$，那么当 $|k-k_0| \ll \pi/a$ 时，我们可以采用 $k \cdot p$ 方法来估计 k 点的波函数和能带情况。优势在于可利用 ψ_{nk_0} 的对称性简化计算步骤，本质是简并微扰论。

周期系统的本征方程有：$\hat{H}\psi = E\psi$，满足布洛赫定理：$\psi = e^{ik \cdot r} u_k(r)$。可以把哈密顿量展开到 k 空间：

$$\hat{H} \rightarrow H_k = e^{-ik \cdot r} \hat{H} e^{ik \cdot r} = \hat{H}(\nabla + ik) \tag{7-72}$$

其中，$\hat{H}$ 包含算符 ∇，可写为 $\nabla = i\hat{p}/\hbar$，同时有 $\nabla(e^{ik \cdot r}\psi) = e^{ik \cdot r}(\nabla + ik)\psi$。以一维电子气 $\hat{H} = \hat{p}^2/2m + V$ 为例来展开该算符可得：

$$H_k = \hat{H}(\hat{p} + \hbar k) = \frac{(\hat{p} + \hbar k)^2}{2m} + V = \left(\frac{\hat{p}^2}{2m} + V\right) + \frac{\hat{p} \cdot \hbar k}{m} + \frac{(\hbar k)^2}{2m} \rightarrow \hat{H} + \Delta\hat{H} \tag{7-73}$$

其中，忽略二阶小量 $(\hbar\vec{k})^2$。微扰 $\Delta\hat{H}$ 正比于 $k \cdot p$，因此本方法被称为 $k \cdot p$ 方法。后续步骤可以参考量子力学简并微扰论，k 处能级与能态满足：

$$\det\left[\langle i | \Delta\hat{H} | j \rangle - \Delta E\delta_{ij}\right] = 0 \tag{7-74}$$

这里举一个二维三角晶格流体声声子晶体的例子[10]，其本征方程有：

$$\nabla \cdot \left[\frac{1}{\rho(r)}\nabla p\right] = \rho(r)\frac{\omega^2}{c^2(r)}p \tag{7-75a}$$

$$\hat{H} = \nabla \cdot \left[\frac{1}{\rho(r)}\nabla\right]; H_k = \hat{H}(\nabla + ik) = (\nabla + ik) \cdot \left[\frac{1}{\rho(r)}(\nabla + ik)\right] \tag{7-75b}$$

与二维电子气不同的是，此时算符之间有一个与 r 相关的项 $\rho(r)$，展开式需要考虑对易关系：

$$H_k = \hat{H} + ik \cdot \left[\frac{2\nabla}{\rho(r)} + \left(\nabla\frac{1}{\rho(r)}\right)\right] - |k|^2 \frac{1}{\rho(r)} \tag{7-76}$$

这里忽略二次项。微扰项仍具有 $k \cdot p$ 形式：

$$\Delta\hat{H} = ik \cdot \left[\frac{2\nabla}{\rho(r)} + \left(\nabla\frac{1}{\rho(r)}\right)\right] = ik \cdot \hat{L} \tag{7-77}$$

于是可利用 ψ_{nk_0} 的对称性快速计算 $\langle i | \Delta\hat{H} | j \rangle$。如 k_0 在 Γ 点，满足 C_{6v} 对称性，可能简并的三个点中的两个对应一个二维不可约表示 E_2，记作 $\psi_{2\Gamma}$ 和 $\psi_{3\Gamma}$，剩余的一个态 $\psi_{1\Gamma}$ 对应 B_2 表示；而算符 $\hat{L}$ 变化规律类似矢量 (x,y)，对应 E_1 表示。由群表可知，$L_{ij} = \langle\psi_{i\Gamma} | \hat{L} | \psi_{j\Gamma}\rangle$ 的组合中，只有 $\langle\psi_{1\Gamma} | \hat{L} | \psi_{2,3\Gamma}\rangle$ 对应 $B_2 \otimes E_1 \otimes E_2 = A_1$ 保证积分不为 0，其余情况 $L_{ij} = 0$。因此可以快速写出简并微扰哈密顿量：

$$H = \begin{bmatrix} 0 & i\boldsymbol{k}\cdot\boldsymbol{L}_{12} & i\boldsymbol{k}\cdot\boldsymbol{L}_{13} \\ -i\boldsymbol{k}\cdot\boldsymbol{L}_{12} & 0 & 0 \\ -i\boldsymbol{k}\cdot\boldsymbol{L}_{13} & 0 & 0 \end{bmatrix} \tag{7-78}$$

该结论也可从本征态的奇偶对称性给出，如图 7-20 中三种奇偶不同的本征态。其中，∇ 函数的作用可视作把函数在 x 或 y 方向的奇偶性对调，而内积需要对 $\mathrm{d}x$ 和 $\mathrm{d}y$ 积分，只要关于任意一个轴是奇函数，最终积分都为 0。对于 $i=j$ 而言，积分的第一项关于 x 轴为奇函数，第二项关于 y 轴为奇函数，故 $\boldsymbol{L}_{i=j}=0$；而 $\boldsymbol{L}_{23}$ 中第一项关于 y 轴为奇函数，第二项关于 x 轴为奇函数，故 $\boldsymbol{L}_{23}=0$，同理，也可估算出 $\boldsymbol{L}_{12}$ 的第二项为 0，$\boldsymbol{L}_{13}$ 的第一项为 0。

在 $\boldsymbol{L}_{12}=s/a(1,0)$ 以及 $\boldsymbol{L}_{13}=s/a(0,1)$ 时，能带简并且二者垂直，$s=10.241$。此时的本征方程为：

$$\det\left[\langle i|\Delta\hat{H}|j\rangle - \frac{(\omega_{ik}^2-\omega_{j0}^2)}{c^2}\delta_{ij}\right]=0 \tag{7-79}$$

容易解得：

$$\frac{(\omega_i^2-\omega_0^2)}{c_1^2} = \frac{2\Delta\omega\omega_0}{c_1^2} = \pm\frac{s}{a}, 0 \tag{7-80}$$

进一步可以得到：

$$\frac{\Delta\omega}{k} = \pm\frac{sc^2}{2\omega_0 a}, 0 \tag{7-81}$$

可在简并点附近验证这一表达式。如图 7-21 所示，黑色实线为数值计算能带，虚线为 $\boldsymbol{k}\cdot\boldsymbol{p}$ 方法得到的能带，与数值计算结果吻合。

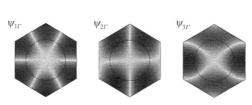

图 7-20　具有不同对称性的三种本征态

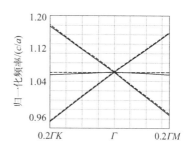

图 7-21　二维三角晶格声子晶体能带
[钢柱半径 $r=0.3203a$（密度 7670kg/m³，声速 6010m/s），背景为水（密度 1000kg/m³，声速 1490m/s）]

7.3　一维周期系统

两种材料交替周期性排列的一维结构是最简单的光/声子晶体情况，大多具有解析解，对深入了解物理机制很有帮助。此外即使在这类最简单的系统中，也可拥有带隙、表面模式和局域模式等光/声子晶体共性的现象，可为研究和计算更复杂系统打下基础。

7.3.1　一维多层膜光子晶体能带

首先，电磁波在均一层状介质中的传播可用特性矩阵描述。如图 7-22 所示，光经过界面 1 进入厚度为 d 的介质层，再经界面 2 离开，其中在中间介质层中既有前向传播也有背向传播。在两个界面处的入射、折射和反射分别用下标 i、t 和 r 表示，这里先考虑 TE 模式（x 向电场始终垂直波传播平面 zx）。

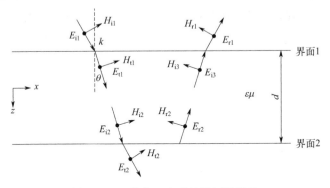

图 7-22　一维均一介质特性矩阵推导

主要考察中间介质层的传输情况，在界面 1 处总的电磁场可分别写为：

$$E_1 = E_{t1} + E_{i3}, H_1 = (H_{t1} - H_{i3})\cos\theta = (E_{t1} - E_{i3})\cos\theta\sqrt{\varepsilon/\mu} \tag{7-82}$$

其中，θ 代表介质中波矢的传播角度。同一组电场和磁场并不独立，由麦克斯韦方程可以得到 $H_{t1} = \sqrt{\varepsilon/\mu}E_{t1}$，其中 $\sqrt{\varepsilon/\mu}$ 表示导纳（为阻抗的倒数）。考虑平面波在均一介质中沿 z 向（波矢为 k_{zj}）传播距离 d，有 $E_{i2} = E_{t1}e^{ik_{zj}d}$、$E_{i3} = E_{r2}e^{ik_{zj}d}$。此时式（7-82）可改写为：

$$E_1 = E_{i2}e^{-ik_{zj}d} + E_{r2}e^{+ik_{zj}d}, H_1 = (E_{i2}e^{-ik_{zj}d} - E_{r2}e^{+ik_{zj}d})\cos\theta\sqrt{\varepsilon/\mu} \tag{7-83}$$

定义介质中的方向导纳 $\eta = \cos\theta\sqrt{\varepsilon/\mu}$，可以得到：

$$E_{i2} = (E_1 + H_1/\eta)e^{+ik_{zj}d}/2, E_{r2} = (E_1 - H_1/\eta)e^{-ik_{zj}d}/2 \tag{7-84}$$

再结合界面 2 处总电磁场：

$$E_2 = E_{i2} + E_{r2} = \cos(k_{zj}d)E_1 + i/\eta\sin(k_{zj}d)H_1 \tag{7-85a}$$

$$H_2 = (H_{i2} - H_{r2})\cos\theta = (E_{i2} - E_{r2})\eta = i\eta\sin(k_{zj}d)E_1 + \cos(k_{zj}d)H_1 \tag{7-85b}$$

整理可得：

$$\begin{bmatrix} E_2 \\ H_2 \end{bmatrix} = \begin{bmatrix} \cos(k_{zj}d) & i/\eta\sin(k_{zj}d) \\ i\eta\sin(k_{zj}d) & \cos(k_{zj}d) \end{bmatrix} \begin{bmatrix} E_1 \\ H_1 \end{bmatrix} \tag{7-86}$$

上式可以完整描述光在均一介质中从层初到层末的传输。同理可得 TM 的特征矩阵，与上式相同，只是方向导纳取为 $\sqrt{\varepsilon/\mu}/\cos\theta$。该矩阵就是特性矩阵，记为：

$$\overleftrightarrow{M}_j = \begin{bmatrix} \cos\delta_j & i/\eta\sin\delta_j \\ i\eta\sin\delta_j & \cos\delta_j \end{bmatrix} \tag{7-87}$$

其中，$\delta_j = k_{zj}d$，代表第 j 层的相位厚度。注意到其中 $\cos\theta = k_{zj}/k$，而 $k = \sqrt{\varepsilon\mu}\,\omega$、$k_{zj} = \sqrt{k^2 - k_x^2} = \sqrt{\varepsilon\mu\omega^2 - k_x^2}$，导纳有：

$$\eta_{TE} = \sqrt{\varepsilon\mu\omega^2 - k_x^2}/(\omega\mu) \qquad \text{TE 偏振} \tag{7-88a}$$

$$\eta_{TM} = (\varepsilon\omega)/\sqrt{\varepsilon\mu\omega^2 - k_x^2} \qquad \text{TM 偏振} \tag{7-88b}$$

注意到特性矩阵已经考虑界面的折射和反射情况，故针对 N 层膜的情况，只需将所有特性矩阵连乘即可：

$$\overleftrightarrow{M} = \prod_{j=1}^{N} \overleftrightarrow{M}_j \tag{7-89}$$

如果考虑由两种材料组成的一维多层膜光子晶体，如图 7-23 所示，介电常数、磁导率和每层厚度分别为 ε、μ 和 d，不同下标代表材料种类。此时只有沿 z 向的传播，即 $k_x = 0$。此时，TE 模式和 TM 模式的阻抗相同，说明垂直入射时，两种模式没有区别，电场和磁场均始终垂直于入射方向，相当于旋转 $90°$，一定具有完全相同的能带结构：

$$\eta_{TE} = \eta_{TM} = \sqrt{\varepsilon/\mu} \tag{7-90}$$

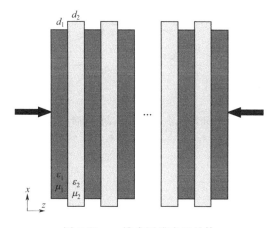

图 7-23　一维多层膜光子晶体

那么，两层结构的特性矩阵可以写为：

$$\overleftrightarrow{M}_{1,2} = \begin{bmatrix} \cos\delta_{1,2} & i/\eta_{1,2}\sin\delta_{1,2} \\ i\eta_{1,2}\sin\delta_{1,2} & \cos\delta_{1,2} \end{bmatrix} \tag{7-91}$$

经过一个周期后的总特性矩阵为：

$$\overleftrightarrow{M} = \overleftrightarrow{M}_1\overleftrightarrow{M}_2 = \begin{bmatrix} \cos\delta_1\cos\delta_2 - \eta_2/\eta_1\sin\delta_1\sin\delta_2 & i/\eta_2\cos\delta_1\sin\delta_2 + i/\eta_1\sin\delta_1\cos\delta_2 \\ i\eta_1\sin\delta_1\cos\delta_2 + i\eta_2\cos\delta_1\sin\delta_2 & \cos\delta_1\cos\delta_2 - \eta_1/\eta_2\sin\delta_1\sin\delta_2 \end{bmatrix} \tag{7-92}$$

其中，$\delta_{1,2} = k_{z1,2}d_{1,2} = \sqrt{\varepsilon_{1,2}\mu_{1,2}}\,\omega d_{1,2} = n_{1,2}\omega d_{1,2}$，$\eta_{1,2} = \sqrt{\varepsilon_{1,2}/\mu_{1,2}}$。运用布洛赫定理对本征值操作，对于每一个 ω，2×2 矩阵对应一对布洛赫波矢 $\pm k_z$，有：

$$\overleftrightarrow{M}(\omega) = \begin{bmatrix} e^{+ik_z(d_1+d_2)} & 0 \\ 0 & e^{-ik_z(d_1+d_2)} \end{bmatrix} \qquad (7\text{-}93)$$

同时，根据数学上矩阵的迹等于特征值之和，可得最终表达式：

$$\cos[k_z(d_1+d_2)] = \cos(\sqrt{\varepsilon_1\mu_1}\,\omega d_1)\cos(\sqrt{\varepsilon_2\mu_2}\,\omega d_2)$$
$$-\frac{1}{2}(\sqrt{\mu_1\varepsilon_2/\varepsilon_1\mu_2}+\sqrt{\mu_2\varepsilon_1/\varepsilon_2\mu_1})\sin(\sqrt{\varepsilon_1\mu_1}\,\omega d_1)\sin(\sqrt{\varepsilon_2\mu_2}\,\omega d_2) \qquad (7\text{-}94)$$

可以看出只有当介质为纯介电材料时（$\mu=1$），上述公式才会退化到上一部分转移矩阵里提到的用折射率表示的形式。这里 ε 和 μ 都取相对值的情况下，ω 相当于已经归一化成 ω/c。

图 7-24 为以上算法所得一维多层膜光子晶体能带图，包含折射率分别为 2 和 $\sqrt{2}$ 的两种材料，但是其介电材料的选择不同，会出现不同的能带分布。两种材料的导纳（或阻抗）相差越大，产生的带隙也就越大。

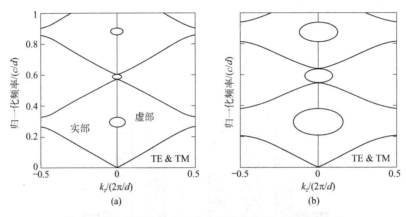

图 7-24 转移矩阵法求一维光子晶体能带（占空比 0.5）
(a) $\varepsilon_1=4$、$\mu_1=1$、$\varepsilon_2=2$、$\mu_2=1$；(b) $\varepsilon_1=4$、$\mu_1=1$、$\varepsilon_2=1$、$\mu_2=2$

7.3.2 离轴传输与投影能带

前面处理了一维光子晶体的能带结构，布洛赫波矢的方向为沿着周期 k_z 方向。而实际上光的传播方向并不一定要垂直于界面，而是离轴传输，如有 k_x 方向的分量，此时的情况会如何？考虑一个极限情况，如果光完全沿着 k_x 方向传播，$k_z=0$，而 x 方向并没有周期调制，z 向周期的作用类似于一个折射率平均与模式展开。换句话讲，此时布洛赫定理不再适用，不再有布洛赫波矢可以定义（k_x 不是一个好量子数），在一维情况下不会出现全带隙。

将不为 0 的 k_x 代入前述特性矩阵，同时令布洛赫波矢 $k_z=0$，即可得到离轴传输的色散，如图 7-25 所示。可以发现，与正入射相比（$k_x=0$），离轴传输中两种模式逐渐分离，不再简并，这来源于旋转对称性的破坏。此外对所有的 k_x 而言，将不会出现全带隙，只有方向带隙。对一个确定的频率，只有部分角度的波矢是被允许的，对不同偏振也有所不同。同样，也可以得到 $k_z=\pi/d$ 的离轴色散。

可以发现，离轴传输上 $k_x=0$ 的点分别对应着布里渊区中心和边界处的频率位置。事实

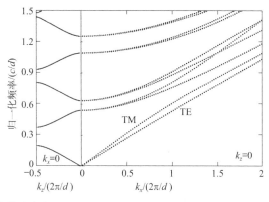

图 7-25　离轴传输色散 [两种材料占空比 0.5，$\varepsilon_1 = 4$、$\mu_1 = 1$、$\varepsilon_2 = 1$、$\mu_2 = 2$。
左：能带正入射（$k_x = 0$）；右：离轴传输（$k_z = 0$）]

上在某些区域内可能存在 $k_z = 0$ 到 $k_z = \pi/d$ 连续变化的点。需要注意的是，这里为了对比方便，把两种模式画在坐标轴的两边（图 7-26），而实际上两种模式各自独立，在一般情况下（时间反演或空间反演保持）均关于 $k_x = 0$ 对称。将所有 k_z 有实数解的情况进行计算可得投影能带，如图 7-27 所示。

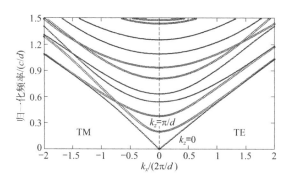

图 7-26　离轴传输色散（左：TM 模式；右：TE 模式；点：$k_z = 0$；圆圈：$k_z = \pi/d$）

　　能带阴影部分代表光子晶体可以支持的所有模式，当然其中的点为不同 k_z 的取值，或者说是不同方向的传播，称为投影能带。举个形象的例子，相当于将一维光子晶体的能带压缩，对应 $k_z = 0$ 那条线。其中 TM 红色部分在第一、第二、第三带间会出现交点，其斜率对应布儒斯特角，在这个角度，p 极化电磁波在界面处不会发生反射。

　　同时，在图 7-27 中也作出了空气中光的色散线对应 $\omega = ck$。采用归一化频率的好处在于，光的色散表现为一条斜率为 1 的直线。灰色阴影部分为光锥，可以视作光线绕轴旋转一周，有 $\omega^2 = c^2(k_x^2 + k_y^2 + k_z^2)$。三角阴影区域为光锥的投影，代表空气中所有可支持的模式，而阴影区域外的模式则不会存在。

　　换言之，阴影区域覆盖的部分代表这些模式是可以从空气中激发的，而未被覆盖的部分，则不能从空气激发。因为对于同一频率而言，此时介质中的 k_x 大于真空中的波矢，真空中其他方向的波矢将为虚数；反之亦然，阴影区域中的光子晶体模式将会向空气辐射，之外的则不会。那么在阴影区域内第一带隙处可以发现存在一个空白范围，任何角度均无法激发，即全反射区域，这种多层膜也被称作全反射镜。

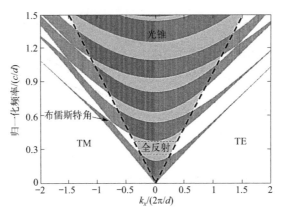

图 7-27　投影能带（左：TM 模式；右：TE 模式。虚线代表光线，阴影为光锥）

7.3.3　导纳匹配与边界态

投影能带的作用是考察沿特定方向的波传播，主要会用在边界态或表面态等有方向性空间缺陷的描述上。一般而言，边界或是界面的能带关系不太容易得到解析解。这里考虑一种特殊情况（实际上也常见），元胞具有中心对称性，此时可用有效导纳匹配的理论来求解。如图 7-28 所示，在所有两组元 AB 的光子晶体中，总能找到中心对称的元胞结构，如（A/2）B（A/2）或（B/2）A(B/2)，而元胞的取法不同不会影响能带结构。

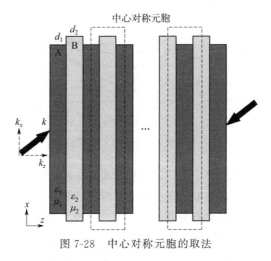

图 7-28　中心对称元胞的取法

具有中心对称的，其特性矩阵有：

$$\overleftrightarrow{\boldsymbol{M}}=(\cdots\overleftrightarrow{\boldsymbol{M}}_1\overleftrightarrow{\boldsymbol{M}}_2\overleftrightarrow{\boldsymbol{M}}_1\cdots)^N=\begin{bmatrix} m_{11} & m_{12} \\ m_{21} & m_{22} \end{bmatrix} \tag{7-95}$$

其有效导纳总可以严格地写成单一的特征矩阵：

$$\eta_{\mathrm{PC}}=\frac{m_{21}+m_{22}}{m_{11}+m_{12}} \tag{7-96}$$

对于三层对称结构的一维光子晶体的光学导纳而言，最终的表达式有：

$$\eta_{PC} = \frac{\eta_1 \left[\sin(2\delta_1) \cos\delta_2 + \rho^+ \cos(2\delta_1) \sin\delta_2 - \rho^- \sin\delta_2 \right]}{\sin \left\{ \arccos \left[\cos(2\delta_1) \cos\delta_2 - \rho^+ \sin(2\delta_1) \sin\delta_2 \right] \right\}} \tag{7-97}$$

其中 $\rho^+ = \left(\dfrac{\eta_1}{\eta_2} \pm \dfrac{\eta_2}{\eta_1} \right) / 2$；其余定义与前面相同。这里主要关注的是代表角度的方向导纳项：

$$\eta_{TE} = \cos\theta \sqrt{\varepsilon/\mu} = \sqrt{\varepsilon\mu\omega^2 - k_x^2} / (\omega\mu) \qquad \text{TE 偏振} \tag{7-98a}$$

$$\eta_{TM} = \sqrt{\varepsilon/\mu} / \cos\theta = (\varepsilon\omega) / \sqrt{\varepsilon\mu\omega^2 - k_x^2} \qquad \text{TM 偏振} \tag{7-98b}$$

以 TE 模式为例，通过上述式子可以分别得到（A/2）B（A/2）型和（B/2）A（B/2）型不同中心对称元胞取法的导纳，正入射情况（$k_x = 0$）如图 7-29 所示。这里主要关注导纳的虚数部分，不为零的虚部代表阻抗为复数，或者说有虚数的波矢存在。在光子晶体，虚数 k 代表禁带。光不能从空气透射，将发生全反射，这与能带计算的结果一致。

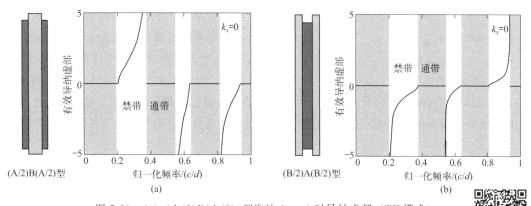

图 7-29　(a)（A/2）B(A/2) 型取法 $k_x = 0$ 时导纳虚部（TE 模式）；
(b)（B/2）A(B/2) 型取法 $k_x = 0$ 时导纳虚部（TE 模式）（阴影部分代表通带）

上述两种取法，通带或禁带的范围是相同的。但是不同的取法将对有效导纳虚部的正、负号及走向有影响。对（A/2）B(A/2) 型元胞，在第一带隙处，有效导纳虚部为正号，而第二、第三带隙处却为负号，且在第一带隙处，从带顶到带底的走向为 0 到 $+\infty$ 变化，而第二、第三带隙处的走向却是 $-\infty$ 到 0。（B/2）A(B/2) 型元胞的情况却是第一、第二带隙处为负，第三带隙处为正。

考虑由上述两种（A/2）B(A/2) 型和（B/2）A(B/2) 型元胞光子晶体靠在一起组成的界面，如图 7-30 所示，实际上也可视作在 AB 型光子晶体中多加了 A/2 和 B/2 层的缺陷情况。此时如果频率取在其共同禁带位置，左、右两块光子晶体可以看作两块布拉格反射镜，可能将某些频率的光局域在其界面处，也即在界面或缺陷处将有可能出现边界态或局域模式。当然这种限制只是在光子晶体周期方向，会有离轴传输的色散表现。对应投影能带而言，将在其空白区域出现额外的色散关系。在该情况下没有了介质与空气的界面，是否在光锥内只代表该态能否从空气激发，对于两种光子晶体界面而言失去意义。

出现表面态的条件为在同一频率和同一 k_x 处，左、右两种光子晶体的有效导纳匹配，虚部相加为 0：

$$-\text{Im}(\eta_{PC1}) = \text{Im}(\eta_{PC2}) \tag{7-99}$$

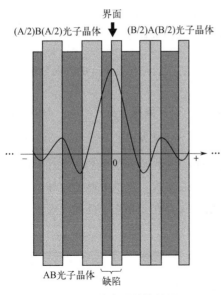

图 7-30 两种光子晶体的界面
（可视为带缺陷层的光子晶体）

其中，同一频率是能量守恒的要求，同一 k_x 代表切向动量守恒，而虚部的大小相同则是法向方向的要求。虚部符号相反的要求则是来源于空间位置，如对于（A/2）B（A/2）型光子晶体位于左侧，$-\mathrm{Im}(\eta_{PC1})$ 沿着负向就有虚波矢，不会向左扩展到光子晶体内部，对于（B/2）A（B/2）型光子晶体正好相反，位于右侧，$+\mathrm{Im}(\eta_{PC2})$ 代表正向传播是衰减的。

两种构型光子晶体的有效导纳虚部在不同的切向波矢 k_x（0，0.25，0.5，1）的情况如图 7-31 所示。左侧光子晶体的导纳取为负值。随着 k_x 的增大，图像会整体向高频移动，在左侧出现新的带隙，同时通带变窄，这与离轴传输的投影能带图像吻合。交点代表该 k_x 处边界态出现的频率位置，随着 k_x 增大向高频移动。交点必然出现在禁带内，代表不会向光子晶体内部传输。可以发现在第二和第三带隙有边界态出现。对于第二带隙，由于走向相同，所以尽管导纳虚部为一正一负，但其交点出现在通带的带边，没有边界态。

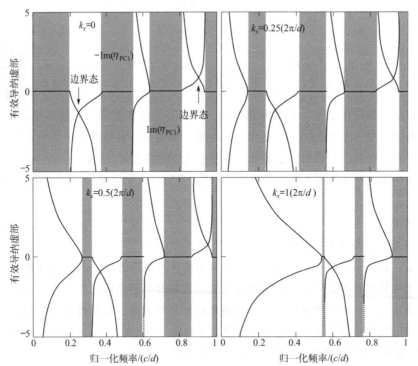

图 7-31　导纳匹配情况（TE 模式）（阴影部分代表通带）

对所有的 k_x 重复上述步骤求解可得到边界态或缺陷态的能带色散关系，同样也可得到 TM 模式的边界态能带，并结合对应投影能带，如图 7-32 所示。可以发现 $k_x=0$ 时，两种模式的边界态频率相同，即垂直入射时没有区别，这取决于旋转对称性。同投影能带一样，偏离垂直入射，两者差别逐步体现。特别地，TM模式的边界态会穿过能带简并点（布儒斯特角）。

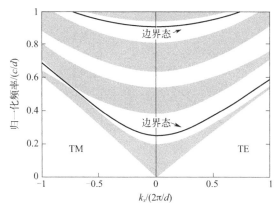

图 7-32　边界态或缺陷态能带

上述计算针对的是同一种光子晶体的不同元胞取法，其具有相同通带和禁带。实际上该算法也可用于不同光子晶体界面的表面态计算，只是此时需考虑禁带的重叠部分。其中一种特殊的情况：一边取为空气。

光在真空中的导纳（在归一化情况下，光速 $c=1$），有：

$$\eta_{TE} = \sqrt{\omega^2 - k_x^2}/\omega \qquad \text{TE 偏振} \qquad (7\text{-}100a)$$

$$\eta_{TM} = \omega/\sqrt{\omega^2 - k_x^2} \qquad \text{TM 偏振} \qquad (7\text{-}100b)$$

如图 7-33 所示，真空中的光只有在 $\omega < ck_x$ 的情况下才有非零的导纳，对应光锥以外的部分，而虚部的正负号没有太大影响，只是代表光子晶体界面的左侧是空气还是右侧是空气。

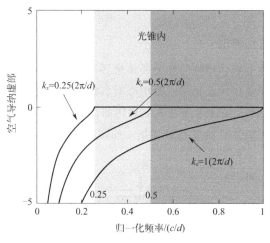

图 7-33　真空中光的导纳虚部

重复上面的步骤，可得（A/2)B(A/2) 型元胞光子晶体的表面态能带，如图 7-34 所示。额外的能带均出现在光锥以外的空白区域，说明此时光在垂直于表面方向，既不会向光子晶体中传输，也不会向空气辐射，只沿着切向方向传播，是一种表面模式。起点大多是光线与投影能带的交界处。值得注意的是 TM 模式处有一支表面态起于布儒斯特角处，非常靠近体的投影能带。

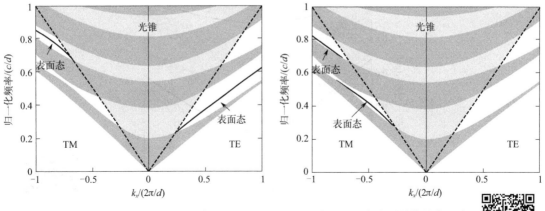

图 7-34 （A/2）B（A/2）型（左图）与（B/2）A（B/2）型（右图）元胞光子晶体的表面态

同样，如果把左侧取为空气，相应地，可得到（B/2）A（B/2）型元胞光子晶体的表面态能带，如图 7-34 右图所示。此时原本 TE 模式的表面态此时不再支持。一般对于介电材料而言，TE 模式的表面态通常更容易出现在表面为高介电常数层的情况下。TM 模式的表面态也有变化，原来起于布儒斯特角处的表面态变为起于光锥终于布儒斯特角。较高频的那支也从更贴近上投影能带压低为更贴近下投影能带。表面态始终位于光锥之下，也表明该模式无法直接从空气中激发。

在物理上，光子晶体中边界态或表面态的出现，根源在于波经过整个布里渊区后所获得的额外几何相位（即 Berry 相位），在一维情况下也称为 Zak 相位，在中心对称结构中每条能带的 Zak 相位为 0 或者 π。对于禁带而言，两侧光子晶体的低频率部分累加的结果决定了该能隙中是否会出现界面模式，对应有效导纳虚部的正负号和走向。

7.3.4 数值计算与超元胞法

上述处理的是具有中心对称结构的光子晶体边界态和表面态。而在更普通的情况下，如果考虑边界和缺陷，光子晶体无法化为一个中心对称结构，这就需要数值算法。为了方便对比，这里依然沿用上述结构，而数值算法则是通用的。

在数值计算时，光子晶体只能取有限周期，如图 7-35 所示，左右各取 10 个周期。将这

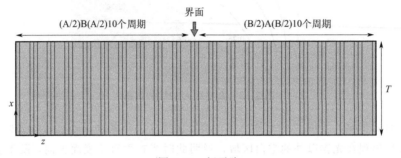

图 7-35 超元胞

种包含多个重复单元以及界面或缺陷信息的超元胞结构当作单一元胞进行数值计算，求解投影能带和边界态或缺陷态。可以把左右两边取为连续边界条件，那么该超元胞结构包含了两个相同界面或者缺陷，或者去掉左右 A/2 和 B/2 层再取连续边界条件，相当于 19 个周期的 AB 型光子晶体中包含 A/2 和 B/2 层的缺陷层。这里需要计算沿 x 轴传输 k_x 方向的投影能带，虽然 x 向没有周期调制，但依然可以取布洛赫边界条件，令布洛赫波矢为 k_x。只要 x 向的厚度足够小，布洛赫波矢 k_x 就不会取到该方向布里渊区边界，可等效地视为离轴传播。

利用超元胞法计算所得投影能带和边界态如图 7-36 所示，与前面理论结果吻合得很好。这里厚度 T 取为十分之一个晶格常数 d。可以发现密集排布的部分为投影能带区域。超元胞结构将原来 1 条体能带折叠成了 20 条（因左右结构相同，图中每条均是二重简并的）。可以预见超元胞结构周期数取得越多，该部分的能带将越密集，最终将完全被阴影覆盖掉。

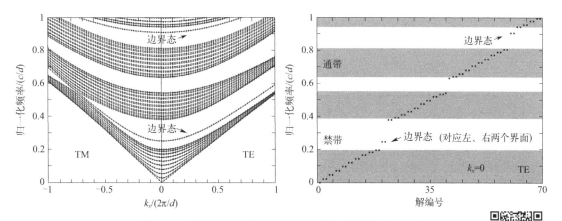

图 7-36　超元胞法计算所得投影能带和边界态（$k_x=0$）

一般而言，在实际计算中选取周期数的多少取决于带隙的宽度。一方面，带隙越小，说明波的穿透深度越大，如果超元胞的周期数不够多，那么左右两侧的界面可能发生耦合，影响最后计算结果。另一方面，如果边界态很靠近体投影能带，也需要较多的周期数将之分辨出来。从物理图像上来讲，针对一侧而言，超元胞结构将原来周期方向的布洛赫波矢折叠了 10 次，其最小间隔相当于原来元胞的十分之一，对应的可支持的能态数量也多了 10 倍。同时该超元胞结构包含界面或缺陷信息，如果存在边界态或缺陷态，则在其解中必定有这个能态存在。取不同的离轴波矢 k_x，如 $k_x=0$，会得到系统中所有本征频率，可按其编号排列。

显然体能带的态密度（单位频率的能带数）是较大的，且为准连续分布，周期数越多间隔越小。而边界态的数量有限，态密度小（或者说斜率大），为出现在带隙中的孤立点。这种能态数表示法也常用于计算和分析超元胞模型没有周期性条件的情况，如二维或三维系统中的点缺陷计算。

图 7-37 给出了第一带隙和第三带隙中的边界态电场分布，它们均局域在边界上，沿光子晶体周期方向呈指数衰减，却可沿切向传播，只是具有不同的波长和波矢而已。

同样，对于计算表面态，可以取以下的超元胞结构：10 个周期，左右均为空气层，左右两个表面相同。当然也可取左右为不同表面的情况，只是最后需要通过场分布区分解出的边界态隶属于哪个边界（图 7-38）。

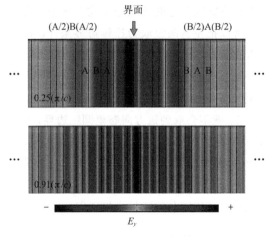

图 7-37　TE 模式边界态对应电场分布（$k_x = 0$ 点）

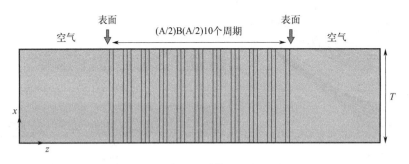

图 7-38　表面态计算所用超元胞

取左右为连续边界条件，厚度 $T = 0.1d$，利用超元胞法计算所得（A/2）B（A/2）型光子晶体的投影能带和能态数如图 7-39 所示。因超元胞结构中包含空气层的信息，所以与之前的边界态或缺陷态相比，计算所得结构含有光锥形貌。显然空气层越厚，光锥内能带越密集。

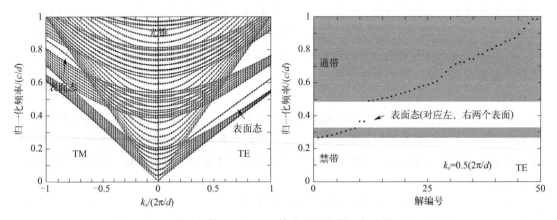

图 7-39　超元胞法计算所得光子晶体的投影能带和能态数（$k_x = 0.5$）

边界态场分布均局域在光子晶体-空气边界上，光可沿表面传播（图 7-40）。
这里也给出（B/2）A（B/2）型光子晶体表面态以供参考（图 7-41）。

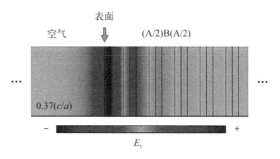

图 7-40　TE 模式表面态对应电场分布（$k_x = 0.5$）

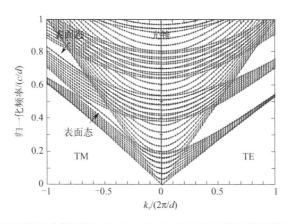

图 7-41　超元胞法计算所得（B/2）A(B/2) 型光子晶体的投影能带和表面态

此外金属在低频段具有负的介电常数，不支持电磁波传输。如果把上面的空气层换成金属薄膜，表面态会相应地变为局域在金属薄膜和光子晶体之间的界面态，会有部分区域位于光锥之内，可从外部空气激发，形成类似共振隧穿的现象。此外在同时破缺时间反演（如法拉第材料）和宇称（三层非对称结构）的情况下，$+k_x$ 和 $-k_x$ 向的边界态或表面态将不再对称，可出现非互易传播。

7.4　二维光/声子晶体

二维光/声子晶体在平面内具有两个方向的周期性，是目前研究最多的常用体系之一。其面外离轴传输情况也与一维体系类似，但因二维面内具有周期性，不但存在点缺陷也可能存在线缺陷。同时由于维度的增加，具有更丰富的对称性以及多种折射类型。

7.4.1　线缺陷波导与点缺陷微腔

这里以二维正方晶格光子晶体 TE 模式为例。其中圆柱半径 r 为 $0.3a$，a 为晶格常数，相对介电常数为 15，磁导率为 1，背景为空气。在归一化 0.8 以下会出现三个完全带隙区域（图 7-42）。可以预期，与一维情况类似，线缺陷波导、点缺陷共振以及表面模式将可能出现在这些区域中。

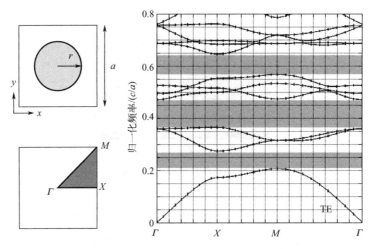

图 7-42　二维正方晶格光子晶体 TE 模式能带（$r = 0.3a$）

如果在完整二维正方晶格光子晶体中抽掉一排柱子，形成线缺陷，类似一个一维空气波导，则在这种情况下沿着该一维方向仍然有周期性，布洛赫定理仍适用，如 k_x 仍为好量子数。而垂直于该方向，如 k_y，对于该一维线缺陷而言失去意义，左右两边光子晶体只是起到限制作用，其中所有的 k_y 都有可能被激发。此时需要考虑其体能带在 k_x 方向的投影。

如图 7-43 所示，能带密集区域为体态在 k_x 方向的投影，理论上包含所有 k_y 的体能带模式。因不可约布里渊区包含了整个布里渊区的所有信息，投影能带的全带隙部分与体能带相同。在其第二带隙和第三带隙中将出现一支独立能带，该模式显然不能向左右两侧完整光子晶体内部辐射，那么只能是沿一维线缺陷波导传播。在不同的频率处，线缺陷波导模式不同：A 点为对称模式（s 型）；B 点位反对称模式（p 型）。

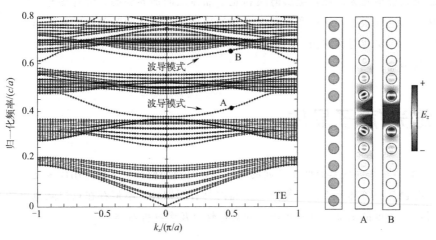

图 7-43　线缺陷波导投影能带及其场分布

在数值计算中，这里的超元胞在线缺陷左右两侧各取了 5 个周期，上下取连续边界条件，左右取布洛赫边界。此时相当于两个线缺陷间间隔了 10 个周期。在带隙较大的情况下，它们之间的相互耦合非常弱，在较小的周期数取法的超元胞情况，就能得到较好的结果。如果带隙较小，则需要相应增加两侧的周期数。该类线缺陷波导模式同样可通过改变一排原子的折射率、间距或尺寸等条件构建，相应的线缺陷能带位置、色散或斜率均可调节，但一定位于体能带的带隙中。一般情况下，线缺陷波导模式不会占满整个带隙。

从投影能带还可以看出，线缺陷模式含布洛赫波矢 k_x，即具有沿 x 方向传播的特性，可设计为波导形状。这里给出一个 90°弯折的波导情况，当频率选为全带隙中波导模式时，光可沿着波导弯折，而不会辐射到光子晶体中去（图 7-44）。当然对于不同的频率其转弯效率不同，可通过设计转弯处腔的形状或品质因子提高传输效率。值得注意的是该波导具有空间反演和时间反演对称性，前向传输和背向传输（对应 $\pm k$ 方向）均可支持。100%的完美透射理论上只可能在某些特定频率处发生。具体透射情况可由耦合波理论求解，可参考相关书籍。

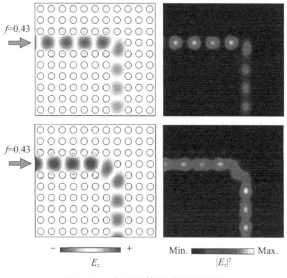

图 7-44　光子晶体弯曲波导情况

点缺陷模式也可在二维光子晶体中存在。对于零维的点而言，二维平面内的周期失去意义，无法再利用布洛赫定理求解。此时可借助能态数来分析，如超元胞取 11×11 个结构，中间抽掉一个原子代表点缺陷，左右和上下均取连续边界条件，计算 1000 个本征值，如图 7-45 所示。其中准连续区域为体能带，可视为二维光子晶体能带，在一维投影后，继续向零维投影。不连续处为全带隙区域，这与体能带和一维投影能带带隙区域一致。在这种情况下，点

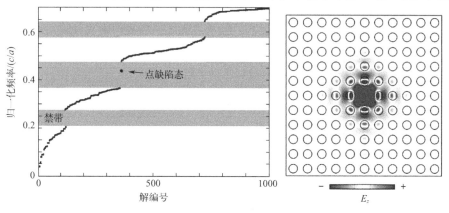

图 7-45　点缺陷局域模式及其场分布

缺陷态出现在第二带隙内。从场分布可以看出，能量主要集中在缺陷处，为局域模式。同样，改变缺陷形貌或参数也可改变其出现的频率。

除晶体内部的点缺陷、线缺陷外，真实的光子晶体必然是有限大小的，一定有界面存在。对于二维情况而言，其一维边界可视为一种特殊的线缺陷。通常情况下完整晶体界面不易散射出高 k 波矢量，较难出现表面态，而截取或裁剪边界原子更容易出现表面态。如这里将光子晶体左右边界原子均裁剪一半，如图 7-46 所示，其表面态将出现在第一带隙处，且在光锥（阴影部分）之外。

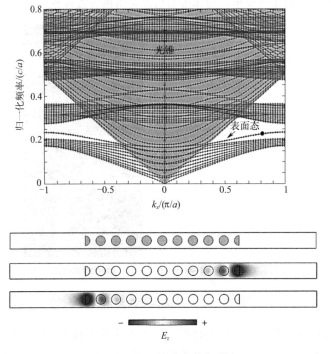

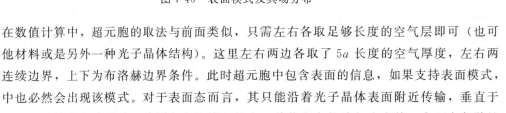

图 7-46　表面模式及其场分布

在数值计算中，超元胞的取法与前面类似，只需左右各取足够长度的空气层即可（也可是其他材料或是另外一种光子晶体结构）。这里左右两边各取了 $5a$ 长度的空气厚度，左右两侧取连续边界，上下为布洛赫边界条件。此时超元胞中包含表面的信息，如果支持表面模式，在解中也必然会出现该模式。对于表面态而言，其只能沿着光子晶体表面附近传输，垂直于表面方向均为指数衰减形式；传播方向的波矢较大，其他方向的波矢为虚数。表面态色散越靠近布里渊区边界越平缓，对应传播速度越慢。

7.4.2　等频面与多类型折射

在二维系统中，体能带通常只计算不可约布里渊区的几个高对称方向，如正方晶格中的 $\Gamma—X—M—\Gamma$，三角或六角晶格中的 $\Gamma—K—M—\Gamma$。而实际上，能带是频率 ω 与布洛赫波矢 k 的关系，总体上是一个（ω, k_x, k_y）围成的三维空间。其中 k 为矢量，带有方向信息，可用于分析折射情况。

这里以一个非互易的二维正方晶格磁光光子晶体特殊系统为例[11]。其中原子取为半圆形的钇铁石榴石（YIG）柱，相对介电常数为 15，半径仍取为 0.3 个晶格常数。YIG 具有磁光特性，在 1600 高斯的外加磁场下，其相对磁导率在 GHz（10^9 Hz）波段呈现旋磁形式：

$$\overleftrightarrow{\pmb{\mu}} = \begin{bmatrix} 14 & 12.4i & 0 \\ -12.4i & 14 & 0 \\ 0 & 0 & 14 \end{bmatrix} \tag{7-101}$$

由于外加磁场的引入，磁光材料破缺了时间反演对称性，同时半圆形的圆柱关于 y 轴方向破缺了宇称对称性（或者说镜面对称性破缺），而关于 x 轴方向的镜面对称性仍然保持。此时该非互易系统的不可约布里渊区需要扩大一倍。如图 7-47 所示，这里取 $\varGamma$—Y—M—$\varGamma$ 和 $\varGamma$—Y'—M'—$\varGamma$ 两个三角区域的高对称方向进行体能带计算，前 4 条能带两个方向区别不大，第 5、6 条能带 $+k_y$ 方向和 $-k_y$ 方向能带有明显不同，预示可能会出现非互易传输（图 7-47）。

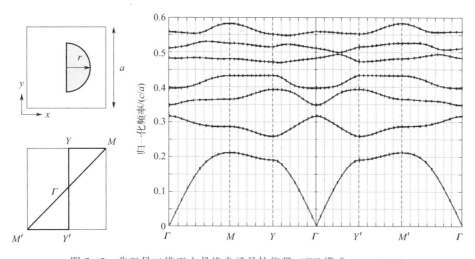

图 7-47 非互易二维正方晶格光子晶体能带（TE 模式，$r=0.3a$）

分析折射或者说波矢的方向问题需要借助等频率面的概念，即对应特定频率所有可能存在的波矢围成的线（二维）或面（三维），典型的例子如电子系统中的费米面。在数值计算中，一般是给定一组波矢 $\pmb{k}$ 来求本征频率 ω，给定 ω 求 $\pmb{k}$ 相对困难。常用的替代方法是计算出所有 $\pmb{k}$ 对应的频率，再通过插值求得所需频率的等频率面。图 7-48 给出了第 5 条能带第一布里渊区的伪色图，不同颜色代表不同频率。倒空间关于 k_y 镜面对称，与实空间 x 方向镜面对称对应。通过插值方法可以得到光子晶体中归一化频率为 0.5 的等频面，如白线所示，呈变形的圆形。同时由于对称性的破缺，该部分只出现在布里渊区上半区。

假设光从空气入射到光子晶体，同样可以在图 7-48 中作出空气的等频面，如半径为 0.5 的圆（黑色）。以 $\pm30°$ 入射为例，$k_y=0$（中心虚线）为法线方向，那么此时光子晶体为 y 切情况，画出两条入射波矢 $k_{入射}$ 和 $k'_{入射}$（黑色箭头），并通过与空气线的交点处作法线的平行线（虚线），该平行线的物理意义在于沿界面方向动量守恒。而线性系统中，相同的 ω 已包含了能量守恒的要求。

若入射光与光子晶体等频面有交点，说明该折射是可以发生的，没有交点则为全反射。显然在这种情况下，只有 $+30°$ 入射才能发生折射，$-30°$ 为全反射。同时可定义光子晶体中

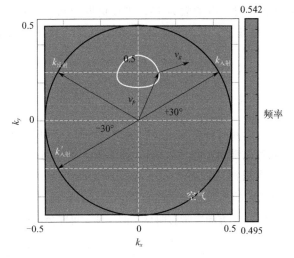

图 7-48　第 5 能带等频率面（±30°入射，y 切光子晶体）

的群速度和相速度方向代表光子晶体中频率的梯度方向（能流传输方向）和波矢的传播方向（相位传播方向）。

$$v_g^{\mathrm{pc}} = \frac{\partial \omega}{\partial \boldsymbol{k}}, \quad v_p^{\mathrm{pc}} = \frac{\omega}{\boldsymbol{k}} \tag{7-102}$$

需要注意的是其中波矢匹配线与光子晶体等频面有两个交点，其中只有一支（右上）是真实的：群速度法向分量与入射光法向分量同号，代表透射。而另一只（左上）是相反方向，违背了因果关系，是非物理支。

光传输的场分布图与等频面分析结果一致，如图 7-49 所示。此时能流传输方向和相位传播方向发生分离，不再是同一方向。此外如果减小入射角度，群速度 v_g^{pc} 的方向将有可能从指向右上方变为右下方，表明折射会与入射同时处于法线的同侧，折射角度为负值，即发生负折射。

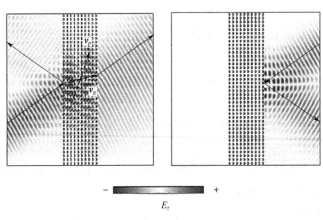

E_z

图 7-49　单向透射情况（±30°入射）

同样如果法线取为 $k_x = 0$ 方向入射，光子晶体为 x 切的折射情况也可作类似分析，如图 7-50 所示。此时一对 ±10° 入射的光与光子晶体等频面均有两个交点。但通过因果分析，正负入射对应不同的交点，都位于 $k_y > 0$ 区域，表明具有 $+k_y$ 方向的相传播分量。显然对于 $-10°$ 入射支而言，其相位传播与能流传播沿法线方向符号相反，即回相位传播，又称左手性传播（k、B、D 成左手螺旋关系，一般情况下 k、B、D 为右手螺旋关系）。对应的场分布情况如图 7-51 所示。

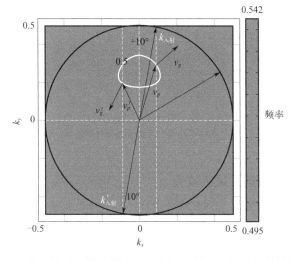

图 7-50　第 5 能带等频率面（$\pm 10°$ 入射，x 切光子晶体）

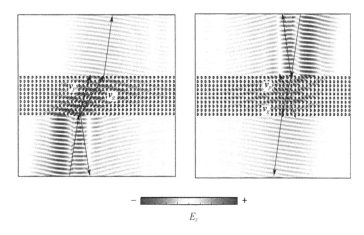

图 7-51　非互易透射情况（$\pm 10°$ 入射）

在光子晶体中，折射类型总体可分为四类情况（图 7-52）。由入射光和折射光垂直于界面方向（沿法线方向）的群速度分量 $v_{g\perp}^{\text{air}}$、$v_{g\perp}^{\text{pc}}$，以及它们沿界面方向的相速度分量 $v_{g\parallel}^{\text{air}}$ 和 $v_{g\parallel}^{\text{pc}}$ 决定。其中，$v_{g\perp}^{\text{air}} \cdot v_{g\perp}^{\text{pc}} > 0$ 为正折射，$v_{g\perp}^{\text{air}} \cdot v_{g\perp}^{\text{pc}} < 0$ 为负折射；$v_{g\parallel}^{\text{air}} \cdot v_{g\parallel}^{\text{pc}} > 0$ 为右手性，$v_{g\parallel}^{\text{air}} \cdot v_{g\parallel}^{\text{pc}} < 0$ 为左手性。在各向同性材料中，v_g 与 v_p 方向一致。上面 $\pm 10°$ 入射情况可分别称为右手性正折射和左手性正折射。

需要注意的是，本部分是以非互易情况为例，一般互易情况中，等频面的对称性较高，不会出现一对相向传播的光具有不同折射方式的情况。此外等频面分析不一定局限于第一布里渊区，在某些特殊情况下，第二甚至更高布里渊区也可能会有高阶的折射、衍射现象发生。

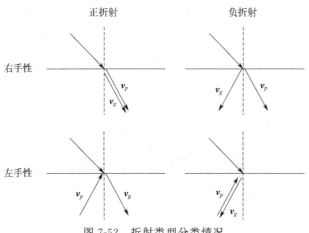

正折射 负折射

右手性

左手性

v_p v_g v_g v_p v_p v_g v_p v_g

图 7-52 折射类型分类情况

7.4.3 磁光光子晶体与量子霍尔效应

能带除了给出通带、禁带信息和折射情况外，其本身也构成了一个"空间"，可具有拓扑特性。所谓拓扑是源自数学的一个概念，指一个"空间"在连续变化后某些仍然保持不变的性质，具有整体性、量子化和稳定性等特征。典型的例子如电子系统中的量子霍尔效应。而在光/声子晶体系统中同样可实现类似的拓扑量子效应，如近年来发现的光量子霍尔效应，其实现过程通常是利用时间反演破缺，打开高对称点处能带简并，形成全带隙，在其带隙中寻找无能隙的手性边界态的存在。

如图 7-53 所示，没有外加磁场的情况，YIG 材料没有旋磁响应，相对介电常数为 15，磁导率为 1。由半径 r 为 $0.11a$ 圆柱构成的二维正方晶格光子晶体，其 TE 模式的第 2、3 和第 4 条能带在 Γ 点和 M 点处有能带简并情况[12,13]。在外加磁场下时间反演破缺，YIG 相对磁导率呈现旋磁形式，使原来能带中的简并点劈裂，如图 7-53 所示。与电子中的整数量子霍尔效应

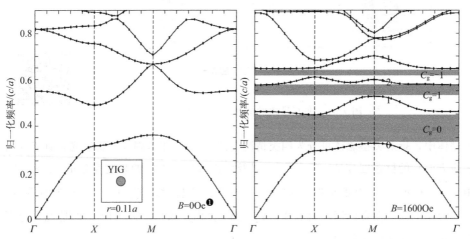

图 7-53 磁光光子晶体能带（$r=0.11a$）（数字为能带陈数，C_g 为带隙陈数）

---

❶ $1\mathrm{Oe}=79.5775\mathrm{A/m}$。

相比，拓扑手性边界态的存在同样是由于时间反演对称性的破缺造成了能带简并破缺，带来非零陈数（陈省身数，Chern number），其必为整数，这是由体能带的拓扑性质所决定的。把一个拓扑材料（非零陈数）和一个普通绝缘体相连接，如真空（陈数为零），则在其能隙中必定存在无能隙的手性边界态，连接上下体能带。

这里利用金属或完美电导作为边界条件限制边界模式不向空气中辐射，可计算得到投影能带，如图 7-54 所示。其中在第 2 和第 3 带隙内会出现一对传输的手性边界态。对于 A 和 B 点处边界态而言，场分布主要集中在左边界（也可对应上边界）；对于 A' 和 B' 点处边界态而言，场分布主要集中在右边界（也可对应下边界）。

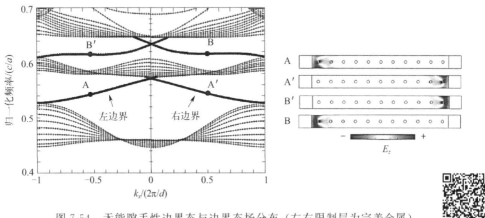

图 7-54　无能隙手性边界态与边界态场分布（左右限制层为完美金属）

在第二带隙中，左边界处边界态的群速度（斜率）在整个布里渊区中均为正值，表明光在左边界的传输只能向上，同理对于光在右边界的传输只能向下。整体上在第二带隙中，只支持光顺时针绕光子晶体边界传输，即手性传输边界态（chiral edge states）。第三带隙中的拓扑边界态情况正好相反，只支持逆时针绕边界传输。

这种拓扑手性边界态是稳定的或者说鲁棒的（robust）。与普通非拓扑光子晶体中的线缺陷波导模式或表面模式不同，拓扑边界态受对称性保护，即使是在加入非磁性缺陷、无序或是强烈弯折的情况下，都始终会呈现出无能隙的形貌，从低能体带连接到高能体带，即拓扑稳定性。如图 7-55 所示，在多种缺陷的情况下拓扑边界态均完全免疫背向散射。

下面简要介绍能带拓扑数——陈数的计算方法。首先引入贝里相位（Berry phase）的概念，描述的是哈密顿量在参数空间中绝热演化一周后，末态波函数与初态波函数相差的相因子，该额外的相位因子便是贝里相位。与动力学相位不同，贝里相位完全依赖于路径和空间的拓扑形貌，在数学上又被称为几何相位（geometry phase）。如一个矢量在平面内移动一圈后与起点处重合，而如果沿八分之一球面平行移动一圈，则会带来几何相位的变化（图 7-56）。

对于上述二维磁光光子晶体，其本征方程为：

$$\frac{1}{\varepsilon_{zz}}\left[\left(k_x \frac{1}{\mu_\parallel} k_x + k_y \frac{1}{\mu_\parallel} k_y\right) + \mathrm{i}\left(k_y \frac{1}{\mu_\perp} k_x - k_x \frac{1}{\mu_\perp} k_y\right)\right] E_z = \frac{\omega^2}{c^2} E_z \tag{7-103}$$

E_z 满足布洛赫定理 $E_{z,kn}(\boldsymbol{r}) = w_{kn}(\boldsymbol{r})\mathrm{e}^{\mathrm{i}k \cdot \boldsymbol{r}}$，$w_{kn}(\boldsymbol{r})$ 为布洛赫波周期部分，n 为能带指标。第 n 条能带的贝里相位 γ_n 可写为：

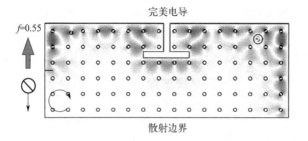

完美电导

f=0.55

散射边界

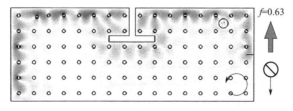

f=0.63

图 7-55　稳定手性传输（下边界为散射边界条件，其余边界取为完美电导）

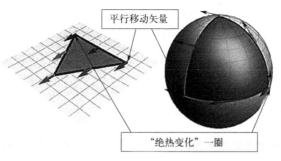

平行移动矢量

"绝热变化"一圈

图 7-56　几何相位

$$\gamma_n = \oint \Lambda_{nk}\,\mathrm{d}\boldsymbol{k} = \iint (\nabla \times \Lambda_{nk})\,\mathrm{d}k_x\,\mathrm{d}k_y = \iint \Omega_{nk}\,\mathrm{d}k_x\,\mathrm{d}k_y \tag{7-104}$$

其中，积分区间为整个布里渊区，Λ_{nk} 为 $\boldsymbol{k}$ 点的贝里联络（Berry connection）；Ω_{nk} 为 $\boldsymbol{k}$ 点的贝里曲率（Berry curvature）：

$$\Lambda_{nk} = \mathrm{i}\iint \left[w_{kn}^*(\boldsymbol{r}) \cdot \partial_k w_{kn}(\boldsymbol{r}) \right]\,\mathrm{d}x\,\mathrm{d}y = \mathrm{i}\langle w_{kn}(\boldsymbol{r}) \mid \nabla_k \mid w_{kn}(\boldsymbol{r}) \rangle \tag{7-105a}$$

$$\Omega_{nk} = \nabla \times \Lambda_{nk} \tag{7-105b}$$

内积 $\langle w_{kn}(\boldsymbol{r}) \mid \nabla_k \mid w_{kn}(\boldsymbol{r}) \rangle$ 的积分区域为实空间元胞。

类比于实空间中 AB 效应中的磁场强度、磁矢势和磁通量等物理概念，贝里曲率相当于 $\boldsymbol{k}$ 空间中的磁场强度，贝里联络相当于磁矢势，贝里相位相当于磁通量，来描述体系的拓扑性质。而第 n 条能带的陈数则可表示为：

$$C_n = \frac{\gamma_n}{2\pi} \tag{7-106}$$

在数值计算中，对偏导、积分通常需要离散化处理，分成一个个小网格，针对每个网格进行计算，最后再整合到一起。以其中任意一个格子为例，在能带没有简并的情况下，可单独处理每条能带，该格子四个位点以及相应的本征态如图 7-57 所示。

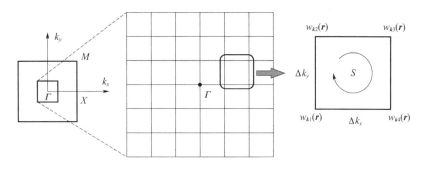

图 7-57 离散化布里渊区

对于确定的一条能带（省略能带指标 n），在单元网格足够小的情况下，认为每个单元内的贝里相位为一定值，有：

$$\gamma = \int \Omega_k \, dS \approx \Omega_k \cdot S \tag{7-107}$$

其中，$S = \Delta k_x \Delta k_y$ 为单个小格子的面积。同时在二维情况下，贝里曲率有（这里省略了 r）：

$$\Omega_k = i \nabla \times \Lambda_k = i(\partial_{k_x} \langle w_k | \partial_{k_y} | w_k \rangle - \partial_{k_y} \langle w_k | \partial_{k_x} | w_k \rangle) \tag{7-108}$$

为了便于计算，将偏导转化为差分形式，可再进一步转化为对数运算。上式右边第一项为：

$$\langle w_k | \partial_{k_y} | w_k \rangle = \frac{\langle w_k | w_{k+\Delta k_y} \rangle - \langle w_k | w_k \rangle}{\Delta k_y} = \frac{\ln \langle w_k | w_{k+\Delta k_y} \rangle}{\Delta k_y} \tag{7-109}$$

在上述推导过程中，使用了当 $x \to 0$ 时，$\ln(1+x) \sim x$。进一步可以得到：

$$\partial_{k_x} \langle w_k | \partial_{k_y} | w_k \rangle = (\ln \langle w_{k+\Delta k_x} | w_{k+\Delta k_x + \Delta k_y} \rangle - \ln \langle w_k | w_{k+\Delta k_y} \rangle) / S \tag{7-110}$$

同理可得到第二项为：

$$\partial_{k_y} \langle w_k | \partial_{k_x} | w_k \rangle = (\ln \langle w_{k+\Delta k_y} | w_{k+\Delta k_x + \Delta k_y} \rangle - \ln \langle w_k | w_{k+\Delta k_x} \rangle) / S \tag{7-111}$$

在确定每个网格四个格点的布洛赫波函数后，即可得到一个小单元内的贝里曲率，累加可得贝里相位。为了方便计算可将上述表达式写成方格内 4 个点按顺时针旋转的内积连乘形式。这里对于布洛赫波函数周期性部分的内积需进行归一化处理：

$$\langle w_k | w_{k'} \rangle = (N_k N_{k'})^{-1/2} \iint [w_k^*(r) \cdot \varepsilon \cdot w_{k'}(r)] \, dx \, dy \tag{7-112}$$

其中，$N_k = \iint [w_k^*(r) \cdot \varepsilon \cdot w_k(r)] \, dx \, dy$。那么相应能带的陈数有：

$$C = \frac{\gamma}{2\pi} = \int \Omega_k \, dS = \frac{1}{2\pi} \sum_{BZ} \text{Im} \left[\ln \prod_j \langle w_{kj} | w_{k(j+1)} \rangle \right] \tag{7-113}$$

陈数必为整数（积分区间为整个布里渊区 BZ）。若能带有 M 重简并，将公式中的 $\langle w_{kj} | w_{k(j+1)} \rangle$ 展开成 $M \times M$ 的矩阵计算即可。

这里将布里渊区划分成 25×25 的网格，所得前四条能带的贝里曲率，如图 7-58 所示，积分后可得陈数分别为 0，1，−2，−1。时间反演对称时，每条能带的陈数均为 0。加上磁场后，Γ 点和 M 点简并破缺，可视为第 2、3 条以及第 3、4 条能带间陈数交换。带隙陈数 C_g 可由低能部分所有能带的陈数之和得到：第一带隙为 0，第二带隙为 $0+1=1$，第三带隙为 $0+1-2=-1$。这里带隙陈数为 0 说明其中不存在拓扑边界态；带隙陈数为 $+1$ 表明该带隙中必然存在一条顺时针的拓扑手性边界态；为 -1 表明存在一条逆时针的拓扑手性边界态。显然，改变外加磁场方向 C_g 正负号变化。在多个简并破缺的情况下，可能有 $C_g=N(N>1)$，说明带隙内有 N 条顺时针的拓扑手性边界态。

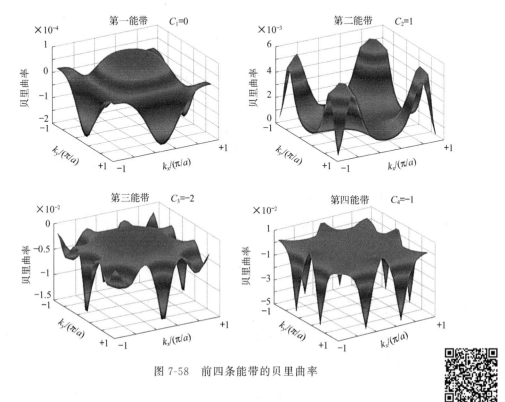

图 7-58　前四条能带的贝里曲率

7.4.4　声能谷态

拓扑手性边界态要求破缺时间反演对称性打开能带简并，实现非零的陈数，而在时间反演对称的系统中，陈数必然为零，对应着贝里曲率在整个布里渊区积分为零。破缺空间对称性是另一种打开能带简并的方式，此时虽总体陈数为零，但在布里渊区的某些特殊点附近依然可存在不可忽略的非零贝里曲率（正负成对出现），可用于实现能谷态。

这里以二维三角晶格声子晶体为例[14]，其中散射体选为三角形。若三角形对准六边形元胞的角或者边的中心位置，此时该晶格具有 C_{3v} 的对称性，其第一能带与第二能带将在布里渊区的 K 点和 K' 点线性简并，形成狄拉克点，如图 7-59 所示。

转动三角散射体，晶格对称性下降为 C_3，K 点和 K' 点处简并将打开，形成带隙。有趣的是，依据旋转的方向不同（顺时针或逆时针），K 点的上下能带具有相反手性的能流，对应相反的有效质量 m。K 点附近的能谷陈数可表示为：

$$C_K = \mathrm{sgn}(m)/2 \tag{7-114}$$

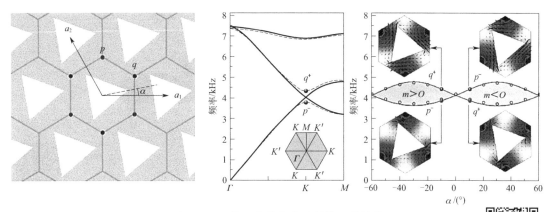

图 7-59　二维三角晶格声子晶体及其能带

将相反旋转的两块声子晶体（Ⅰ，Ⅱ）拼接在一起，界面处的能谷陈数之差为：

$$|C_K|=1 \tag{7-115}$$

可支持背散射抑制的边界传输。对于不同拼接方式形成的界面，例如Ⅰ/Ⅱ或Ⅱ/Ⅰ，边界色散不同，如图 7-60 所示。

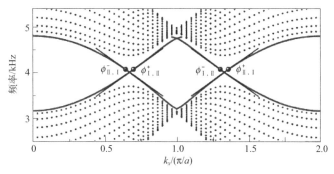

图 7-60　投影能带以及边界态

与时间反演破缺形成的非零陈数不同，能谷态的形成源于空间对称性破缺，在整个布里渊区域内对贝里曲率进行积分得到的陈数依然为零。由于能谷的存在，贝里曲率将在 K 点和 K' 点附近出现一对极大值和极小值。虽然不能实现背散射免疫，但对于非垂直散射的情况（如 60° 或 120° 弯折），该能谷态可支持背散射抑制的边界传输。

同样，也可利用上一小节中提到的数值计算方法得到整个布里渊区的贝里曲率分布，如图 7-61 所示。在数值计算时，K 和 K' 点附近的能谷陈数可能会与 ± 0.5 略有偏差，这源于正负贝里曲率在布里渊区中心附近有交叠。

7.4.5　声量子自旋霍尔效应

量子自旋霍尔效应是另一种典型的拓扑量子态。与量子霍尔效应相比，其优势在于不需要破缺实现反演对称性。而光/声系统中量子自旋霍尔效应实现的难点在于要构建具有自旋1/2 特性的杂化布洛赫态，并利用自旋-轨道耦合打开带隙，实现能带反转。这里以二维六角空气声声子晶体为例[15]，选取的为菱形初基元胞，当然也可选择正六边形初基元胞，所得体能带结果是相同的。

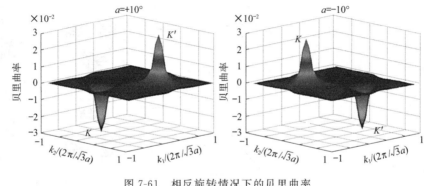

图 7-61 相反旋转情况下的贝里曲率

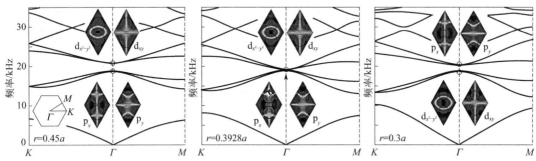

图 7-62 不同占空比二维六角空气声声子晶体能带（圆柱为钢柱，背景为空气）

在不同占空比情况下的能带结构如图 7-62 所示。在占空比较大时，如 $r/a=0.45$ 时，其第 2、3 条和第 4、5 条能带分别在布里渊区中心简并，对应两个不同的二维不可约群表示 E_1 和 E_2。其中较低能部分为 p_x 和 p_y 态，高能部分为 $d_{x^2-y^2}$ 和 d_{xy} 态，当占空比减小到 0.3928 时，两个二维不可约表示偶然简并，形成一个线性的四重简并，即双重狄拉克点。进一步减小占空比，四重简并又会劈裂为两个二重简并。不同的是此时能带发生了反转：高能部分变成了 p_x 和 p_y 态，低能部分为 $d_{x^2-y^2}$ 和 d_{xy} 态，而能带的反转预示了拓扑相变。

将占空比为 0.45 和 0.3 的两种声子晶体拼接在一起，在拓扑材料与非拓扑材料的界面构成了拓扑波导，同样可用超元胞方法计算投影能带。可以发现在两者共同的体带隙中会出现一对几乎无能隙的边界态（中间可能会有小带隙），分别对应声自旋向上（声自旋＋）和声自旋向下（声自旋－），由相差 90°相位的对称模式（S）和反对称模式（A）构成，如图 7-63 所示。其本质来源于体能带上的简并的布洛赫态杂化为一对人工自旋。

与量子霍尔效应相比，此时的边界态具有自旋特性。在同一边界上同时具有自旋向上和自旋向下的边界态，它们分别具有相反的手性传输特性：自旋向上为顺时针，自旋向下为逆时针。相当于量子霍尔效应小节中第二带隙和第三带隙的叠加，又被称为螺旋边界态（helical edge states）。

同样该螺旋边界态是由体能带的拓扑特性保护的，在不破缺对称性的情况下，具有抗局域和背散射抑制的特性。如图 7-64 所示，在加入空穴、无序或弯折的情况下，拓扑波导具有单向传输特性，而普通波导则会发生强烈的背反射。普通线缺陷波导（占空比为 0.45 的声子晶体抽掉一排柱子）是非拓扑的，不具有无能隙特征。

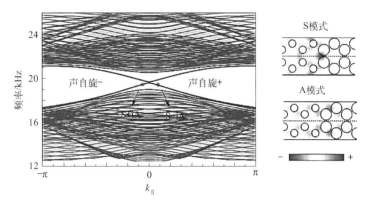

图 7-63　声人工自旋以及声量子自旋霍尔效应

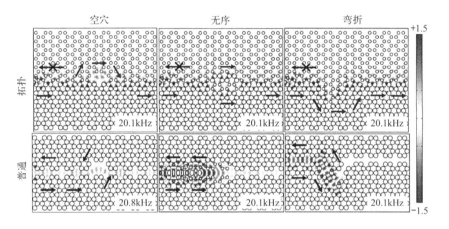

图 7-64　拓扑波导与普通波导传输情况对比

这类模型的体能带拓扑数——自旋陈数的计算方法与前面陈数的计算类似,由于自旋的引入,只是需要把二重简并态利用自旋投影算符分开即可。系统二重简并(低能部分第二、三条能带)发生在布里渊区中心 Γ 点,本征态记为 $|v_{1\Gamma}\rangle$ 和 $|v_{2\Gamma}\rangle$,其余点为 k 点的本征态记为 $|v_{1k}\rangle$ 和 $|v_{2k}\rangle$。将 Γ 点本征态进行自旋杂化:

$$|v_{\Gamma\pm}\rangle = |v_{1\Gamma}\rangle \pm \mathrm{i}|v_{2\Gamma}\rangle \tag{7-116}$$

用以对 k 点本征态进行展开:

$$\varphi_{1k} = \begin{bmatrix} \langle v_{\Gamma+}|v_{1k}\rangle \\ \langle v_{\Gamma-}|v_{1k}\rangle \end{bmatrix}; \varphi_{2k} = \begin{bmatrix} \langle v_{\Gamma+}|v_{2k}\rangle \\ \langle v_{\Gamma-}|v_{2k}\rangle \end{bmatrix} \tag{7-117}$$

根据量子力学步骤,利用 z 向泡利矩阵分离两个自旋态:

$$S = \begin{bmatrix} \langle \varphi_{1k}|\sigma_z|\varphi_{1k}\rangle & \langle \varphi_{1k}|\sigma_z|\varphi_{2k}\rangle \\ \langle \varphi_{2k}|\sigma_z|\varphi_{1k}\rangle & \langle \varphi_{2k}|\sigma_z|\varphi_{2k}\rangle \end{bmatrix} \tag{7-118}$$

对角化后得一对自旋本征态 $|\Psi_k^\uparrow\rangle$ 和 $|\Psi_k^\downarrow\rangle$,可分开独立处理(图 7-65)。

类似前一节中陈数的求法,不同自旋的贝里曲率和自旋陈数有:

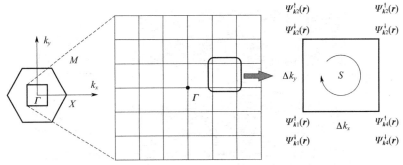

图 7-65　离散化布里渊区

$$\Omega_{k}^{\uparrow/\downarrow}=i\ln\prod_{j}\langle\Psi_{kj}^{\uparrow/\downarrow}\mid\Psi_{k(j+1)}^{\uparrow/\downarrow}\rangle \tag{7-119}$$

$$C^{\uparrow/\downarrow}=\frac{1}{2\pi}\sum_{BZ}\text{Im}\left[\ln\prod_{j}\langle\Psi_{kj}^{\uparrow/\downarrow}\mid\Psi_{k(j+1)}^{\uparrow/\downarrow}\rangle\right] \tag{7-120}$$

这里取布里渊区中心附近区域 $[-0.12\sim0.12]\times\pi/a$，划分成 25×25 的网格进行数值计算。可得在拓扑声子晶体（$r/a=0.3$）中，第二、三条能带的自旋陈数为 +1 和 −1，表明该带隙中可支持一对拓扑螺旋边界态（图 7-66）。而能带反转前，在普通声子晶体（$r/a=0.45$）中，第二、三条能带的自旋陈数都为 0，为非拓扑情况（图 7-67）。在时间反演对称性没有被破缺的情况下，两自旋陈数之和必然为 0。

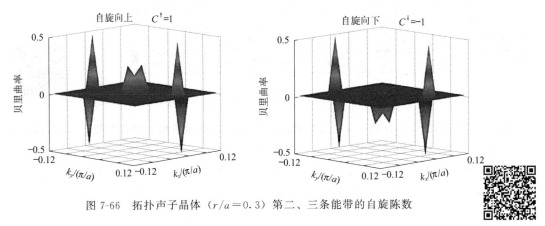

图 7-66　拓扑声子晶体（$r/a=0.3$）第二、三条能带的自旋陈数

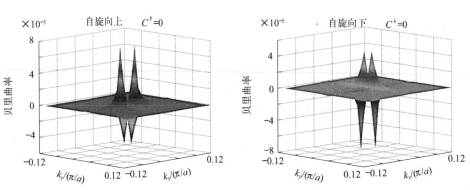

图 7-67　普通声子晶体（$r/a=0.45$）中第二、三条能带的自旋陈数

需要注意的是，该算法建立在利用 Γ 点的二重简并布洛赫态组合成新的自旋基矢，并将其他位置的波函数按此基矢进行展开的前提下。从体能带中可以看出，在远离 Γ 点的情况下，该假设并不一定都会满足。

7.5 本章小节

本章主要介绍了一维和二维光/声子晶体能带计算的相关内容。现实中所有材料的维度均为三维，不存在完全理想的一维或二维结构。在实验上，一维或二维光/声子晶体结构都为有限大小。以二维情况为例，假设周期调制发生在 xy 平面内，只要 z 向的高度大于所关心的频率处波长的 5 倍或以上，即可视作准二维模型。对于前几条频率较低的能带，所需的 z 向的高度较大，如果关心的频率位于前几条能带，也可以通过选取较小的 z 向高度，上下利用限制层进行二维实验。如对于 TE 模式，限制层取为金属板；对于空气声波，限制层取为硬边界。此时，z 向高度较小，前几条能带可视作准二维模型（如只支持基模）。而频率越高的能带，z 向的高度需要越低。换言之，z 向无限高或无限低均可看作二维模型，如何选取由具体情况决定。

对于三个方向均有周期性的三维结构，在固体物理中有 230 种空间群（不考虑磁格子），具有更丰富的对称性。三维光/声子晶体也可具有所有的空间群结构和对称性。较一维和二维系统而言，三维能带的计算原则上虽是一样的，但却更加复杂。在光子晶体研究的早期，人们主要关注和探寻三个方向均为全带隙的三维结构。经典的结构包括：金刚石介质球结构、三角打孔结构（Yablonovite 结构）、木柴堆砌结构、反蛋白石结构以及二维晶体堆垛结构。

此外，三维系统具有更丰富的拓扑相[16,17]，如光/声可类比的狄拉克、外尔、节线拓扑半金属，三维拓扑绝缘体，高阶拓扑绝缘棱态和角态等，及其与非线性、非厄密系统的相互作用。光/声子晶体作为一种可按需设计、可精准制备、可人工调控的实验体系，有望突破传统方案开发出独特的功能与全新的应用。

习题

[7-1] 证明光波矢 k 始终垂直于 BD 平面。在什么情况下 k、B、D 成左手螺旋关系？

[7-2] 推导弹性声波体系的无损条件和互易条件。

[7-3] 利用传输矩阵方法推导透射系数和反射系数。

[7-4] 推导旋电材料（$\overleftrightarrow{\varepsilon} = \begin{bmatrix} \varepsilon_{xx} & i\varepsilon_{xy} & 0 \\ -i\varepsilon_{xy} & \varepsilon_{xx} & 0 \\ 0 & 0 & \varepsilon_{zz} \end{bmatrix}$，$\overleftrightarrow{\mu} = \overleftrightarrow{I}$）的方向导纳。

[7-5] 运用平面展开计算图 7-53 中的磁光光子晶体能带。

[7-6] 运用 TBA 方法计算三维 NaCl 结构能带，取 $\varepsilon_1 = 1$，$\varepsilon_2 = 2$，$t = 0.8$。

[7-7] 利用 $k \cdot p$ 方法证明图 7-62 中声子晶体能带在布里渊区中心的四重简并为线性。

[7-8]　利用软件计算二维 kagome 晶格的体能带和不同方向的投影能带，参数如图 7-10。

参考文献

[1]　Yablonovitch E. Inhibited spontaneous emission in solid-state physics and electronics[J]. Physical Review Letters, 1987, 58(20): 2059-2062.

[2]　John S. Strong localization of photons in certain disordered dielectric superlattices[J]. Physical Review Letters, 1987, 58(23): 2486-2489.

[3]　Sigalas M, Economou E N. Band structure of elastic waves in two dimensional systems[J]. Solid State Communications, 1993, 86(3): 141-143.

[4]　Kushwaha M, Halevi P, Dobrzynski L, et al. Acoustic band structure of periodic elastic composites [J]. Physical Review Letters, 1993, 71(13): 2022-2025.

[5]　Zi J, Yu X, Li Y, et al. Coloration strategies in peacock feathers[J]. Proceedings of the National Academy of Sciences of the United States of America, 2003, 100(22): 12576-12578.

[6]　Joannopoulos J D, Johnson S G, Winn J N, et al. Photonic crystals: molding the flow of light: 2nd ed[M]. Princeton: Princeton University Press, 2008.

[7]　Kong J A. Electromagnetic wave theory[M]. New York: Wiley, 1986.

[8]　Khelif A, Adibi A. Phononic crystals: fundamentals and applications[M]. New York: Springer, 2016.

[9]　Sakoda K. Optical properties of photonic crystals: 2nd ed[M]. New York: Springer, 2005.

[10]　Mei J, Wu Y, Chan C T, et al. First-principles study of Dirac and Dirac-like cones in phononic and photonic crystals[J]. Physical Review B, 2012, 86(3): 035141.

[11]　He C, Lu M-H, Heng X, et al. Parity-time electromagnetic diodes in a two-dimensional nonreciprocal photonic crystal[J]. Physical Review B, 2011, 83(7): 075117.

[12]　Haldane F D M, Raghu S. Possible realization of directional optical waveguides in photonic crystals with broken time-reversal symmetry[J]. Physical Review Letters, 2008, 100(1): 013904.

[13]　Wang Z, Chong Y D, Joannopoulos J D, et al. Reflection-free one-way edge modes in a gyromagnetic photonic crystal[J]. Physical Review Letters, 2008, 100(1): 013905.

[14]　Lu J Y, Qiu C Y, Ye L P, et al. Observation of topological valley transport of sound in sonic crystals[J]. Nature Physics, 2017, 13(4): 369-374.

[15]　He C, Ni X, Ge H, et al. Acoustic topological insulator and robust one-way sound transport[J]. Nature Physics, 2016, 12(12): 1124-1129.

[16]　Lu L, Joannopoulos J D, Soljačić M. Topological states in photonic systems[J]. Nature Physics, 2016, 12(7): 626-629.

[17]　Ma G, Xiao M, Chan C T. Topological phases in acoustic and mechanical systems[J]. Nature Reviews Physics, 2019, 1(4): 281-294.